面向新工科普通高等教育系列教材

数字电子技术

吴元亮　主　编
关　宇　副主编
徐光辉　黄　颖　参　编

机 械 工 业 出 版 社

本书以基础理论和经典内容为核心,系统全面地阐述了数字电子技术的概念、理论、器件、电路和电路分析设计方法,并通过器件应用与电路仿真设计,强化能力和素养的提高。

全书共 7 章,分别为概述、数制与编码、逻辑代数基础、组合逻辑电路、时序逻辑电路、半导体存储器与可编程逻辑器件、数/模和模/数转换电路。各章配有适量例题讲解、习题和自测题。

本书可作为通信、信息、电子、计算机、雷达、测控、自动化等专业本科生的基础课教材,也可作为相关学科工程技术人员的参考书。

图书在版编目(CIP)数据

数字电子技术/吴元亮主编. —北京:机械工业出版社,2020.12
(2025.1 重印)
面向新工科普通高等教育系列教材
ISBN 978-7-111-67091-9

Ⅰ.①数… Ⅱ.①吴… Ⅲ.①数字电路-电子技术-高等学校-教材
Ⅳ.①TN79

中国版本图书馆 CIP 数据核字(2020)第 249217 号

机械工业出版社(北京市百万庄大街 22 号 邮政编码 100037)
策划编辑:李馨馨　　责任编辑:李馨馨　白文亭
责任校对:张艳霞　　责任印制:单爱军
北京虎彩文化传播有限公司印刷
2025 年 1 月第 1 版·第 6 次印刷
184mm×260mm·13.75 印张·339 千字
标准书号:ISBN 978-7-111-67091-9
定价:59.00 元

电话服务　　　　　　　　　网络服务
客服电话:010-88361066　　机 工 官 网:www.cmpbook.com
　　　　　010-88379833　　机 工 官 博:weibo.com/cmp1952
　　　　　010-68326294　　金 书 网:www.golden-book.com
封底无防伪标均为盗版　　　机工教育服务网:www.cmpedu.com

前　言

数字电子技术是通信、信息、电子类专业的一门重要的专业基础课程，具有很强的基础性、广泛性和实用性。尤其是进入信息化时代后，"数字化"已经深深融入社会，数字电子技术的应用正在持续不断地向更广和更深的行业、领域扩展。

根据数字电子技术的发展状况和各行业对人才数字电子技术方面知识、能力和素养的需求，本书在数字电子技术的基础知识和经典内容的基础上，重点突出以下编写特点。

一、针对教学内容对后续课程和任职岗位的支撑作用，本书重新梳理了知识点，并重塑了知识体系。按照知识点在课程教学中的要求与目标，将内容划分为四大部分：数字逻辑基础部分、组合逻辑部分、时序逻辑部分和其他数字电路部分。全书共 7 章，分别为概述、数制与编码、逻辑代数基础、组合逻辑电路、时序逻辑电路、半导体存储器与可编程逻辑器件、数/模和模/数转换电路。各章配有适量例题讲解、习题和自测题，全书配有常用符号和名词中英文对照表，符号和名词中英文规范统一。各章知识图谱有效概括了章节知识结构。

二、结合数字逻辑器件的实际变化和设计软件、设计流程的最新发展，本书在介绍经典内容的基础上，适当更新器件知识，淡化 74 系列，强调器件功能与原理；集成逻辑门的内部电路采用 CMOS 电路结构，不再介绍 TTL 结构，删除触发器的内部电路，将重点放在器件的外部特性上，增加 Vivado、FPGA、Verilog HDL、ModelSim 等现代数字设计的基础知识，并系统介绍 FPGA 的开发应用流程。在处理上采取的主要思路是：以传统数字电路的分析设计为中心，介绍数字电子技术的基本概念、基本器件的功能和原理、基本分析方法，并适当介绍现代数字设计的理念、软件平台、设计流程等。有效解决了不断涌现的新器件、新软件、新应用、新设计流程和传统内容之间的矛盾，以及现代数字设计正在向更高度自动化的方向发展和数字电子技术传统的教学内容之间的矛盾。

三、将 Multisim 和 ModelSim 仿真软件同时引入教材，利用它们强化基础知识与应用实践之间的联系，增强仿真教学效果，提高学生的现代数字电路仿真设计能力。

在编写时，力求突出重点，使基本概念明确清晰，努力贯彻"教材要少而精、理论联系实际"的精神。本书各章开始都有内容提要和知识图谱，各章后配有适量例题，有助于帮助学生理解和掌握。附录还简要介绍了数字电路的 Verilog 设计和计算机仿真知识，对学生运用现代数字设计工具快速实现电路设计、仿真有一定帮助。

书中标有星号（*）的内容属于参考内容，可以取舍。本书配套的教学资源（PPT、电子教案、教学大纲、教学视频、习题参考答案、测试试卷及答案）可在机械工业出版社教育服务网上（www.cmpedu.com）免费注册、审核通过后下载，或联系编辑索取（QQ：1009180632，电话：010-88379753）。

本书由陆军工程大学数字电子技术课程组集体编写，其中关宇编写第 4（部分）、7 章，徐光辉编写第 6 章，黄颖编写第 3 章，其余章节和 4.2.1、4.4.1、4.6 节，以及每章内容提要、知识图谱、自测以及附录等编写工作由吴元亮完成，吴元亮担任主编，负责全书定稿。

由于编者水平有限，书中难免存在一些缺点和错误，希望广大读者批评指正。

编　者
2020 年 10 月

常用符号和名词中英文对照

1. 常用符号

(1) 电压符号

V_{CC}	TTL 电路电源电压
V_{DD}	CMOS 电路电源电压
U_{GS}	NMOS 管的栅源输入电压
U_{in}	输入电压幅度
U_{out}	输出电压幅度
U_I	输入电压
U_O	输出电压
U_{IL}	输入低电平
U_{ILMAX}	输入低电平的最大值
U_{OFF}	关门电平
U_{IH}	输入高电平
U_{IHMIN}	输入高电平的最小值
U_{ON}	开门电平
U_{OL}	输出低电平
U_{OLMAX}	输出低电平的最大值
U_{OH}	输出高电平

(2) 电流符号

I_{CC}	静态电流
I_{OH}	高电平输出电流
I_{OL}	低电平输出电流
I_{IH}	输入端高电平时所需电流
I_{IL}	输入端低电平时所需电流
I_{OHMAX}	高电平输出电流的最大值
I_{OLMAX}	低电平输出电流的最大值

(3) 时间和频率符号

T_{CP}	时钟脉冲周期
f_{Cp}	时钟脉冲频率
t_{pd}	时延
t_{pHL}	下降时延
t_{pLH}	上升时延

2. 名词的中英文对照

第 1 章 概述

中文	英文	中文	英文
电子技术	Electric Technology	计算机辅助设计（CAD）	Computer Aided Design
数字电子技术	Digital Electronic Technology	电子设计自动化（EDA）	Electronic Design Automation
模拟电子技术	Analog Electronic Technology	可编程逻辑器件（PLD）	Programmable Logic Device
物理量	Physical Quantity	硬件描述语言（HDL）	Hardware Description Language
模拟量	Analog Quantity	现场可编程门阵列（FPGA）	Field Programmable Gates Array
数字量	Digital Quantity	集成电路（IC）	Integrated Circuit
电信号	Electrical Signal	小规模集成电路（SSI）	Small-Scale Integration
模拟信号	Analog Signal	中规模集成电路（MSI）	Medium-Scale Integration
数字信号	Digital Signal	大规模集成电路（LSI）	Large-Scale Integration
模拟电路	Analog Circuit	超大规模集成电路（VLSI）	Very Large-Scale Integration
数字电路	Digital Circuit	特大规模集成电路（ULSI）	Ultra Large-Scale Integration
数字系统	Digital System	巨大规模集成电路（GLSI）	Giga Scale Integration

第2章 数制与编码

格雷码（Gray 码）	Gray Code	二—十进制码（BCD 码）	Binary-Coded Decimal
美国信息交换标准码（ASCII 码）		American Standard Codes for Information Interchange	

第3章 逻辑代数基础

逻辑代数	Logic Algebra	算术逻辑单元（ALU）	Arithmetic and Logic Unit
积之和式	Sum Of Products	和之积式	Product Of Sums
乘积项	Product Term	和项	Sum term
最小项	Minterm	最大项	Maxterm
标准积之和式	The Standard SOP Form	标准和之积式	The Standard POS Form

第4章 组合逻辑电路

组合逻辑电路	Combinational Logic Circuit	时序逻辑电路（SLC）	Sequential Logic Circuit
晶体管（BJT）	Bipolar Junction Transistor	TTL（晶体管—晶体管逻辑）	Transistor-Transistor Logic
金属-氧化物半导体场效应晶体管（MOSFET）	Metal Oxide Semiconductor Field Effect Transistor	CMOS	Complementary MOS
扇出系数（N_O）	Fanout	多路选择器（MUX）	Multiplexer
时延（t_{pd}）	Propagation Delay Time	数据分配器（DEMUX）	Demultiplexer
集电极开路（OC）	Open Collecter	数据总线（DB）	Data Bus
漏极开路（OD）	Open Drain	地址总线（AB）	Address Bus

第5章 时序逻辑电路

状态	State	触发器（FF）	Flip-Flop
状态表	State Table	同步时序电路（SSC）	Synchronous Sequential Circuit
状态图	State Diagram	异步时序电路（ASC）	Asynchronous Sequential Circuit
时钟脉冲信号（CP）	Clock Pulse	行波计数器	Ripple Counter

第6章 半导体存储器与可编程逻辑器件

可编程逻辑器件（PLD）	Programmable Logic Device	低密度可编程逻辑器件（LDPLD）	Low-Density PLD
可编程逻辑阵列（PLA）	Programmable Logic Array	高密度可编程逻辑器件（HDPLD）	High-Density PLD
可编程阵列逻辑（PAL）	Programmable Array Logic	通用阵列逻辑（GAL）	Generic Array Logic
现场可编程门阵列（FPGA）	Field Programmable Gate Array	输出逻辑宏单元（OLMC）	Out Logic MacroCell
查找表（LUT）	Look-up Table	在系统可编程（ISP）	In-System Programmability
嵌入式阵列块（EAB）	Embedded Array Block	逻辑阵列块（LAB）	Logic Array Block
快速通道互连（FTI）	Fast Track Interconnect	I/O 单元（IOE）	I/O Element
片上系统（SOC）	System On Chip	专用集成电路（ASIC）	Application Specific Integrated Circuit
超高速集成电路（VHSIC）	Very High Speed Integrated Circuit	超高速硬件描述语言（VHDL）	VHSIC Hardware Description Language

只读存储器（ROM）	Read-Only Memory	电子器件工程联合委员会（JEDEC）	Joint Electronic Device Engineering Council
读写存储器（RAM）	Random Access Memory	可编程只读存储器（PROM）	Programmable ROM
静态读写存储器（SRAM）	Static RAM	可擦除可编程只读存储器（EPROM）	Erasable PROM
动态读写存储器（DRAM）	Dynamic RAM	电擦除可编程只读存储器（E^2PROM）	Electrically Erasable PROM

第 7 章 数/模和模/数转换电路

模/数转换（A/D）	Analog to Digital	数/模转换（D/A）	Digital to Analog
模数转换器（ADC）	Analog to Digital Converter	最小输出值（LSB）	Least Significant Bit
数模转换器（DAC）	Digital to Analog Converter	输出量程（FSR）	Full Scale Range

目　录

前言
常用符号和名词中英文对照
第1章　概述 ·································· 1
　1.1　发展简史 ······························ 1
　1.2　基本概念 ······························ 3
　　1.2.1　数字信号 ························ 4
　　1.2.2　数字电路 ························ 4
　　1.2.3　设计方法 ························ 5
　1.3　硬件描述语言 ······················ 7
　　1.3.1　Verilog 的历史 ················ 7
　　1.3.2　Verilog 的优点 ················ 7
　　1.3.3　Verilog 的 EDA 工具组 ······ 8
　1.4　课程性质、目标与任务 ········ 8
　本章小结 ······································ 8
　本章习题 ······································ 9
第2章　数制与编码 ·························· 10
　2.1　引言 ····································· 11
　2.2　数制 ····································· 11
　　2.2.1　按位计数制 ···················· 11
　　2.2.2　数制转换 ························ 11
　　2.2.3　原码、反码和补码 ········· 12
　　2.2.4　补码运算 ························ 13
　2.3　编码 ····································· 14
　　2.3.1　数值的编码表示 ············ 14
　　2.3.2　字符的编码表示 ············ 17
　本章小结 ······································ 17
　本章习题 ······································ 18
　本章自测 ······································ 18
第3章　逻辑代数基础 ······················ 20
　3.1　引言 ····································· 20
　3.2　逻辑关系、逻辑代数和数字
　　　 电路 ····································· 21
　　3.2.1　三种基本逻辑 ················ 22

　　3.2.2　五种复合逻辑 ················ 24
　3.3　逻辑代数的定律和规则 ········ 25
　　3.3.1　运算规则 ························ 25
　　3.3.2　九大定律 ························ 25
　　3.3.3　三大规则 ························ 26
　3.4　逻辑函数的描述方式 ············ 27
　　3.4.1　逻辑表达式与真值表 ······ 28
　　3.4.2　逻辑图 ···························· 29
　　3.4.3　积之和式与最小项表达式 · 29
　　3.4.4　和之积式与最大项表达式 · 31
　3.5　逻辑函数的化简 ···················· 32
　　3.5.1　化简的意义 ···················· 32
　　3.5.2　化简的标准 ···················· 32
　　3.5.3　化简方法——公式法 ······ 32
　　3.5.4　化简方法——卡诺图法 ·· 33
　　3.5.5　非完全描述逻辑函数的化简 · 37
　本章小结 ······································ 39
　本章习题 ······································ 39
　本章自测 ······································ 41
第4章　组合逻辑电路 ······················ 43
　4.1　引言 ····································· 44
　4.2　组合逻辑基本单元——集成
　　　 逻辑门 ································· 44
　　*4.2.1　集成电路的基本概念 ····· 44
　　*4.2.2　集成逻辑门的系列 ········ 44
　　*4.2.3　CMOS 集成逻辑门的内部电路 · 46
　　4.2.4　集成逻辑门的主要电气指标 · 48
　　4.2.5　集成逻辑门的输入输出结构 · 51
　4.3　基于逻辑门的组合逻辑电路
　　　 分析 ····································· 54
　　4.3.1　一般步骤 ························ 55
　　4.3.2　分析举例 ························ 55
　4.4　基于逻辑门的组合逻辑电路

VII

设计 ·················· 57
　　4.4.1　一般步骤 ············ 57
　　4.4.2　设计举例 ············ 58
4.5　常用中规模组合逻辑器件·········· 60
　*4.5.1　加法器 ·············· 60
　*4.5.2　数值比较器 ············ 64
　　4.5.3　编码器 ·············· 66
　　4.5.4　译码器 ·············· 69
　　4.5.5　数据选择器············ 72
4.6　中规模组合逻辑器件的应用······ 77
　　4.6.1　微控制器报警编码电路 ··· 77
　　4.6.2　模/数转换器中的编码电路 ··· 78
　　4.6.3　七段显示译码 ········ 78
　　4.6.4　地址译码 ············ 80
本章小结 ························ 80
本章习题 ························ 81
本章自测 ························ 84

第5章　时序逻辑电路 ············· 87
5.1　时序逻辑电路的基本概念······ 88
　　5.1.1　时序逻辑电路的结构与特点 ··· 88
　　5.1.2　时序逻辑电路的分类 ····· 89
　　5.1.3　时序逻辑电路的描述方式 ··· 90
5.2　时序逻辑电路的基本单元——
　　触发器 ···················· 91
　*5.2.1　基本RS触发器 ········ 92
　*5.2.2　同步RS触发器 ········ 93
　　5.2.3　集成D触发器 ········· 95
　　5.2.4　集成JK触发器 ········ 96
　　5.2.5　集成T触发器 ········· 97
　　5.2.6　触发器异步控制及功能转换··· 97
5.3　基于触发器的同步时序电路
　　分析 ······················ 100
　　5.3.1　一般步骤 ············ 100
　　5.3.2　分析举例 ············ 101
5.4　基于触发器的同步时序电路
　　设计 ······················ 102
　　5.4.1　一般步骤 ············ 103

　　5.4.2　设计举例 ············ 103
5.5　常用中规模时序逻辑器件······ 108
　　5.5.1　计数器 ·············· 108
　　5.5.2　移位寄存器 ·········· 117
5.6　中规模时序逻辑器件的应用··· 120
　　5.6.1　计时器 ·············· 120
　　5.6.2　分频器 ·············· 120
　　5.6.3　序列检测器 ·········· 121
　　5.6.4　序列发生器 ·········· 122
　　5.6.5　移位型计数器 ········ 124
本章小结 ························ 126
本章习题 ························ 126
本章自测 ························ 130

第6章　半导体存储器与可编程逻辑
　　　器件 ···················· 135
6.1　引言 ······················ 136
6.2　半导体存储器概述············ 136
　　6.2.1　半导体存储器的分类 ··· 136
　　6.2.2　ROM存储器 ·········· 137
　　6.2.3　RAM存储器 ·········· 138
6.3　半导体存储器的使用·········· 138
6.4　可编程逻辑器件概述·········· 142
　　6.4.1　PLD的分类 ·········· 142
　　6.4.2　PLD的一般结构与表示方法 ··· 142
　　6.4.3　LDPLD的编程特性 ··· 144
　*6.4.4　通用阵列逻辑器件······ 144
6.5　高密度可编程逻辑器件······ 147
　　6.5.1　与或阵列结构CPLD ··· 147
　　6.5.2　单元型查找表结构FPGA ··· 148
6.6　PLD开发流程 ·············· 150
　　6.6.1　创建工程 ············ 150
　　6.6.2　源程序输入 ·········· 153
　　6.6.3　ModelSim仿真 ······ 155
　　6.6.4　引脚约束 ············ 160
　　6.6.5　综合Synthesis ······ 161
　　6.6.6　布局布线/实现Implementation ··· 162
　　6.6.7　生成比特流bitstream ··· 162

6.6.8 下载验证 …………………… 164	7.3.5 A/D 转换器的主要性能参数 …… 184	
6.6.9 固化程序到外部 FLASH ……… 164	本章小结 ………………………………… 185	
本章小结 ………………………………… 166	本章习题 ………………………………… 185	
本章习题 ………………………………… 166	本章自测 ………………………………… 186	
本章自测 ………………………………… 169	附录 …………………………………………… 188	

第7章 数/模和模/数转换电路 ……… 171

- 7.1 引言 …………………………………… 171
- 7.2 数/模转换器 …………………………… 172
  - 7.2.1 数/模转换的基本原理 …………… 172
  - 7.2.2 权电阻型 D/A 转换器 …………… 173
  - 7.2.3 R-2R 倒 T 形 D/A 转换器 ……… 174
  - 7.2.4 D/A 转换器的主要性能参数 …… 175
- 7.3 模/数转换器 …………………………… 177
  - 7.3.1 模/数转换的基本原理 …………… 177
  - 7.3.2 并行比较型 A/D 转换器 ………… 179
  - 7.3.3 逐次逼近型 A/D 转换器 ………… 181
  - 7.3.4 双积分型 A/D 转换器 …………… 183

附录A 数字电路的 Verilog 设计 …… 188
- A.1 设计层次（Design Hierarchy）…… 188
- A.2 模块 ………………………………… 188
- A.3 声明与规则 ………………………… 189
- A.4 描述方式 …………………………… 189
- A.5 基本词法 …………………………… 190
- A.6 语句 ………………………………… 192
- A.7 数字电路 Verilog 设计实例 ……… 192

附录B 数字电路的计算机仿真设计 ………………………………… 196

参考文献 ………………………………… 210

第1章 概　　述

—— 内 容 提 要 ——

本章主要介绍数字电子技术的基础知识，包括数字电子技术的发展简史、集成电路、摩尔定律、数字信号、数字电路、数字系统等基本概念，以及数字电路的分类、设计方法和硬件描述语言等。

—— 知 识 图 谱 ——

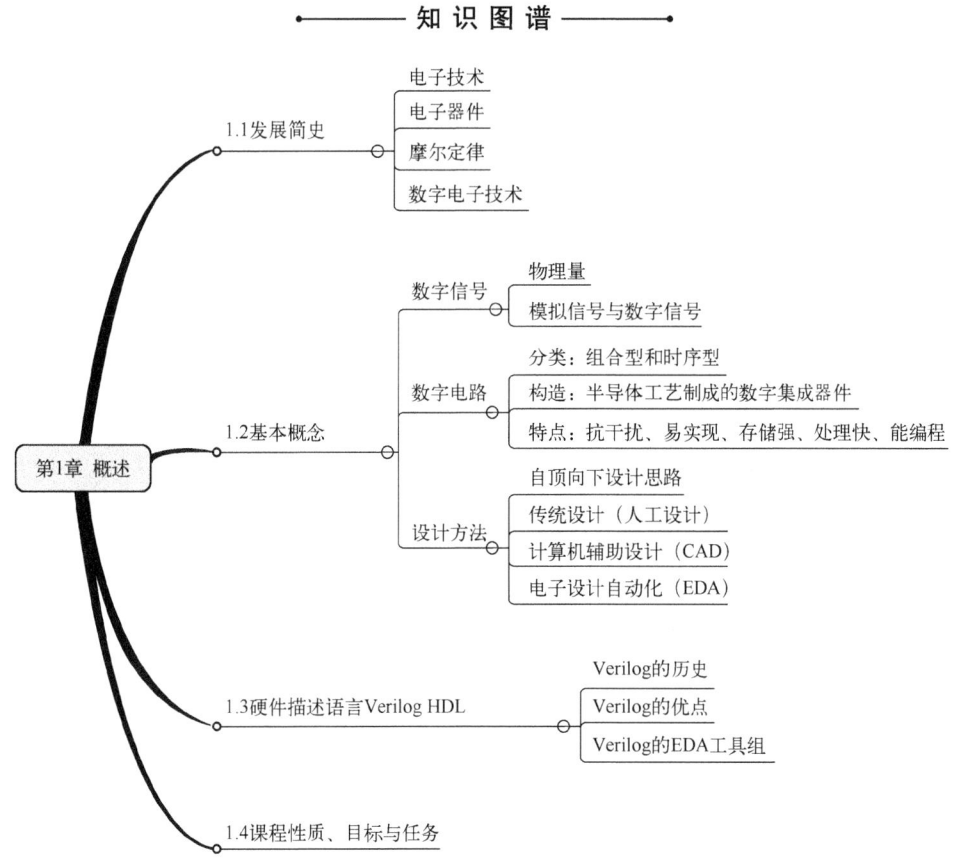

1.1　发展简史

1. 电子技术

电子技术（Electric Technology）是研究电子器件及其应用的一门学科，其内涵是指含有电子的、数据的、磁性的、光学的、电磁的或者类似性能的相关技术。电子技术是19世纪末、20世纪初开始发展起来的新兴技术，在20世纪发展最为迅速，应用最为广泛，对人类科技进程产生了巨大的影响，是近代科学技术发展的一个重要标志。目前，电子技术被应用到了通信、网络、物理、化学、生物、医药、航天等众多领域中，对人类社会生产和生活产生了深刻的影响。从最早的黑白电视机、蜂窝手机，到现在的智能电视机、5G手机，见证了电子技术的一步步发展；从最初的电子二极管到后来的电子三极管、晶体管、集成电路，看到了电子技术的逐渐成熟；从最原始的工业型机器人到如今的智能型机器人，体现了电子技术的最新成就。

2. 电子器件

电子技术的核心是电子器件。电子器件的进步和换代，引起了电子电路极大的变化，出现了很多新的电路和应用。因此，电子技术的发展历史也可以说是电子器件不断更新换代的历史。表1-1从电子器件角度简要描述了电子技术的发展历史。

表1-1 电子技术的发展历史

时间	历 史 事 件	重 要 意 义
1904年	弗莱明发明电子管	1883年美国人爱迪生申请专利"爱迪生效应"，1904年英国人弗莱明发明人类第一只电子管，这只二极管使得爱迪生效应产生实用价值，标志着世界从此进入**电子时代**
1907年	德福雷斯特发明电子三极管	电子管广泛应用于通信领域、家庭娱乐领域，**统治电子技术历时40余年**。电子管在电视机、收音机以及扩音机等电子产品中处于无可取代的地位，并且在音响领域一直占有统治地位，不仅用作放大器，也应用于各种音响设备中
1948年	三位科学家威廉·肖克利、约翰·巴丁、沃特·布拉顿共同发明晶体管	晶体管诞生，取代电子管，这是电子技术发展中的一个重要**里程碑**。电子管笨重、能耗大、寿命短、噪声大，制造工艺相当复杂，容易在设备上出现不稳定，造成高故障率。贝尔实验室制成第一只晶体管，具有革命性的意义，推动了全球范围内的半导体电子工业，作为主要部件及时、普遍地得到应用，产生巨大经济效益
1958年	基尔比研制出集成电路	1952年英国雷达研究所科学家达默提出初期集成电路构想，晶体管发明十年后的1958年9月12日，基尔比研制出第一块锗集成电路。集成电路取代晶体管，为开发电子产品的各种功能铺平道路，推动了铜芯技术和计算机技术的进步，使科学研究的各个领域以及工业社会的结构发生了历史性变革，并且大幅度降低成本，**开创了电子技术历史新纪元**
1960年	小规模集成电路（Small-Scale Integration，SSI）	1960年出现小规模集成电路，在一块硅片上包含10~100个元件或1~10个逻辑门
1966年	中规模集成电路（Medium-Scale Integration，MSI）	1966年美国无线电公司研制出CMOS集成电路，并研制出第一块门阵列（50门），成为中规模集成电路（Medium Scale Integration，MSI），为现代大规模集成电路的发展奠定了坚实基础，具有里程碑意义
1971年	大规模集成电路（Large-Scale Integration，LSI）	1971年，Intel公司推出1 KB动态随机存储器（DRAM），**标志着大规模集成电路出现**
1978年	超大规模集成电路（Very Large-Scale Integration，VLSI）	64KB动态随机存储器诞生，不足0.5cm的硅片上集成了14万个晶体管，**标志着超大规模集成电路时代的来临**。1986年Intel公司生产出第一款16位微处理器8086，它是第三代微处理器的起点。大规模和超大规模集成电路的出现使得电子产品向着高效能、低消耗、高精度、高稳定、智能化方向发展
1993年	特大规模集成电路（Ultra Large-Scale Integration，ULSI）	1993年，随着集成了1000万个晶体管的16 MB FLASH和256 MB DRAM的研制成功，**进入了特大规模集成电路时代**。至今，整个芯片仍然处于ULSI阶段，并将向巨大规模集成电路（Giga Scale Integration，GLSI）过渡

表1-1表明电子器件当前处于集成电路（Integrated Circuit，IC）阶段。集成电路是一种微型电子器件或部件，简称芯片（IC），就是把一定数量的常用电子元件，如电阻、电容、电感、晶体管等，以及这些元件之间的连线，通过半导体工艺集成在一起，制作在一小块或几小块半导体晶片或介质基片上，然后封装在一个管壳内作为所需电路功能的电子器件。

现在，集成电路已经在各行业中发挥非常重要的作用，是现代信息社会的基石。集成电路具有体积小、重量轻、引出线和焊接点少、寿命长、可靠性高、性能好等优点；同时成本低，便于大规模生产。因而，在工、民用电子设备如收音机、电视机、计算机等方面得到广泛应用，同时在军事、通信、遥控等方面也得到广泛的应用。

3. 摩尔定律（Moore's Law）

1964年，英特尔（Intel）公司创始人之一戈登·摩尔提出"摩尔定律"：当价格不变时，集成电路上可容纳的元器件的数目，约每隔18~24个月便会增加一倍，性能也将提升一倍。

摩尔定律被称为计算机第一定律，适用于集成电路的发展和性能预测，同时揭示了信息技术进步的速度。摩尔定律所描述的这种趋势已经持续了超过半个世纪，2013年底开始放缓。

当然，需要注意的是摩尔定律普遍被认为是观测或推测，而不是一个物理或自然法。

4. 数字电子技术

数字电子技术（Digital Electronic Technology）和模拟电子技术（Analog Electronic Technology）是电子技术内容的两个主要方面，也是电子爱好者学习电子技术的主要内容。数字电子技术和模拟电子技术一样，经历了由电子管、半导体分立器件到集成电路等几个时代，但其发展比模拟电子技术发展得更快。从20世纪60年代开始，数字集成器件以双极型工艺制成了小规模逻辑器件；随后发展到中规模逻辑器件；70年代末，微处理器的出现，使数字集成电路的性能产生质的飞跃。

纵观数字电子技术的特点，可以发现数字电子技术既抽象又具体，在逻辑问题的提取和描述方面是抽象的，而在逻辑问题的实现上又是具体的；数字电子技术思维严谨、运用灵活。数字电路的分析与设计具有很大的灵活性，许多问题的处理没有固定的方法和步骤，很大程度上取决于操作者的逻辑思维推理能力、知识广度和深度，以及解决实际问题的能力。换而言之，数字电路的分析与设计具有极大的弹性和可塑性，数字电子技术的理论与实际结合紧密。

需要注意的是，尽管当前电子技术的应用主要为数字电子技术，几乎出现在所有的领域中，只有极少的领域还在采用模拟电子技术解决问题；但是，数字电子技术离不开模拟电子技术，毕竟我们生活在一个模拟的而非数字的世界中。

1.2 基本概念

数字电子技术的应用离不开实际问题中的信息（物理量）。电信号（数字信号）与电路或系统（数字电路、数字系统），以及数字电路和系统的设计方法研究是学习数字电子技术的重要内容。

1.2.1 数字信号

1. 物理量

物理量（Physical Quantity）是指物理学中所描述的现象、物体或物质可定性区别和定量确定的属性。物理量分为模拟量（AnalogQuantity）和数字量（DigitalQuantity），它们的最大区别在于前者在时间与数值上都连续，而后者则都离散。在我们生活的世界中，物理量主要是模拟量，如声音、图像、压力、温度、湿度、速度、加速度等。数字量的变化在时间上是不连续的，总是发生在一系列离散的瞬间；数字量是离散量，是可以分散开来、不存在中间值的量；数字量的数值大小和每次的增减变化都是某一个最小数量单位的整数倍，而小于这个最小数量单位的数值没有任何物理意义。例如，人数、页数等；计算机键盘是一个将按键信息变换成电信号的装置，按键信息本身就是离散的物理量。

2. 模拟信号与数字信号

采用电子系统处理物理量时，首先要用变换器（传感器）将物理量转换成电信号（Electrical Signal）。例如，利用压电变换原理制作的麦克风可以将声音变换成模拟电压信号（Analog Signal），即语音信号；温度传感器可以将温度变化转换为电压变化。图1-1描述了正弦波电压信号（语音或其他模拟电压信号中某一频率成分对应的模拟信号）的时域波形，该信号在时间和幅值上具有连续变化的特点。

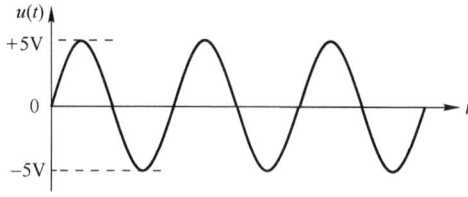

图1-1 正弦信号波形图

二值数字信号（Digital Signal）波形如图1-2所示。数字信号在任一时刻只呈现高电平和低电平这两种离散电平值之一。在数字电子系统中，通常用逻辑值"0"和"1"表示电平的高和低。注意，0表示低、1表示高是最自然的，称为**正逻辑**；相反，一般不采用0表示高、1表示低的**负逻辑**方式。

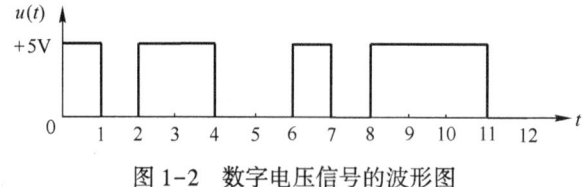

图1-2 数字电压信号的波形图

数字信号具有突出的逻辑特点，因而通过采用逻辑代数中各种抽象方法来描述电路中简单的0和1运算，就可以对数字逻辑电路进行功能上的分析与设计。

1.2.2 数字电路

和模拟电路（Analog Circuit）用来处理模拟信号一样，数字电路（Digital Circuit）是用来对数字信号进行逻辑运算和算术运算的电路，由于它具有逻辑运算和逻辑处理功能，所以又称为数字逻辑电路。数字系统（Digital System）是相对于功能部件级的数字电路而言的，其规模可大可小，但必须含有控制器，这也是区别数字系统和数字电路的标志。

本书主要为数字电子技术课程编写，内容上重点介绍有关数字电路的基本概念、基本器件与功能原理、典型应用电路、基本分析与设计方法。

现代的数字电路是由半导体工艺制成的数字集成器件构造而成，按照功能和结构分为组合逻辑电路和时序逻辑电路。数字电路的基本电路为逻辑门和触发器，其他典型电路还包括编码器、译码器、数据选择器、计数器、移位寄存器等。逻辑代数是数字电路分析与设计的数学基础。

相比模拟电路，数字电路具有以下特点：

1) 抗干扰性能更突出。数字信号具有离散取值特性，便于实现信号再生，在数据通信中采取各种检错码、纠错码后，能够进一步提高数据通信的可靠性，使得数字电子技术在数据传输、处理场合具有广泛应用。

2) 大规模集成更易于实现。集成电路中有源器件面积很小，而面积很大的元件主要是电感和电容元件。模拟集成电路中采用有源器件、电感、电容和电阻等，而数字集成电路则主要采用有源器件，这使得数字集成电路更容易实现高集成度。

3) 数据存储能力强大。相比模拟信号的连续性，数字信号取值的有限性使得数字电路具有很强的数据存储能力。

4) 数据处理速度快、能力强。以计算机为典型代表的数字系统，对数据的处理能力强大而且发展飞速。

5) 编程灵活，功能丰富。与模拟电路相比，数字电路便于使用计算机工具，设计方便、自动化程度高，尤其是可编程逻辑器件及相应开发工具的出现。

6) 数字电路也具有模拟性。数字信号的实际波形（上升和下降的边沿具有变化过程）即表明了这一特点。随着工作频率的升高，数字信号的模拟性更加明显，需要根据模拟电路的方法分析和设计电路。因此，数字设计时知道电路的模拟性、运用模拟性很重要。

1.2.3 设计方法

数字电路与数字系统的设计简称数字设计。现代数字设计是一种自顶向下（Top-to-Down）、分层次的设计方法，或者说设计思路、流程，如图1-3所示。设计往往在几个不同的层次上实现，即使只在某个层次上学习和练习设计，还是需要涉及上、下一个或两个层次的技术才能很好地完成设计任务。

系统级（性能级）和物理级设计分别是数字设计的最高和最低层次。本书主要在门级及以上层次进行设计学习，不涉及物理级和IC制造这个层次。此外，本书也列举一些典型数字电路的分析问题，因为优秀的数字设计过程中离不开数字分析能力，大量的数字分析既能为数字设计提供宝贵的经验，也能及时发现设计存在的问题。

了解了设计思路和层次之后，需要注意的是，数字设计的具体实现方法和采用的工具在微电子与计算机发展的不同阶段有很大不同，归纳总结为以下三种。

1. 传统设计方法（人工设计）

在传统设计中，逻辑功能的描述主要采用真值表，利用逻辑代数和卡诺图化简法得到最优的表达式，采用相应逻辑门就可以实现功能电路，其流程如图 1-4 所示。传统设计方法从方案的提出，到验证和修改均采用人工手段完成，尤其是电路与系统的验证需要经过实际搭建测试电路来完成，因此这种方法花费大、效率低、制造周期长。

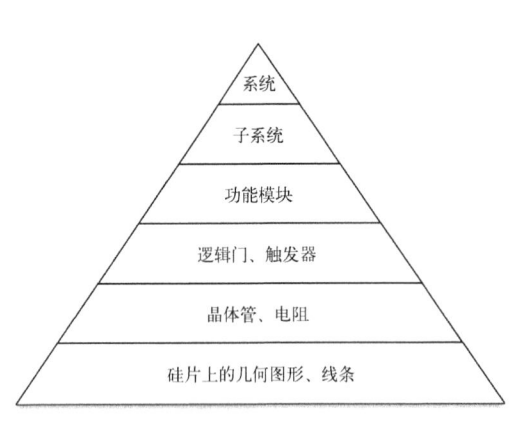 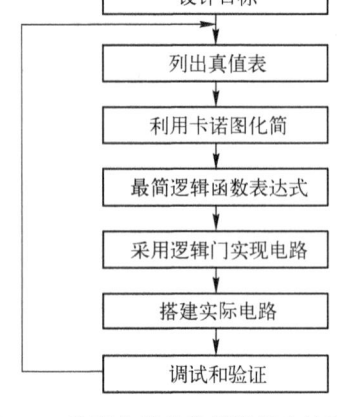

图 1-3　自顶向下、分层次设计方法　　　图 1-4　数字电路的传统设计方法流程

尽管传统的设计方法在现代数字设计中基本不再被采用，但是相比其他方法，传统设计方法更适合培养和锻炼电路分析、设计的能力。因此，本书中基本的组合逻辑和时序逻辑电路设计仍然采用传统的设计方法。

2. 计算机辅助设计方法

计算机辅助设计（Computer Aided Design，CAD）中，人和计算机共同完成电路设计。CAD 借助计算机完成数据处理、模拟评价、设计验证等部分工作，设计阶段中主要工作尚需人工来完成。

随着数字器件的发展，进入到现代数字电路、系统阶段，主要采用可编程逻辑器件（Programmable Logic Device，PLD）和硬件描述语言（Hardware Description Language，HDL）来设计。CAD 通过程序描述逻辑电路的行为、仿真、调试、实现。

（1）可编程逻辑器件

可编程逻辑器件（PLD）是电子设计领域中极具活力和发展前途的元器件。PLD 能够完成任何数字逻辑器件的功能，上至高性能的 CPU，下至简单的 74 电路。PLD 如同一张白纸或一堆积木，工程师通过传统的原理图输入法，或是硬件描述语言自由地设计一个数字电路或系统。通过软件仿真，可以预先验证设计的正确性。此外，PLD 具有在线修改的特点，修改设计时不需要改动硬件电路。使用 PLD 来开发数字电路或系统，可以大大缩短设计时间，提高电路和系统的可靠性。目前，比较流行的 PLD 是现场可编程门阵列（Field Programmable Gates Array，FPGA），在教材的第 6 章会为大家详细介绍可编程逻辑器件的概念、原理和应用。

（2）硬件描述语言

硬件描述语言（HDL）是数字电路与系统行为描述、结构描述、数据流描述的语言。利用这种语言，可以从顶层到底层（从抽象到具体）逐层描述设计者的设计思想，用一系列分层次的模块来表示极其复杂的数字电路与系统；然后，利用 EDA 工具，逐层进行仿真、验证，再把其需要变为实际电路的模块组合，经过自动综合工具转换至门级电路网表。接下来，再用 FPGA 或专用集成电路自动布局布线工具，把网表转换为要实现的具体电路布线结构，这种高层次的设计方法已被广泛使用。HDL 包括 VHDL 和 Verilog HDL 两大主要类型，在本章 1.3 节会简要介 Verilog HDL 的概念。

3. 电子设计自动化（EDA）

电子设计自动化（Electronic Design Automation，EDA）中，电路与系统的整个设计过程或大部分设计均由计算机来完成。EDA 是 CAD 发展的必然趋势，也是 CAD 的高级阶段。基于 EDA 技术的现代数字电路与系统设计往往采取自顶向下的设计方法，由抽象的定义到具体的实现、由高层次到低层次的转换逐步求精的设计方法。首先从系统设计开始，在顶层进行功能划分和结构设计，并在系统级采用仿真手段验证设计的正确性，然后再逐级设计底层的结构，实现设计、仿真、测试一体化，其方案的验证与设计、电路与 PCB 设计、专用集成电路（Application Specific Integrated Circuit，ASIC）设计等都由工程师借助 EDA 工具完成。EDA 技术借助于大规模集成的可编程逻辑器件（PLD）和高效的设计软件，使工程师可以直接对芯片结构的设计，实现多种数字电路与系统功能。

1.3 硬件描述语言

硬件描述语言（Verilog HDL）简称 Verilog，内容繁多。关于 Verilog，本书在本节简要介绍其历史、优点、EDA 工具组；在第 6 章中介绍 FPGA 及其应用流程及 Verilog 的编写；在附录 A 中介绍 Verilog 的基本语法。更多关于 Verilog 的知识，读者可以查阅 Verilog 相关书籍。在 Verilog HDL 官方网站、论坛或是 PLD、FPGA 供应商的相关网站、论坛上可以获得第一手的经验知识。

1.3.1 Verilog 的历史

20 世纪 80 年代之前，数字设计主要工具是绘图板、尺子和铅笔等，用于绘制原理电路图。直到出现原理图编辑工具之后，才使得原理图的构建和维护工作得到简化。随着硬件描述语言的出现，可编程逻辑器件越来越便宜，数字电路与系统的设计逐渐倾向于 PLD 加 HDL 的方式。20 世纪 70 年代以后，学术界开始使用 Verilog HDL 和 VHDL，这是发展到目前最流行的两种硬件描述语言，它们都支持对硬件电路与系统的模块化和层次化编程，能够对数字电路与系统进行性能描述和模拟。并成功应用于设计的各个阶段：建模、仿真、验证和综合等。硬件描述语言能够以文本形式描述数字电路与系统的结构和行为，可以表示逻辑电路图、逻辑表达式，还可以表示数字系统所完成的逻辑功能。

1.3.2 Verilog 的优点

随着数字电路与系统的复杂度和性能的提高，数字设计正朝着更高层次抽象的方向发展。能够在一个较高层次上描述硬件电路与系统，并实现将一个层次上的多个模块相互连接以实现较高层次的功能变得越来越重要，Verilog 恰恰具有这种优势。在描述复杂的硬件电路时，设计者总是采取自顶向下的设计思路，将复杂的功能划分为简单的功能，模块是提供每个简单功能的基本结构，而 Verilog 描述硬件的基本设计单元就是模块（Module）。构建复杂的电子电路，Verilog 正是通过模块间的相互连接调用来实现的，再使用一个顶层模块，通过实例调用模块来进行测试，这个顶层模块常被称为测试平台（Testbench）。

利用 Verilog 综合工具产生的电路，可能不如有经验的设计者手工设计和制作得简练和快速，但是却能支持更大的系统设计。而且，Verilog 作为业界使用最为广泛的硬件描述语言之一，有大量的电子设计自动化工具对它予以支持。

1.3.3 Verilog 的 EDA 工具组

工具组用于处理 Verilog 使用中的几个不同方面，它们的名称和用途归纳如下。
- 文本编辑器（Text Editor）用于编写、编辑和保存 Verilog 程序。因为与 HDL 开发系统的其他部分联系在一起，往往具有 HDL 规定的特性。如识别 HDL 相关联的特定文件名扩展，识别 HDL 保留字、注释等。
- 编译器（Compiler）负责分析 HDL 程序、发现语法错误并解释程序含义。
- 综合器（Synthesizer）根据特定硬件技术（如 PLD、FPGA 等）来完成最终设计，综合出功能电路。
- 模拟器（Simulator）的输入是 HDL 模型以及描述硬件所需要的输入时序序列，并在所描述的硬件上运行，确定硬件内部信号的值以及指定时间周期内的输出。

除此之外，还有模板生成器、原理图展示器、芯片展示器、约束编辑器、时序分析器、后插注解器等。

1.4 课程性质、目标与任务

本课程是通信工程专业的电类基础课程，具有较强的理论性和工程实践性。通过本课程学习，能够阐释数字电子技术的基本概念和基本方法，能够识别数字电子技术基本器件的功能和原理；能够运用基本方法对数字电路与系统进行分析；能够剖析工程应用案例，运用数字电子技术设计或重构解决方案；能够发现和描述实际应用中的逻辑和时序问题；能够协作完成数字电路设计，运用仿真软件分析验证，并借助仪器仪表测试实验；能够描述数字电子技术的发展现状和技术前沿；能够辨识数字电子技术的关键领域差距，甄别数字电子技术的新技术、新概念，增强认知力和鉴别力；能够形成严谨踏实的作风，突破创新的精神，形成使命担当、终身学习的意识。

围绕课程教学目标，本书重点介绍数字电子技术的基本概念、基本方法、基本器件的功能和原理，培养学生发现和描述实际应用中的逻辑和时序问题，并运用基本方法对数字电路与系统进行分析和设计的能力。

───── 本 章 小 结 ─────

数字电子技术是一门发展很快的学科，数字电路与系统随着新技术的发展也在不断变化。了解数字电子技术的基础知识，包括数字电子技术的发展简史、集成电路、摩尔定律、数字信号、数字电路、数字系统等基本概念，以及数字电路的分类、设计方法和硬件描述语言等，是数字电子技术学习的必要基础知识储备。通过课程后续的基础知识学习以后，对于一些新出现的器件、电路也将能够很快接受和理解。

—— 本 章 习 题 ——

1.1 阐述数字信号和模拟信号的特点和区别。

1.2 查阅资料,解释数字电路在抗干扰性、易于集成和编程方面的特点。

1.3 查阅资料,概括数字集成器件的种类与特点,以及电路仿真设计常用的开发工具。

第 2 章 数制与编码

——— 内 容 提 要 ———

信息在自然界中的存在方式多种多样,利用数字电子技术处理信息数据的首要问题是是信息的数字化表示。本章主要介绍信息数字化的两种主要方式:二进制数和二进制编码。

——— 知 识 图 谱 ———

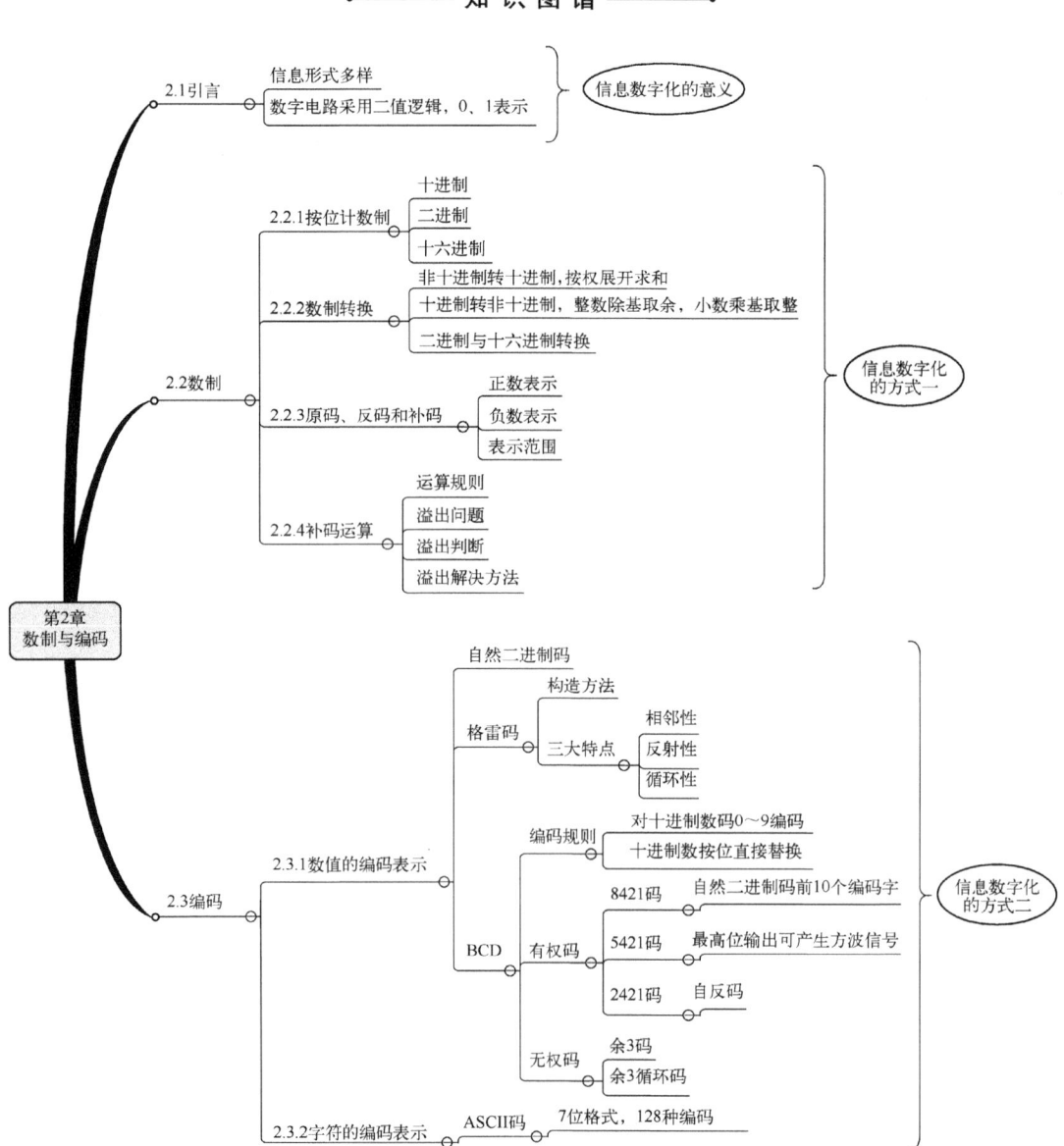

2.1 引言

数字信号由高、低电平组成，其电路是以二值数字逻辑为基础，只能处理二进制数码 0 和 1。然而，现实中我们所熟悉的，无论是数值信息，还是非数值信息，很少是完全基于二进制存在的。因此，信息如何采取 0 和 1 数字化表示是数字电子技术应用首先要解决的问题，而数制和编码则是实现信息数字化的两种主要方法。

2.2 数制

2.2.1 按位计数制

无符号数值数据常用按位计数制表示，如二进制、八进制、十进制和十六进制等。进制之间的关系对照见表 2-1。日常生活中使用的是十进制，而数字电路中直接处理的是二进制数，八进制和十六进制虽不直接处理，但是因为基数均是 2 的幂，因而在表示多位二进制数时很有用。

表 2-1 按位计数制对照表

十进制	二进制	八进制	十六进制	十进制	二进制	八进制	十六进制
0	0	0	0	8	1000	10	8
1	1	1	1	9	1001	11	9
2	10	2	2	10	1010	12	A
3	11	3	3	11	1011	13	B
4	100	4	4	12	1100	14	C
5	101	5	5	13	1101	15	D
6	110	6	6	14	1110	16	E
7	111	7	7	15	1111	17	F

按位计数制具有相同的技术特点和规则，总结其基本概念如下。

1) **基数**：进制数"2、8、10、16"分别为二、八、十、十六进制的基数。
2) **数码**：二进制数码为 0、1，十进制为 0~9，十六进制则是 0~9、A~F。
3) **权值**：每个位置都有相应的"权值"，简称权。权值按基数的幂次变化，以小数点的位置为基准，小数点左边（整数部分）为正，按 0、1、2、… 的顺序增加；小数点右边（小数部分）为负，按 -1、-2、… 的顺序变化。例如，二进制数中第 i 位的权是 2^i。
4) **计数规则**：二进制计数时逢二进一，借一当二，其他进制具有相类似的计数规则。

2.2.2 数制转换

按位计数制之间可以相互转换。二进制、八进制、十六进制等转换为十进制数比较简单，按权展开用十进制算式求和就可以得到等值的十进制数。

例 2-1 分别将二进制数 $(10011)_2$ 和 $(101.101)_2$ 转换为十进制数。

解 $(10011)_2 = 1\times2^4 + 0\times2^3 + 0\times2^2 + 1\times2^1 + 1\times2^0 = (19)_{10}$

$(101.101)_2 = 1\times2^2 + 0\times2^1 + 1\times2^0 + 1\times2^{-1} + 0\times2^{-2} + 1\times2^{-3} = (5.625)_{10}$

表达式中括号外的下标表示进制。二进制数的每个位置只有两种可能的取值：1 或 0，与数字信号只有高电平和低电平相对应，是一种适用于硬件的数值表示法，这也是学习二进制表示法的目的所在。然而，由于基数太小，二进制数并不适合人们直接使用。为了方便读写，数字系统也经常使用和二进制数具有简单对应关系的十六进制数。

十进制转换为非十进制时，整数和小数分别采取不同的方法。例如，十进制转换为二进制：整数除 2 取余，而对小数则乘 2 取整。

例 2-2 将十进制数 $(218.6875)_{10}$ 转换为二进制数。

解 对十进制整数的转换采用竖式连除法，如图 2-1 所示。最先产生的余数为最低位，最后产生的余数是最高位（除到 0 为止），十进制整数 218 的转换结果为 $(11011010)_2$。

对十进制小数采用乘 2 取整法，最先产生的整数为小数最高位，最后产生的整数为小数最低位。

$0.6875 \times 2 = 1.375$，取整数 1，为小数最高位；

$0.375 \times 2 = 0.75$，取整数 0；

$0.75 \times 2 = 1.5$，取整数 1；

$0.5 \times 2 = 1.0$，取整数 1，为小数最低位；

十进制小数 0.6875 的转换结果为 $(0.1011)_2$。

因此，十进制数 $(218.6875)_{10}$ 转换为二进制数结果为 $(11011010.1011)_2$。

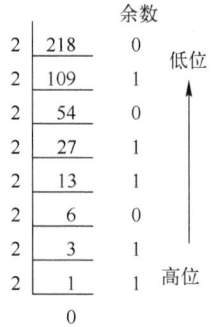

图 2-1 除 2 取余算式

2.2.3 原码、反码和补码

带符号数（带有正、负符号的数值数据） 通常采用二进制原码、反码或补码表示。表 2-2 中以 +13、-13 的 8 位表示为例，归纳了原码、反码和补码的格式及相互之间的关系。

表 2-2 二进制原码、反码、补码对照表

+13			-13		
原码	反码	补码	原码	反码	补码
00001101	00001101	00001101	10001101	11110010	11110011

表 2-2 表明：8 位二进制数的左侧第 1 位为符号位，后面 7 位为数值。**正数**的原码、反码和补码格式相同，用 0 表示正，7 位数值 0001101 表示 13；**负数**的符号位用 1 表示负，7 位数值 0001101 原码表示 13，反码的数值在原码数值基础上按位取反，补码的数值则在反码数值基础上最低位加 1。

例 2-3 采用 8 位二进制原码、反码和补码方式分别表示 $(0.01101)_2$ 和 $(-0.01101)_2$。

解 $(0.01101)_2 = (0.0110100)_{原码} = (0.0110100)_{反码} = (0.0110100)_{补码}$

$(-0.01101)_2 = (1.0110100)_{原码} = (1.1001011)_{反码} = (1.1001100)_{补码}$

原码、反码、补码的应用

大多数计算机和其他数字系统采用二进制补码数制来表示有符号数,以及相关算术运算,究其原因在于利用原码和反码构造加法电路时,逻辑电路的实现非常复杂。二进制原码加法电路实现时必须检查加数和被加数的符号以决定对数值执行何种操作,如果符号相同,就将数值相加,并给计算结果赋以相同的符号;如果符号不同,就必须比较数值大小,用较大的数值减去较小的数值,并以较大数值的符号赋以结果。二进制反码加法器的设计同样远比二进制补码加法器棘手。而二进制补码加法电路则是将符号位一起进行加法运算,电路设计得到极大简化。

了解原码、反码和补码的表示范围对于带符号数的运算具有重要意义。表2-3中列出了4位二进制原码、反码、补码所能表示的十进制数范围。

表2-3 十进制数与4位二进制原码、反码、补码

十进制	二进制原码	二进制反码	二进制补码
-8	—①	—①	1000②
-7	1111	1000	1001
-6	1110	1001	1010
-5	1101	1010	1011
-4	1100	1011	1100
-3	1011	1100	1101
-2	1010	1101	1110
-1	1001	1110	1111
0	1000 0000	1111 0000	—① 0000
+1	0001	0001	0001
+2	0010	0010	0010
+3	0011	0011	0011
+4	0100	0100	0100
+5	0101	0101	0101
+6	0110	0110	0110
+7	0111	0111	0111

① 超出有符号数的4位二进制表示范围。
② 按照数制变化特点,表中规定1000在4位补码中表示-8,而不是用来表示-0。

2.2.4 补码运算

符号位参与补码运算。当两个二进制补码表示的数值进行加减运算时,符号位像数值位一样参与运算。当然,大多数二进制补码的减法电路并不直接做减法,而是通过取减数的补码(将减数变为负数),再将被减数与减数按正常的加法规则相加即可。

例2-4 利用4位二进制补码分别计算十进制数2+3、4+7、-4+7以及-4-7位的加法。

解 4位二进制补码表示:2为$(0010)_{补码}$,3为$(0011)_{补码}$,4为$(0100)_{补码}$。

–4为(1100)_{补码}，7为(0111)_{补码}，–7为(1001)_{补码}，加减法运算式如下：

```
    0010          0100          1100          1100
  + 0011        + 0111        + 0011        + 1001
  ───────       ───────       ───────       ───────
   00101 = +5    01011 = –5    01111 = –1    10101 = +5
```

计算式的正确结果分别为+5、+11、+3和–11，采取4位二进制补码计算出现错误。

补码运算可能产生溢出。例2-4表明：当加法或减法运算的结果超出位数所能表示的范围时，便产生溢出。如表2-3所示，四位二进制补码的表示范围为–8~+7，正数加法结果超过+7产生溢出，负数加法结果超过–8产生溢出。

溢出判断与解决

1. 溢出判断的两种简便规则

1）符号判断法：同号数相加可能溢出，异号数相加不会溢出。

2）进位判断法：如果加法产生向符号位的进位与符号位运算产生的进位输出不同，则发生溢出。

2. 解决方法

增加补码数制的位数（符号位扩展），用更多的数位表示二进制补码结果。如例2-4采用5位及以上位数进行补码运算，可解决溢出问题。

2.3 编码

数制是实现数值数据在数字系统中表示的一种方法。然而，更多的信息数据是非数值的，如文本、字母、操作命令，甚至语音、图像等。因此，对数值和非数值数据多采用二进制编码方式来表示。

2.3.1 数值的编码表示

常见的对数值的二进制编码方法有自然二进制编码、格雷码（Gray码）、二—十进制码（Binary-Coded Decimal，BCD码）等。

1. 自然二进制编码

自然二进制编码是一种简单的数值编码方案，十进制数值0~15的4位自然二进制编码如表2-4所示。编码随数值增大具有顺序递增的特点，表2-4中十进制数值0~15的自然二进制编码表明了这一特点。推广到任意一个十进制数值，其 N 位的自然二进制编码与它的 N 位二进制数在形式上完全一样。需要注意的是，仅仅在形式上相同，本质上并不相同，编码中高位0不可以省略，这一点显然在二进制数中是不一样的。

2. 格雷码

格雷码（Gray Code）又称循环码，是一种在机电、抗干扰通信等方面广泛应用的数值编码，其对十进制数0~15的4位编码如表2-4所示。规律表明：任意两个相邻的码字只有1位不同（**相邻性**）；首尾两个码字同样具有相邻性（**循环性**）。除此之外，以码字最高位0和1分界处为镜像点，处于镜像对称位置上的码字只有最高位不同，其余各位都相同（**反射性，也称镜像特性**）。相邻性使得格雷码在提高计数器的工作可靠性、提高通信抗干扰能力方面起着重要作用。

表 2-4 自然二进制编码与格雷码

十进制数值	自然二进制编码	格雷码	十进制数值	自然二进制编码	格雷码
0	0000	0000	8	1000	1100
1	0001	0001	9	1001	1101
2	0010	0011	10	1010	1111
3	0011	0010	11	1011	1110
4	0100	0110	12	1100	1010
5	0101	0111	13	1101	1011
6	0110	0101	14	1110	1001
7	0111	0100	15	1111	1000

图 2-2 给出了 1~3 位格雷码的构造过程，构造之法主要基于格雷码的镜像特性。构造具有以下递归特性。

- 采用 1 位格雷码编码时，有两个码字，即 0 和 1。
- 采用 n 位格雷码编码时，有 2^n 个码字，其中：前 2^{n-1} 个编码字等于 $n-1$ 位格雷码的编码字按顺序排列，加前缀 0；后 2^n 个编码字等于 n 位格雷码的编码字按逆序排列，加前缀 1。

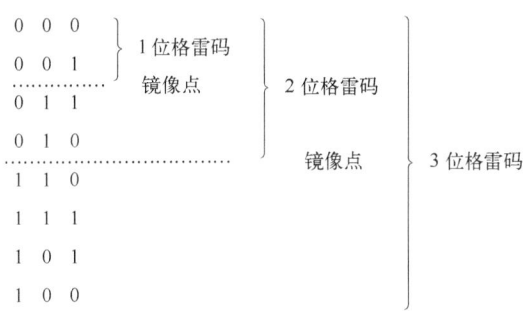

图 2-2 1~3 位格雷码构造方法示意图

对比表 2-4 中 4 位格雷码的后 3 位可知，图 2-2 的编码结果是正确的。

3. 二—十进制码

二进制数适合数字系统，而人们习惯于处理十进制数，如何在不改变数字电路基本特性的条件下表示十进制数？这就是**二—十进制码（BCD 码）**。

在 BCD 编码里，将十进制数看作一组 0~9 的字符串，用 4 位无符号的二进制数 0、1 编码表示。例如，$(259)_{10}$ 可以看作字符 2、5、9 依次排列，将各字符分别用二进制码替换，就得到该十进制数的一种编码表示。这种方法简单、直观，避免了十进制数转换为二进制数时烦琐的计算过程。十进制使用字符 0~9，将这 10 个字符编码，至少需要 4 位二进制码。4 位二进制码可以有 0000~1111 共 16 种组合，原则上可以从中任取 10 种进行二—十进制编码，取其中哪 10 个以及如何与 0~9 相对应，有许多方案，其中比较常用的 BCD 码如表 2-5 所示。

8421 码是最常用的 BCD 码，其编码方法与 10 个十进制字符等值的二进制数完全相同，是一种有权码，各位的权值由高到低依次为 8、4、2、1。有权码有固定的权值，因此也称**恒全代码**，可以通过按权展开求和的方式求得码字对应的十进制字符。

表 2-5 常用 BCD 码

十进制数	8421 码	5421 码	2421 码	余 3 码	余 3 循环码
0	0000	0000	0000	0011	0010
1	0001	0001	0001	0100	0110
2	0010	0010	0010	0101	0111
3	0011	0011	0011	0110	0101
4	0100	0100	0100	0111	0100
5	0101	1000	1011	1000	1100
6	0110	1001	1100	1001	1101
7	0111	1010	1101	1010	1111
8	1000	1011	1110	1011	1110
9	1001	1100	1111	1100	1010

5421 码也是有权码，各位的权值依次为 5、4、2、1。编码规则：0~4 的编码与 8421 码相同，高位为 0，低三位从 000 编码至 100；5~9 的编码高位为 1，低三位依然从 000 编码至 100。由此可见，5421 码的最高位先为 5 个连续的 0，后为 5 个连续的 1，从而在十进制 0~9 的计数过程时，最高位对应的输出端可以产生对称方波信号，相关知识详见第 5 章的计数器部分。

2421 码同样是有权码，各位的权值与其名称相同。编码规则：0~4 的编码与 8421 码相同，5~9 的编码与 0~4 的编码之间具有两两互为反码的特点，如 0 和 9、1 和 8、2 和 7、3 和 6、4 和 5，因此，2421 码为自反码。此外，2421 码最高位也有 5421 码的特点。

余 3 码是无权码，其每一个码字都等于对应的 8421 码加 $(0011)_2$，因而称为余 3 码。此外，余 3 码和 2421 码一样，也是自反码。

余 3 循环码也是无权码，其码字取自 4 位格雷码的中间 10 个码字（去掉开始三个和最后三个码字）。余 3 循环码具有格雷码的相邻性、循环性和反射性三个特点。

BCD 码与对应十进制数的相互转换十分方便，只需要按照编码表逐字符转换即可。

注意：

1) 有权码的固定权值必须符合所有编码字。

2) 求解固定权值可预设编码字每一位的权值，如 b_3、b_2、b_1、b_0，然后利用若干个简单编码字求出每位权值，再用剩余的编码字进行验证，都满足时为有权码，否则为无权码。

例 2-5 分别用 8421 码、5421 码、2421 码、余 3 码和余 3 循环码表示十进制数 206.94。

解 $(206.94)_{10} = (0010\ 0000\ 0110.1001\ 0100)_{8421}$

$= (0010\ 0000\ 1001.1100\ 0100)_{5421}$

$= (0101\ 0011\ 1001.1100\ 0111)_{余3码}$

$= (0111\ 0010\ 1101.1010\ 0100)_{余3循环码}$

注意：BCD 码中的每个码字和十进制数中的每个字符是一一对应的，BCD 码表示的整数部分高位 0 和小数部分低位 0 都不能省略。

BCD 码表示法将十进制数值看作一串字符，每个字符各用一组 0、1 编码来表示，这种表示法本质上是符号编码表示法，用 0、1 编码表示不同符号的还有计算机键盘字符的

ASCII编码表示法、汉字编码表示法等。

2.3.2 字符的编码表示

上述编码主要用于数值的二进制表示，编码还需要解决符号的二进制表示问题。ASCII（American Standard Codes for Information Interchange）码，即美国信息交换标准码，是一种常用的字符编码，其编码方案如表2-6所示。

表2-6 ASCII码编码表

$B_3B_2B_1B_0$ \ $B_6B_5B_4$	000	001	010	011	100	101	110	111
0000	NUL	DLE	SP	0	@	P	`	p
0001	SOH	DC1	!	1	A	Q	a	q
0010	STX	DC2	"	2	B	R	b	r
0011	ETX	DC3	#	3	C	S	c	s
0100	EOT	DC4	$	4	D	T	d	t
0101	ENQ	NAK	%	5	E	U	e	u
0110	ACK	SYN	&	6	F	V	f	v
0111	BEL	ETB	'	7	G	W	g	w
1000	BS	CAN	(	8	H	X	h	x
1001	HT	EM	)	9	I	Y	i	y
1010	LF	SUB	*	:	J	Z	j	z
1011	VT	ESC	+	;	K	[	k	{
1100	FF	FS	,	<	L	\	l	|
1101	CR	GS	-	=	M	]	m	}
1110	SO	RS	.	>	N	^	n	~
1111	SI	US	/	?	O	_	o	DEL

ASCII码采用7位二进制编码格式，共有128种不同的编码，能够表示十进制字符、英文字母、基本运算字符、控制符和其他符号等。如十进制字符0~9的7位ASCII码是0110000~0111001，采用十六进制数表示为30h~39h，后缀h表示进制（二进制数用b、十进制数用d、十六进制数用h）；大写字母A~Z的ASCII码是41h~5Ah；小写字母a~z的ASCII码是61h~7Ah。编码表中20h~7Fh对应的所有字符都可以在键盘上找到。

———— ● 本 章 小 结 ● ————

数制和编码是信息数字化的两种重要方式。数制用于表示数值大小，常见的有二进制、十进制和十六进制。数字电路中信息直接对应二进制的表示，也会用十六进制表示，而生活中则主要是采用十进制，因此本章介绍了数制，也介绍了数制之间的转换方法。编码能够表示数值大小、正负，也能够表示字符、控制命令等各种事物，本章介绍了常见的BCD、格雷码、ASCII等编码方式。

———— 本 章 习 题 ————

2.1 将下列十进制数转换为二进制数。
(1) $(129)_{10}$ (2) $(0.416)_{10}$ (3) $(37.438)_{10}$ (4) $(81.39)_{10}$

2.2 将下列二进制数转换为十进制数和十六进制数。
(1) $(1111011)_2$ (2) $(0.001011)_2$ (3) $(101110.011)_2$ (4) $(101001.1001)_2$

2.3 将下列十六进制数转换为二进制和十进制数。
(1) $(FEED)_{16}$ (2) $(0.24)_{16}$ (3) $(A70.BC)_{16}$ (4) $(10A.C)_{16}$

2.4 将下列各数分别用8位二进制原码、反码和补码表示。
(1) $(19)_{10}$ (2) $(0.125)_{10}$ (3) $(-0.1101)_2$ (4) $(1.39)_{10}$

2.5 指出下列8位二进制补码数相加时是否发生溢出。
(1) 11010110 + 11101001   (2) 11011111 + 10111111
(3) 00011101 + 01110001   (4) 01110001 + 00001111

2.6 将下列各数分别用8421码、5421码、2421码和余3码表示。
(1) $(48)_{10}$ (2) $(34.15)_{10}$ (3) $(121.08)_{10}$ (4) $(241.86)_{10}$
(5) $(5B.C)_{16}$ (6) $(2.B7)_{16}$ (7) $(74.32)_8$ (8) $(101.1)_8$

———— 本 章 自 测 ————

一、填空题

1. 写出二进制数的按权展开式：$(11011.011)_2 = ($)。
2. $(10A.C)_{16} = ($)$_{10} = ($)$_{5421BCD}$
3. $(74.5)_{10} = ($)$_2 = ($)$_{16}$
4. 设四位二进制数 $A = (A_3A_2A_1A_0)_2$，A 能被4整除的条件是（ ）。
5. $(5B)_{16} = ($)$_{原码} = ($)$_{补码}$
6. 已知 $Z_{补} = (10110101)_2$，则 Z 的真值为（ ）$_{10}$。

二、选择题

1. 下列4个数中，与十进制数 $(163)_{10}$ 不相等的是（ ）。
A. $(A3)_{16}$ B. $(10100011)_2$ C. $(000101100011)_{8421BCD}$ D. $(203)_8$

2. $(0.24)_{10} = ($)$_2$（误差不大于 2^{-8}）。
A. 0.001111   B. 0.00111101   C. 0.01   D. 0.00111

3. $(-0.10011)_2 = ($)$_{补码}$。
A. 1.1001100   B. 1.0110011   C. 1.0110100   D. 1.0110101

4. 下列说法正确的是（ ）。
A. 5位二进制数补码的取值范围是 −15 ~ +15。
B. $(2.4)_8$ 的8421BCD码为 $(0010.0100)_2$。
C. 格雷码是有权码，任何两个相邻十进制数的格雷码仅有一位不同。
D. BCD码是一种人为选定的表示 0~9 十个数码的代码。

三、分析题

1. 分析题表 2-1 和 2-2 所示 BCD 码是不是有权码，若是有权码，指出 BCD 码各位的权值。

题表 2-1					题表 2-2				
N_{10}	A	B	C	D	N_{10}	A	B	C	D
0	0	0	1	1	0	0	0	0	0
1	0	0	1	0	1	0	0	0	1
2	0	1	0	1	2	0	0	1	1
3	0	1	1	1	3	0	0	1	0
4	0	1	1	0	4	0	1	1	0
5	1	0	0	1	5	0	1	1	1
6	1	0	0	0	6	0	1	0	1
7	1	0	1	0	7	0	1	0	0
8	1	1	0	1	8	1	0	0	0
9	1	1	0	0	9	1	0	0	1

2. 求在哪一种数制中等式 $\sqrt{41}=5$ 成立？

3. 在对火星的首次探险中，发现的仅仅是文明的废墟。从石器和图片中，探险家们推断创造这些文明的生物有四条腿，其触角末端长着一些抓东西的"手指"。探险家们经过研究翻译出火星人的数学，发现了等式 $5x^2-50x+125=0$，对应的解为 $x=5$ 和 $x=8$。其中解 $x=5$ 看上去非常合理，但是解 $x=8$ 就需要某种解释。于是探险家们反思了地球的计数体制发展，并且发现了火星的计数体制也有类似历史发展的证据。请从数制角度思考等式，你认为火星人有几个手指，给出分析过程。

第3章 逻辑代数基础

—— 内 容 提 要 ——

本章主要介绍数字电路分析与设计的数学工具——逻辑代数的基础知识，包括逻辑变量、逻辑运算、基本定律、运算规则、逻辑函数的描述方式，以及逻辑函数的化简等。

—— 知 识 图 谱 ——

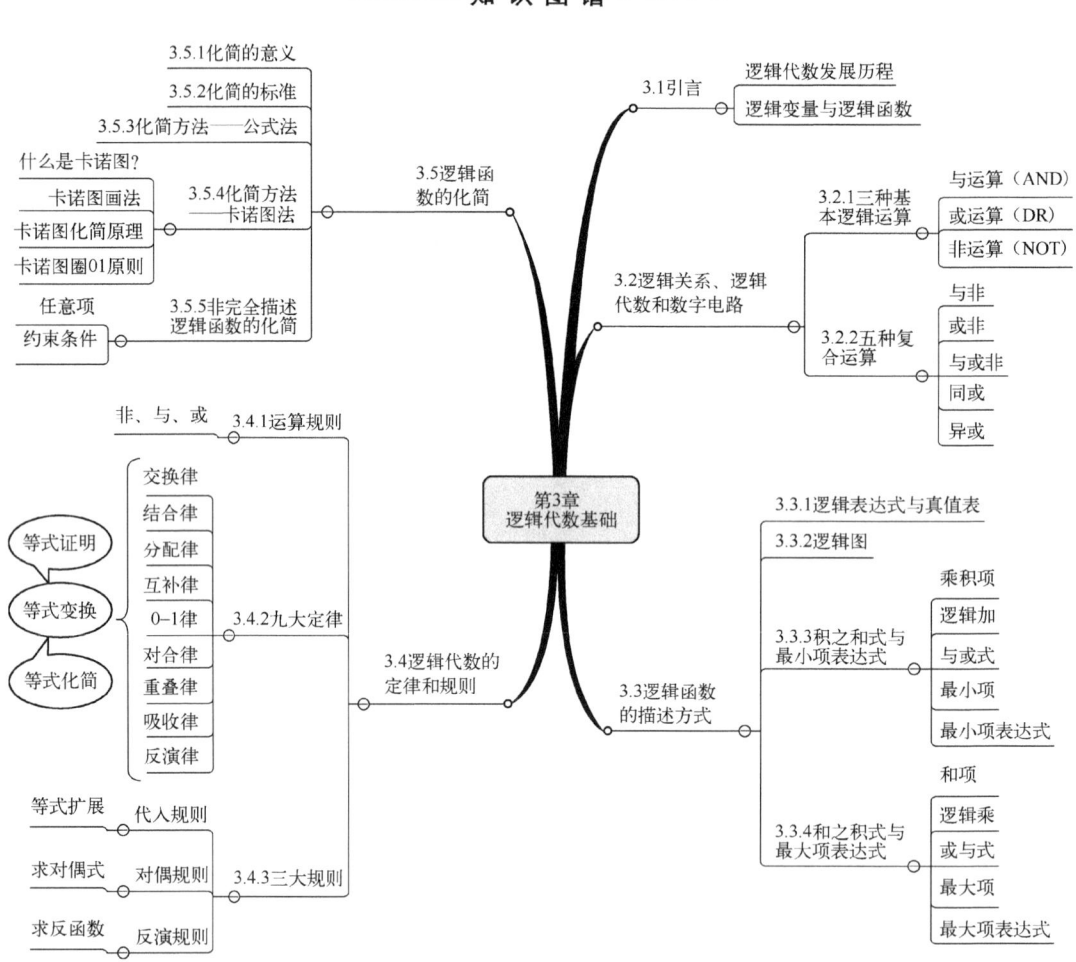

3.1 引言

1. 逻辑代数发展历程

逻辑代数（Logic Algebra）是一种用于描述客观事物逻辑关系的数学方法，由英国数学家乔治·布尔（George Boole）于 1849 年提出，因而又称布尔（Boolean）代数（也称开关代数）。逻辑代数有一套完整的运算规则，包括公理、定理和定律，被广泛应用于数字逻辑电路的变换、分析、化简和设计上。随着数字电子技术的发展，逻辑代数已成为分析和设计数字逻辑电路与系统的基本工具和理论基础。

逻辑代数中，数字信号被抽象表示为逻辑变量，数字信号的相互关系被抽象表示为逻辑运算。有了逻辑代数，数字电路与系统中的信号变换与处理过程就可以用数学方法加以研究。基于数字信号的二值特征，我们只研究逻辑代数中的二值逻辑，将在数字电路与系统的应用范畴内，介绍逻辑变量、逻辑运算和逻辑函数的有关概念。

2. 逻辑变量与逻辑函数

一个代数体系最基本的问题是变量和运算。人们熟悉的初等代数中，变量通常可以取整数值、有理数值、实数值等；变量之间的运算包括加、减、乘、除等；参与运算的变量称为自变量。变量经运算后产生函数，函数也是变量，称为因变量，函数可以与自变量有不同的取值范围。而适用于数字电路与系统的逻辑代数中的变量和运算却有不同的特征。

逻辑代数中的变量称为**逻辑变量**，一个逻辑变量通常用来表示数字电路中某个器件引脚或某条信号线上变化的信号。一个逻辑变量只有两种可能的取值 0、1，称为**逻辑值**，用来抽象表示数字信号的高、低电平。正如第 1 章概述介绍，用逻辑值 0 表示低电平，逻辑值 1 表示高电平为**正逻辑体制**；反之为**负逻辑体制**。正、负逻辑是一种人为的约定，使用不当容易引起混乱，用逻辑代数描述数字电路通常采用正逻辑。逻辑值不同于前面介绍的二进制数的数值，逻辑值 0 和 1 没有大小之分，只表示两种相对的状态。逻辑值可以表示高、低电平，也可以表示开关的断开和闭合、指示灯的亮和灭这类只有两种取值的事件。

3.2 逻辑关系、逻辑代数和数字电路

数字电子技术中，实际功能需求体现在逻辑关系中，逻辑代数能够通过变量与运算描述逻辑关系，而逻辑门则通过构成逻辑图实现该功能。表 3-1 反映了三者之间的对应关系。

表 3-1 对应关系

逻辑关系	逻辑代数	数字电路
命题	逻辑变量	数字信号
条件	自变量	输入信号
结论	因变量	输出信号
真（True）	逻辑 1	高电平
假（False）	逻辑 0	低电平
自然语言	真值表、表达式	电路图、波形图

* 计算机小知识

在微处理器中，算术逻辑单元（Arithmetic and Logic Unit，ALU）根据程序的指令，对数字数据执行算术和布尔逻辑运算。逻辑运算等价于基本逻辑门运算，但是每次至少处理 8 位。布尔逻辑指令的例子是与、或、非和异或，它们被称为助记符。汇编语言程序使用助记符来指定运算。另一个称为汇编器的程序把助记符翻译成可以被微处理器理解的二进制代码。

3.2.1 三种基本逻辑

逻辑代数中定义了与、或、非这三种基本逻辑运算,用于描述三种基本逻辑关系。相应地,在数字电路中有三种基本逻辑门与之对应。

1. 与运算（AND）

与逻辑是指"所有前提都为真,结论才为真"的逻辑关系。在逻辑代数中,采用与运算来描述与逻辑,数字电路中则采用与门来实现该逻辑。

与逻辑描述举例

图 3-1 是两个开关串联控制一盏灯的电路。只有当开关 A、B 都闭合时,灯 L 才亮,开关的开合状态与灯的亮灭可以用表 3-2 描述。电路中开关和灯的关系可以抽象为逻辑代数的变量关系:定义逻辑变量 A 和 B,分别表示两个开关,用逻辑值 0 表示开关断开,1 表示开关闭合;定义逻辑变量 L 表示灯的状态,灯灭用 0 表示,灯亮用 1 表示。将表 3-2 中开关状态和灯的亮灭分别用逻辑变量的取值代替,就得到了反映逻辑变量与函数取值关系的表 3-3。

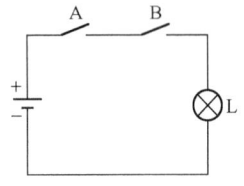

图 3-1 与逻辑电路举例

表 3-2 图 3-1 状态关系表

A	B	L
开	开	灭
开	合	灭
合	开	灭
合	合	亮

表 3-3 与运算真值表

A	B	L
0	0	0
0	1	0
1	0	0
1	1	1

与运算也称为**逻辑乘**,运算符号为"·"。对于图 3-1 所示电路,采用与运算可表示为 $L=A \cdot B=AB$。在不致混淆场合下,与运算符号通常可以省略。由真值表 3-3 可以看出,两变量与运算的**运算规则**是

$$0 \cdot 0=0 \quad 0 \cdot 1=0 \quad 1 \cdot 0=0 \quad 1 \cdot 1=1$$

实现与运算的电路称为**与门**,2 输入与门的逻辑符号如图 3-2 所示。符号中的"&"用于表示该逻辑门实现与运算,称为定性符。

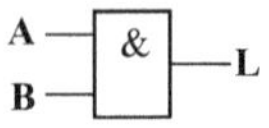

图 3-2 与门符号

与运算的特点:多变量与运算时,只有当所有输入变量（自变量）的取值都为 1 时,输出变量（因变量）才是 1。

2. 或运算（OR）

或逻辑是指:"只要有一个前提为真,结论就为真"的逻辑关系。在逻辑代数中,采用或运算来描述或逻辑,数字电路中则采用或门来实现该逻辑。

下面举一个或逻辑的例子。图 3-3 为或逻辑的电路示意图。开关 A 和 B 中只要有一个闭合,灯 L 就亮。或运算也称**逻辑加**,运算符号为"+"。对于图 3-3 所示电路,采用或运算可表示为

$$L=A+B$$

对应的真值表如表 3-4 所示。由真值表可以看出,或运算的运算规则是

$$0+0=0 \quad 0+1=1 \quad 1+0=1 \quad 1+1=1$$

实现或运算的电路称为或门,2 输入或门的逻辑符号如图 3-4 所示,符号中的"≥1"是或运算的定性符。

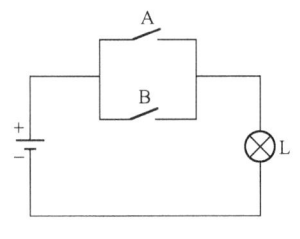

图 3-3 或逻辑电路例

表 3-4 或运算真值表

A	B	L
0	0	0
0	1	1
1	0	1
1	1	1

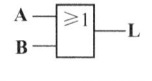

图 3-4 或门符号

或运算的特点：多变量或运算时，只有当所有输入变量的取值都为 0 时，输出变量（运算结果）才为 0。

3. 非运算（NOT）

非逻辑表示结论与条件相反的逻辑关系，在逻辑代数和数字电路中分别采用非运算和非门表示。

下面举一个非逻辑描述的例子。"非"就是否定。由于每个逻辑变量都只有 0 和 1 两种取值，非此即彼。对 0 或 1 取相反值的运算就称为非运算。变量 A 的非运算表示为 $\bar{A}$，称为"A 非"，$\bar{A}$ 的含义就是取值与 A 的值相反。非运算是针对单变量的运算，通常将 A 称为原变量，$\bar{A}$ 称为反变量。非运算的真值表如表 3-5 所示。

非运算的运算规则是

$$\bar{0}=1 \quad \bar{1}=0$$

实现非运算的逻辑电路称为非门，其逻辑符号如图 3-5 所示，逻辑门输出端的小圆圈是非运算的定性符。

表 3-5 非运算真值表

A	$\bar{A}$
0	1
1	0

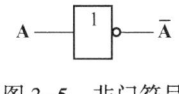

图 3-5 非门符号

非运算的特点：输出变量和输入变量的取值始终相反。

在一个逻辑函数中，三种基本逻辑运算的**优先级顺序**为非运算、与运算、或运算。例如，在函数 F=A+$\bar{B}$C 中，首先为 $\bar{B}$ 运算，然后进行与运算求出 $\bar{B}$C，最后用或运算求出函数 F。若要更改运算次序，可以通过加括号实现。例如，函数 G=(A+$\bar{B}$)C 中，计算次序为：$\bar{B}$ 运算、A+$\bar{B}$ 运算、(A+$\bar{B}$)C 运算。

前面给出的三种逻辑门符号符合国标 GB4728.12—2008（简称新国标），也是国际电工委员会在 IEC617-12 推荐使用的标准符号。在数字集成电路的发展中，还广泛采用符合美国 MIL-STD-806B 标准的逻辑门符号（简称美标），如图 3-6 所示。

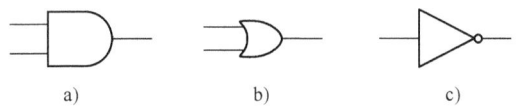

图 3-6 原美标逻辑门符号
a) 与门 b) 或门 c) 非门

3.2.2 五种复合逻辑

虽然与、或、非这三种基本逻辑运算构成了运算的完备集，但只用与、或、非门实现逻辑电路却不够方便。从方便电路实现的角度出发，人们又在三种基本逻辑运算的基础上，定义了与非、或非、与或非、异或和同或这几种新的逻辑运算，称为**复合逻辑运算**，这些逻辑运算对应的逻辑门即为常用逻辑门。

表 3-6 给出了五种复合逻辑运算的表达式、真值表、逻辑门符号及运算特征。表中每种逻辑门的三种符号从上到下依次为国标符号、美标符号和旧部标符号，其中与或非门没有相应的美标符号。

表 3-6 复合逻辑运算与常用逻辑门

运算名称	逻辑表达式	真值表	逻辑门符号	运算特征
与非	$F=\overline{A \cdot B}$	A B F 0 0 1 0 1 1 1 0 1 1 1 0		输入全为1时，输出 F=0
或非	$F=\overline{A+B}$	A B F 0 0 1 0 1 0 1 0 0 1 1 0		输入全为0时，输出 F=1
与或非	$F=\overline{AB+CD}$	AB CD F 0 0 1 0 1 0 1 0 0 1 1 0		与项全为0时，输出 F=1
异或	$F=A \oplus B$ $=\overline{A}B+A\overline{B}$	A B F 0 0 0 0 1 1 1 0 1 1 1 0		输入奇数个1时，输出 F=1
同或 （异或非）	$F=A \odot B$ $=\overline{A \oplus B}$ $=AB+\overline{A}\overline{B}$	A B F 0 0 1 0 1 0 1 0 0 1 1 1		输入偶数个0时，输出 F=1

在各种逻辑运算中，除了非运算是单变量运算符，其他都是多变量运算符，多变量的与运算、或运算、与非运算、或非运算都很容易理解。而异或运算是一种对参与运算的"1"的个数的奇偶性敏感的运算，多变量做异或运算时，若参与运算的变量中有奇数个取值为"1"，则结果为"1"，否则结果为"0"。同或运算对参与运算的"0"的个数的奇偶性敏感，多变量做同或运算时，若其中有偶数个"0"，则运算结果为"1"，否则为"0"。

3.3 逻辑代数的定律和规则

3.3.1 运算规则

前面已经介绍过逻辑的运算规则，如与运算 $0 \cdot 0 = 0$，$0 \cdot 1 = 0$，$1 \cdot 0 = 0$，$1 \cdot 1 = 1$；或运算 $0+0=0$，$0+1=1$，$1+0=1$，$1+1=1$，以及 $\bar{0}=1$，$\bar{1}=0$ 等。运算顺序由高到低为：非运算、与运算、或运算。运算规则和运算顺序构成了所有运算表达式的基础。

3.3.2 九大定律

逻辑代数的基本运算定律如表 3-7 所示。其中交换律、结合律和分配律的含义与初等代数中的相应定律相同；而互补律、0-1 律、对合律、重叠律、吸收律和反演律则是逻辑代数所特有的。反演律也称摩根（De. Morgan）定律，在实现与、或运算的转换时，十分有用。

表 3-7 逻辑代数的基本定律

名　　称	公式 1	公式 2
交换律	$A+B=B+A$	$AB=BA$
结合律	$A+(B+C)=(A+B)+C$	$A(BC)=(AB)C$
分配律	$A+BC=(A+B)(A+C)$	$A(B+C)=AB+AC$
互补律	$A+\bar{A}=1$	$A \cdot \bar{A}=0$
0-1 律	$A+0=A$	$A \cdot 1=A$
交换律	$A+B=B+A$	$AB=BA$
结合律	$A+(B+C)=(A+B)+C$	$A(BC)=(AB)C$
分配律	$A+BC=(A+B)(A+C)$	$A(B+C)=AB+AC$
互补律	$A+\bar{A}=1$	$A \cdot \bar{A}=0$
0-1 律	$A+0=A$	$A \cdot 1=A$
0-1 律	$A+1=1$	$A \cdot 0=0$
对合律	$\bar{\bar{A}}=A$	$\bar{\bar{A}}=A$
重叠律	$A+A=A$	$A \cdot A=A$
吸收律	$A+AB=A$	$A(A+B)=A$
吸收律	$A+\bar{A}B=A+B$	$A(\bar{A}+B)=AB$
吸收律	$AB+A\bar{B}=A$	$(A+B)(A+\bar{B})=A$
吸收律	$AB+\bar{A}C+BC=AB+\bar{A}C$	$(A+B)(\bar{A}+C)(B+C)=(A+B)(\bar{A}+C)$
反演律	$\overline{A+B}=\bar{A}\bar{B}$	$\overline{AB}=\bar{A}+\bar{B}$

证明逻辑等式有两种方法。一是真值表法，如果不论自变量取什么值，等式两边的函数值都相等，则等式成立；二是表达式变换法，通过运用逻辑代数的相关定律和运算规则，对表达式进行恒等变换，使等式两边的函数表达式相同。下面通过两道例题对这两种方法加以说明。

例3-1 用真值表证明分配律公式 A+BC=(A+B)(A+C)。

证明 设等式左边和右边的函数分别是

$$F_1 = A+BC \quad F_2 = (A+B)(A+C)$$

列出函数 F_1 和 F_2 的真值表如表3-8所示。

表3-8 例3-1的真值表

A	B	C	F_1	F_2	A	B	C	F_1	F_2
0	0	0	0	0	1	0	0	1	1
0	0	1	0	0	1	0	1	1	1
0	1	0	0	0	1	1	0	1	1
0	1	1	1	1	1	1	1	1	1

由真值表可以看出，对于自变量 A、B、C 的任意一种取值，F_1 和 F_2 的值都相同。因此，$F_1 = F_2$，证明完毕。

例3-2 用表达式变换的方法证明吸收律公式 $AB+\overline{A}C+BC = AB+\overline{A}C$。

证明 灵活运用交换律、结合律、分配律、0-1律等进行表达式恒等变换。

从左式向右式证明，过程如下：

$$
\begin{aligned}
AB+\overline{A}C+BC &= AB+\overline{A}C+(A+\overline{A})BC \quad &\text{（添加项）} \\
&= AB+\overline{A}C+ABC+\overline{A}BC \quad &\text{（去括号）} \\
&= (AB+ABC)+(\overline{A}C+\overline{A}BC) \quad &\text{（重新合并）} \\
&= AB(1+C)+\overline{A}C(1+B) \quad &\text{（提取公因子）} \\
&= AB+\overline{A}C \quad &\text{（吸收）}
\end{aligned}
$$

左式=右式，等式得证。

3.3.3 三大规则

逻辑代数中有三个重要的规则：代入规则、对偶规则和反演规则。

1. 代入规则

代入规则：对于任何逻辑等式，以任意一个逻辑变量或逻辑函数同时取代等式两边的某个变量后，等式仍然成立。

对于一个逻辑等式，其中任何一个逻辑变量的两种取值（0和1）都满足该等式，而任意的逻辑函数也是一个逻辑变量，也只有 0 和 1 两种取值，以它取代等式中逻辑变量时，等式自然成立。

利用代入规则可以方便地将前面定义的各种逻辑运算和定律公式推广到更多变量。

例3-3 用代入规则将反演律公式 $\overline{A+B} = \overline{A}\,\overline{B}$ 推广到三变量的形式。

解 用 (B+C) 取代等式中的变量 B，由代入规则可得 $\overline{A+(B+C)} = \overline{A} \cdot \overline{(B+C)}$。

对等式右边的 $\overline{B+C}$ 运用反演律，可得 $\overline{A+B+C} = \overline{A}\,\overline{B}\,\overline{C}$。

显然，这就是反演律的三变量形式。

2. 对偶规则

将逻辑表达式 F 中出现的所有"·"和"+"互换，"0"和"1"互换，就得到了一个新的逻辑表达式 F'（也可以写作 F_d）。表达式 F'和原表达式 F 互为**对偶式**。

对偶规则：如果两个逻辑函数相等，则它们的对偶表达式也相等。

例 3-4 分别求 $F_1=AB+\bar{A}C+BC$ 和 $F_2=AB+\bar{A}C$ 两个逻辑表达式的对偶式。

解 将 F_1 和 F_2 中与运算和或运算的运算符号互换后，得到各自的对偶表达式。

$$F'_1=(A+B)(\bar{A}+C)(B+C) \quad F'_2=(A+B)(\bar{A}+C)$$

求对偶表达式时，应该注意保持原有的运算顺序不变，必要时应在对偶式中加上括号。

由对偶表达式的定义可知，与运算和或运算是具有对偶关系的两个运算。相应地，与非运算和或非运算也是对偶的，异或运算和同或运算也是互为对偶关系的运算。

例 3-4 中的函数 F_1 和 F_2 就是表 3-7 中吸收律公式 1 的最后一个等式两边的表达式，该等式的成立已在例题 3-2 中得到证明。根据对偶规则，因为 $F_1=F_2$，所以 $F'_1=F'_2$，即

$$(A+B)(\bar{A}+C)(B+C)=(A+B)(\bar{A}+C)$$

该等式就是表 3-7 中吸收律公式 2 的最后一个等式，通过对偶规则，间接证明该等式成立。实际上，表 3-7 的公式 1 和公式 2 中相应的等式都是互为对偶关系，证明了一个，另一个自然成立。

3. 反演规则

在利用对偶规则求得对偶表达式的基础上，再进行原变量和反变量（单变量）的替换，就可以求得原函数的反函数。**反函数**是指与原函数取值相反的函数，若原函数为 F，则反函数记作 $\bar{F}$。由原函数求反函数的过程叫反演或取反，求反函数的一种方法是利用反演律，而另一种方法则是反演规则。

反演规则：将一个函数表达式 F 中出现的所有"·"和"+"互换，"0"和"1"互换，原变量和反变量互换，就得到了反函数 $\bar{F}$。

在用反演规则求反函数时，也要注意保持原函数表达式中的运算顺序不变。

例 3-5 分别用反演律和反演规则求函数 $Z=A+B\bar{C}+\overline{D\,E+\bar{F}}$ 的反函数 $\bar{Z}$。

解 用反演律

$$\bar{Z}=\overline{A+B\bar{C}+\overline{D\,E+\bar{F}}}=\overline{(A+B\bar{C})}\cdot(D\,E+\bar{F})$$

$$=(\bar{A}+B\bar{C})(\bar{D}+(E+\bar{F}))=(\bar{A}+B\bar{C})(\bar{D}+E+\bar{F})$$

用反演规则

$$\bar{Z}=\bar{A}(\bar{B}+C)\overline{(\bar{D}+E\bar{F})}$$

表面上看，用反演律和反演规则得到的反函数 $\bar{Z}$ 的表达式不同。其实，只要用反演律消去第二个式子中的长非号，就可以导出相同的结果。

3.4 逻辑函数的描述方式

逻辑变量通过逻辑运算就构成了**逻辑函数**。例如 L=AB 中，A 和 B 是自变量，L 是 A、

B 的函数；F=$\overline{A}$ 中，F 是 A 的函数。给定自变量的取值，就可以求出相应的函数值。逻辑代数中，每个自变量只能取 0、1 两种值，而逻辑函数的取值特征和自变量相同，也只能取 0 和 1 两种值。在数字电路中，逻辑代数中的自变量用于表示电路的输入信号，逻辑函数用于表示电路的输出信号。

逻辑函数有两种基本的表示方法：表达式和真值表。表达式通过自变量的运算表示函数，真值表则通过自变量和因变量的取值关系表示函数。除此之外，把逻辑代数应用于数字电路时，还有逻辑函数的电路图表示法和函数关系反映为输入输出信号关系时的波形图表示法，以及为了实现电路化简而采用的卡诺图表示法。

3.4.1 逻辑表达式与真值表

逻辑函数表达式就是把函数关系表示为变量的与、或、非、异或等运算的形式。通过前面内容的学习，我们已经熟悉了函数的这种表示方法。

例 3-6 在举重比赛中，安排了三个裁判，一个主裁判和两个副裁判，只有主裁判同意且至少有一个副裁判同意时，运动员的动作才算合格。试将判决结果表示成逻辑表达式形式。

解 首先定义三个自变量 A、B、C，分别表示主裁判和两个副裁判的判决，A=0 表示主裁判认为动作不合格，A=1 表示主裁判认为动作合格；B 和 C 的取值含义类似。定义变量 Z 表示最终判决结果，Z=0 表示运动员动作不合格，Z=1 表示动作合格。

显然，Z 是 A、B、C 的函数。函数关系是：只有当 A=1，且 B 和 C 中至少有一个是 1 时，Z=1；否则，Z=0。满足该函数关系的表达式为

$$Z=A(B+C)$$

例 3-6 的函数关系比较简单，可以直接写出表达式，而实际的数字电路问题一般比较复杂，通常无法直接得到函数表达式。

真值表（Truth Table）的基本含义已经在介绍与运算时做了说明。通过罗列自变量的取值和相应的函数值，得到反映函数关系的真值表，这种方法是用逻辑代数描述实际设计问题的基本方法。

例 3-7 设计一个表决电路，参加表决的三个人中有任意两人或三人同意，则提案通过；否则，提案不能通过。

解 定义自变量 A、B、C 和函数 Z，其含义与例 3-6 类似。三个自变量共有 8 种可能取值。由题意可知，当自变量中有两个或两个以上取值为 1 时，函数值为 1。完整反映题目要求的真值表如表 3-9 所示。

表 3-9 例 3-7 的真值表

A	B	C	Z	A	B	C	Z
0	0	0	0	1	0	0	0
0	0	1	0	1	0	1	1
0	1	0	0	1	1	0	1
0	1	1	1	1	1	1	1

3.4.2 逻辑图

由于逻辑函数的表达式中的各种逻辑运算都有相应的实现电路——逻辑门，所以，任意给定的逻辑函数表达式都存在一个逻辑电路与之对应，或者说，逻辑电路图也是逻辑函数的一种表示方法。例 3-6 求出的函数表达式中包含一次或运算和一次与运算，直接实现该表达式的逻辑电路图如图 3-7a 所示。不同的表达式形式对应于不同的电路，若将该函数恒等变换为 Z=AB+AC，则相应的逻辑图就变成了图 3-7b。显然，具有相同逻辑功能的图 3-7b 因为多用了一个逻辑门而不如图 3-7a 简单。由此我们可以看到，表达式的简化程度与电路的简化程度相对应。所以，为了使功能设计的实现电路最简单，应该尽可能地化简逻辑函数表达式。

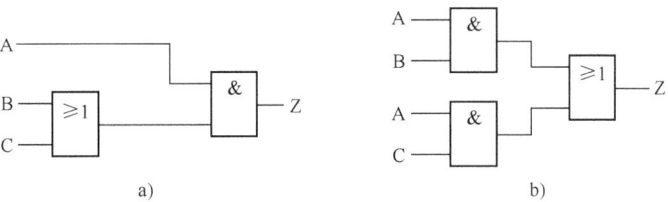

图 3-7　例 3-6 的逻辑图
a) Z=A(B+C) 的逻辑图　b) Z=AB+AC 的逻辑图

3.4.3 积之和式与最小项表达式

逻辑函数既可以用表达式表示，也可以用真值表来描述。表达式表示的是变量之间的运算关系，而真值表则表示的是变量间的取值关系。这两种表示方法的相互转换十分重要，但其对应关系却不十分明显。从对真值表的说明可以知道，真值表对逻辑函数的取值描述是唯一的，一个确定的逻辑函数只有一个真值表；而一个逻辑函数的表达式却可以有多种形式。我们首先介绍积之和式，然后从真值表出发，建立一种与之相对应的逻辑函数标准形式——最小项表达式。

积之和式（Sum Of Products）又称为与或式，是若干个乘积项的和（逻辑加）。乘积项（Product Term）是几个自变量的与运算，参与与运算的自变量可以是原变量形式或反变量形式，例如乘积项 AB、$\overline{AB}$、$\overline{ABC}$、$\overline{A}\,\overline{C}\,\overline{D}$。显然，实现乘积项的逻辑电路就是与门。下面是几个积之和式的例子：

$$AB+\overline{A}BC$$
$$ABC+CDE+\overline{B}\overline{C}\overline{D}$$
$$A+\overline{A}\,\overline{B}C+B\overline{C}\overline{D}$$

最小项（Minterm）又称为标准积项，是一种特殊的乘积项。最小项中包含所有的自变量，每个自变量以原变量或反变量的形式出现且仅出现一次。由于每个变量只有原变量和反变量两种形式，因此，三个自变量 A、B、C 能并且只能构成 8 个最小项，它们分别是 $\overline{A}\,\overline{B}\,\overline{C}$、$\overline{A}\,\overline{B}C$、$\overline{A}B\overline{C}$、$\overline{A}BC$、$A\overline{B}\,\overline{C}$、$A\overline{B}C$、$AB\overline{C}$、$ABC$。每个最小项与变量的一组取值有着一一对应的关系，例如，能使最小项 $\overline{A}\,\overline{B}\,\overline{C}=1$ 的变量取值只有 ABC=000，而且"000"也只能使该最小项的值为 1，即最小项 $\overline{A}\,\overline{B}\,\overline{C}$ 和变量取值"000"相对应；其他 7 个最小项和另 7 组变量取值相对应。为了简化最小项的表示，通常用 m_i 表示最小项，其中 m 是最小项标识符，下标 i

就是与该最小项对应的自变量取值的十进制数。下标 i 也可以这样确定：将一个最小项中变量替换为 1、反变量替换为 0，得到一个二进制数，其等值的十进制数就是 i。上述 ABC 三变量构成的最小项分别记作 $m_0, m_1, m_2, m_3, m_4, m_5, m_6, m_7$。

最小项表达式又称为标准积之和式（The Standard SOP Form），是积之和式中的一种，其中的每个乘积项都是最小项。下面是两个最小项表达式的例子，从中可以看到，最小项表达式除了写成乘积项的变量形式外，还可以写为两种简写形式：

$$F(A,B) = \overline{A}B + A\overline{B} = m_1 + m_2 = \sum m(1,2)$$

$$L(A,B,C) = \overline{A}\,\overline{B}\,\overline{C} + AB\overline{C} + ABC = m_0 + m_5 + m_7 = \sum m(0,5,7)$$

最小项表达式之所以称为函数的标准表达式，是因为每个逻辑函数的最小项表达式都是唯一的，就像函数的真值表是唯一的一样。任何逻辑函数表达式都可以写成最小项表达式形式。

例 3-8 求出函数 $F(A,B,C) = AB + AC + BC$ 的最小项表达式。

解
$$\begin{aligned}
F(A,B,C) &= AB + AC + BC \\
&= AB(\overline{C} + C) + A(\overline{B} + B)C + (\overline{A} + A)BC \\
&= AB\overline{C} + ABC + A\overline{B}C + ABC + \overline{A}BC + ABC \\
&= \overline{A}BC + A\overline{B}C + AB\overline{C} + ABC \\
&= \sum m(3,5,6,7)
\end{aligned}$$

若函数表达式不是积之和式，应该首先将其变换为积之和式，然后再求最小项表达式。函数的最小项表达式和真值表是一一对应的，可以方便地在两者之间相互转换。对于一个给定的真值表，可以直接写出相应的最小项表达式，反之亦然。

例 3-9 求出最小项表达式 $S(A,B,C) = \sum m(1,2,4,7)$ 对应的函数真值表。

解
$$\begin{aligned}
S(A,B,C) &= \sum m(1,2,4,7) \\
&= \overline{A}\,\overline{B}C + \overline{A}B\overline{C} + A\overline{B}\,\overline{C} + ABC
\end{aligned}$$

对于一个与或式，任何一个乘积项的值为"1"都使函数值为"1"，而使一个最小项的值为"1"的自变量取值只有一组。所以，对于函数 $S(A,B,C)$，只有当自变量 ABC 的取值为 001、010、100 和 111 时，才有 S=1；自变量取其他值时，函数值为"0"。由此可得真值表如表 3-10 所示。

表 3-10 例 3-9 的真值表

A	B	C	Z	A	B	C	Z
0	0	0	0	1	0	0	1
0	0	1	1	1	0	1	0
0	1	0	1	1	1	0	0
0	1	1	0	1	1	1	1

例 3-9 归纳出最小项表达式与真值表的对应关系为：最小项表达式中的最小项与真值表中函数值为"1"的行相对应。

由真值表求最小项表达式的方法是：找出真值表中所有函数值为"1"的行，这些行对应的最小项之和就是最小项表达式。

3.4.4 和之积式与最大项表达式

和之积式（Product Of Sums）又称为或与式，是若干个和项的乘积（逻辑乘）。和项（Sum term）是几个自变量的或运算，参与或运算的是自变量的原变量形式或反变量形式，如$(A+\bar{B})$、$(\bar{A}+\bar{C}+D)$，实现和项的逻辑电路就是或门。下面是两个和之积式的例子：

$$(A+B)(\bar{A}+\bar{B})$$
$$A(B+C)(C+\bar{D}+E)(\bar{A}+\bar{B}+\bar{C}+D)$$

和之积式和积之和式是逻辑函数表达式的两种基本形式，它们之间可以进行相互转换。但是，一般的和之积式和积之和式之间并没有简单的对应关系。与最小项表达式相对应，也有最大项表达式。最大项表达式和最小项表达式之间有着简单的直接转换关系。

最大项（Maxterm）又称为标准和项，是一种特殊的和项。最大项中包含所有的自变量，每个自变量以原变量或反变量的形式出现且仅出现一次。如两个变量 A、B 构成 4 个最大项，分别是：$(A+B)$、$(A+\bar{B})$、$(\bar{A}+B)$、$(\bar{A}+\bar{B})$。每个最大项与变量的一组取值有着一一对应的关系，例如，能使最大项$(A+\bar{B})=0$的变量取值只有 AB=01；在两个变量的 4 个最大项中，变量取值"01"也只能使该最大项的值为 0，即最大项$(A+\bar{B})$和变量取值"01"相对应；其他三个最大项和另外三组变量取值相对应。最大项的简写形式为 M_i，下标 i 就是与该最大项对应的自变量取值的十进制数。下标 i 的确定方法为：将一个最大项中的原变量替换为 0、反变量替换为 1，得到一个二进制数，其等值的十进制数就是 i。

最大项表达式也称为标准和之积式（The Standard POS Form），是和之积式中的一种，其中的每个和项都是最大项。下面是两个最大项表达式的例子。从中可以看到，除了变量形式外，最大项表达式也有两种简写形式：

$$F(A,B) = (A+B)(\bar{A}+\bar{B}) = M_0 M_3 = \prod M(0,3)$$
$$Z(A,B,C) = (A+B+\bar{C})(\bar{A}+\bar{B}+C)(\bar{A}+\bar{B}+\bar{C}) = M_1 M_6 M_7 = \prod M(1,6,7)$$

最大项表达式是函数的标准表达式之一，一个逻辑函数只有唯一的最大项表达式。最大项表达式和真值表也是一一对应的，对于一个给定的真值表，可以直接写出相应的最大项表达式，反之亦然。

例 3-10 求出最大项表达式 $Z(A,B,C) = \prod M(1,6,7)$ 对应的函数真值表，并进一步求出该函数的最小项表达式。

解 $Z(A,B,C) = \prod M(1,6,7)$
$$= (A+B+\bar{C})(\bar{A}+\bar{B}+C)(\bar{A}+\bar{B}+\bar{C})$$

对于一个或与式，任何一个和项的值为"0"时，都使函数值为"0"，而使一个最大项的值为"0"的自变量取值只有一组。所以，对于函数 $Z(A,B,C)$，只有当自变量 ABC 的取值为 001、110 和 111 时，才有 S=0；自变量取其他值时，函数值都是"1"。由此可得真值表如表 3-11 所示。

根据真值表和最小项表达式的对应关系，在表 3-10 中找出函数值为"1"的行，这些行对应的最小项包含在最小项表达式中，最小项的下标就是自变量取值的十进制数。所以，最小项表达式可写为

$$Z(A,B,C) = \sum m(0,2,3,4,5)$$
$$= \bar{A}\bar{B}\bar{C} + A\bar{B}\bar{C} + \bar{A}BC + A\bar{B}\bar{C} + \bar{A}BC$$

31

表3-11 例3-10的真值表

A	B	C	Z	A	B	C	Z
0	0	0	1	1	0	0	1
0	0	1	0	1	0	1	1
0	1	0	1	1	1	0	0
0	1	1	1	1	1	1	0

比较函数的最小项表达式和最大项表达式，可以看出，最大项表达式包含的最大项的下标和最小项表达式中包含的最小项的下标分别对应于真值表中函数值为"0"或"1"时自变量的取值。至此，逻辑函数的表达式和真值表之间建立了直接的对应关系，从而进一步明确了变量运算和变量取值之间的联系。

3.5 逻辑函数的化简

3.5.1 化简的意义

逻辑函数表达式的相关知识表明，表达式不同则对应的电路也不同。完成同样的逻辑功能，自然是电路越简单越好。简单的电路成本低、功耗低、故障率也低。

3.5.2 化简的标准

采用逻辑门实现的数字电路的最简标准是：采用逻辑门的数量最少，每个逻辑门的输入端个数最少。由最简逻辑电路的概念可以推导出最简表达式的概念。对于常用的与或式和或与式来说，最少的逻辑门就意味着与或式中乘积项个数最少、或与式中和项个数最少；输入端个数最少对应着每个乘积项或和项中包含的变量个数最少。

3.5.3 化简方法——公式法

逻辑函数的化简有多种方法，几种常用的化简方法为：基于表达式变换的代数化简法、基于图形的卡诺图化简法和计算机辅助化简法。本书简单介绍代数化简法，全面介绍卡诺图化简法，对计算机辅助化简法感兴趣的读者请参考相关文献或书籍。

1. 定义

公式法就是利用逻辑代数的基本定律和规则，对逻辑函数表达式进行恒等变换。通过项的合并（$AB+A\bar{B}=A$）、项的吸收（$A+AB=A$）、消去冗余变量（$A+\bar{A}B=A+B$）等手段，使表达式中的项（与或式中的乘积项和或与式中的和项）的个数达到最少，同时也使每项所含变量的个数最少。

2. 举例

例3-10 试用公式法化简下列逻辑函数：

$$F_1 = A\bar{B}+ACD+\bar{A}\bar{B}+\bar{A}CD$$
$$F_2 = AB+AB\bar{C}+AB(C+D)$$
$$F_3 = A\bar{B}+\bar{A}B+B\bar{C}+BC$$

解 $F_1 = A\bar{B}+ACD+\bar{A}\bar{B}+\bar{A}CD = A(\bar{B}+CD)+\bar{A}(\bar{B}+CD) = \bar{B}+CD$

$F_2 = AB+AB\bar{C}+AB(\bar{C}+D) = AB[1+\bar{C}+(\bar{C}+D)] = AB$

$F_3 = A\bar{B}+A\bar{B}+B\bar{C}+BC = A\bar{B}(C+\bar{C})+A\bar{B}+(A+\bar{A})B\bar{C}+BC$

$\quad = A\bar{B}C+A\bar{B}\bar{C}+A\bar{B}+AB\bar{C}+\bar{A}B\bar{C}+BC$

$\quad = BC(A+1)+A\bar{C}(\bar{B}+B)+\bar{A}B(1+\bar{C})$

$\quad = BC+A\bar{C}+\bar{A}B$

3. 特点

用代数法化简逻辑函数时，必须熟悉逻辑代数基本公式，当表达式较复杂、项数较多时，化简困难，而且不易判断结果是否最简。因此代数化简法只能作为函数化简的辅助手段。

3.5.4 化简方法——卡诺图法

1. 什么是卡诺图

当逻辑函数的自变量个数较少（小于6个）时，卡诺图法是化简逻辑函数的有效工具。由代数化简法可知，若两个乘积项只有一个变量不同，即存在$(A+\bar{A})$的情形时，这两个乘积项可以合并。例如，$(ABC+\overline{ABC})=BC$，符合这种条件的项称为逻辑相邻项。逻辑函数的化简实际上就是寻找逻辑相邻项、合并逻辑相邻项的过程。逻辑函数的化简既可以从运算角度出发，也可以从取值方面考虑。真值表以顺序递增的方式，列出了函数输入输出变量之间的全部逻辑值，但是表中处于几何位置上的项却不一定是逻辑相邻项，因而真值表不适合进行逻辑函数的化简。

2. 卡诺图的画法与相邻特性

卡诺图是变形的真值表，用方格图表示自变量取值和相应的函数值。其构造特点是自变量取值按循环码方式排列，使卡诺图中任意两个相邻的方格对应的最小项（或最大项）只有一个变量不同，从而将逻辑相邻项转换为几何相邻项，方便相邻项的合并。三变量、四变量和五变量的卡诺图结构如图3-8所示。

A \ BC	00	01	11	10
0	0	1	3	2
1	4	5	7	6

a)

AB \ CD	00	01	11	10
00	0	1	3	2
01	4	5	7	6
11	12	13	15	14
10	8	9	11	10

b)

AB \ CDE	000	001	011	010	110	111	101	100
00	0	1	3	2	6	7	5	4
01	8	9	11	10	14	15	13	12
11	24	25	27	26	30	31	29	28
10	16	17	19	18	22	23	21	20

c)

图 3-8 卡诺图的结构

a) 三变量 b) 四变量 c) 五变量

卡诺图中的每个方格对应于真值表中的一行，方格中应填入具体函数的函数值"0"或"1"。方格中的编号是自变量取值对应的十进制数，也就是相应最小项（或最大项）的下标。卡诺图中的相邻关系不仅是图中相邻的方格，也包括第一行和最后一行（第一列和最后一列）对应的方格，如四变量卡诺图中的方格 1 和 9、方格 4 和 6 等；还包括五变量卡诺图中左边 16 个方格和右边 16 个方格的对应位置，如方格 9 和 13、方格 26 和 30 等，这些方格也都是逻辑相邻的。

3. 卡诺图化简的原理

根据逻辑函数特点，任意两个逻辑相邻项只有一个变量不同，运算时可以合并为一项。反映在卡诺图中，这样的两个相邻（最小项或最大项）同样可以合并为一项（乘积项或和项），并消去其中取值不同的变量。两个逻辑相邻项合并的例子如图 3-9 所示。

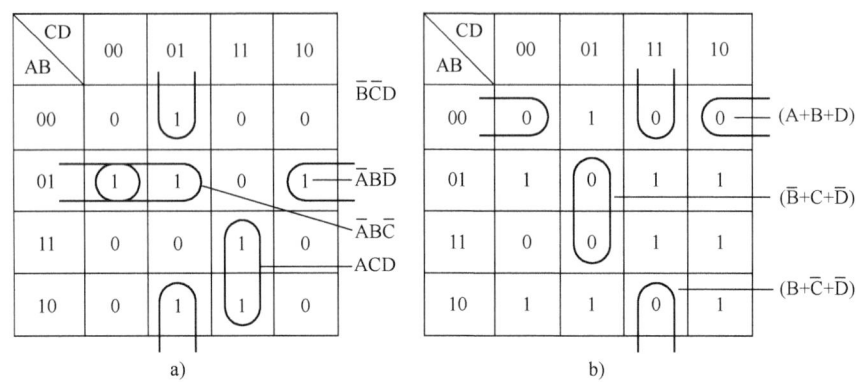

图 3-9 卡诺图中两个相邻项的合并
a）两个最小项的合并　b）两个最大项的合并

卡诺图方格中填入的"1"或"0"在合并中可以被多个圈使用，如图 3-9a 中，自变量取值为 ABCD = 0100 对应的"1"分别被两个圈所圈中，这种用法符合重叠律。

卡诺图中圈"1"是进行最小项的合并。将每个圈中的全部最小项合并，得到一个乘积项。因此，每个圈对应一个乘积项，将全部的乘积项（全部的圈）做逻辑加就得到最简与或式。对圈中的最小项合并后，书写乘积项的规则为：圈中对应的某个自变量取值为"1"时，则该自变量在乘积项中取原变量形式；自变量取值为"0"时，该自变量为反变量形式；而对于取值既有 0 也有 1 的变量则消去。

卡诺图中圈"0"则对应于最大项的合并。将每个圈中的全部最大项合并，得到一个和项。因此，每个圈对应一个和项，将全部的和项（全部的圈）做逻辑乘就得到最简或与式。对圈中的最大项合并后，书写和项的规则为：圈中取值为"0"的自变量写成原变量形式，取值为"1"的自变量写成反变量形式，同样，对于取值既有 0 也有 1 的变量则消去。

2^n 个逻辑相邻的同样可以合并化简。进一步观察逻辑相邻项的特点可知，逻辑相邻项的合并显然不仅局限于两项之间。事实上，卡诺图中的 2^n 个逻辑相邻的最小项（或最大项）也可以合并为一项，同时消去 n 个取值不同的变量，例如四项合并、八项合并、十六项合并等。当然，只能是 2^n 个逻辑相邻项合并，因为合并的基本原理来源于两项合并。

4. 卡诺图圈 0 或 1 的原则

卡诺图上圈"1"对应最小项合并,因此得到的是最简与或式;圈"0"对应最大项合并,得到最简或与式。最简与或式是指表达式中的乘积项个数最少,每个乘积项中的变量个数最少。最简或与式则是指表达式中的和项最少,每个和项中的变量个数最少。卡诺图的化简与最简表达式之间有直接对应关系,卡诺图中的每一个圈对应表达式中的一项,每个圈的大小对应合并时消去的变量多少。因此,卡诺图化简的基本原则是:用最少的圈、用最大的圈完成合并。圈越少,表达式中的项数越少,采用的逻辑门数越少;圈越大(包含的"1"或"0"越多),表达式中项的变量越少,逻辑门的连接线越少。为防止化简后的表达式中出现冗余项(化简存在多余圈),必须保证卡诺图中的每个圈中至少有一个"1"(或"0")是没有被其他圈圈过的。

5. 卡诺图化简的步骤

1)画出逻辑函数的卡诺图。

2)在卡诺图上圈 1(0),找出逻辑相邻的最小项(最大项)。

- 优先圈独立的 1(0),即只有一种圈法的先圈。
- 用尽可能少的圈覆盖所有的 1(0),每个圈中的 1(0)尽可能多,但必须是 2^n 个。
- 任何一个圈中,至少有一个 1(0)仅被圈过一次。

3)写出每个圈所对应的乘积项(和项),将这些乘积项(和项)相加(乘),得到最简的"与或式"("或与式")。

6. 卡诺图化简举例

例 3-11 用卡诺图化简函数 $F(A,B,C,D) = \sum m(0,3,9,11,12,13,15)$,写出最简与或式。

解 首先画出四变量卡诺图,然后将最小项填入图中,如图 3-11 所示。

明确卡诺图化简的基本原则:圈数最少、圈最大、不产生冗余圈(其中的每个"1"都被其他圈圈过)。依据化简步骤进行圈 1。首先,圈出孤立的"1"。如最小项 m_0,没有逻辑相邻的最小项(上下左右格子中的函数值全部为 0,都是最大项),无法和其他最小项合并,写出该圈对应化简后的乘积项是 $\overline{A}\,\overline{B}\,\overline{C}\,\overline{D}$。其次,寻找只有一个合并方向的两个或 2^n 个"1"。如在图 3-10 中,最小项 m_3 只能向上和最小项 m_{11} 合并,从满足原则的角度来说,这个圈法是唯一的,圈中合并的结果为 $\overline{B}CD$;同样,最小项

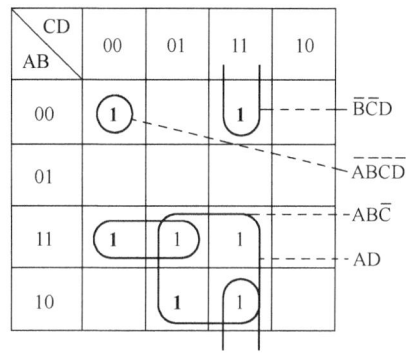

图 3-10 例 3-11 的卡诺图

m_{12} 只能和 m_{13} 圈在一起,合并结果为 $AB\overline{C}$。m_9 只能向右上方向合并(m_{15} 则是相左下方向合并),4 个"1"的合并(根据重叠律,m_{11} 和 m_{14} 可以重复圈),结果是 AD。至此,卡诺图中所有的"1"都被圈完。根据卡诺图中 4 个圈合并得到的 4 个乘积项,写出最简与或表达式

$$F = \overline{A}\,\overline{B}\,\overline{C}\,\overline{D} + \overline{B}CD + AB\overline{C} + AD$$

例 3-11 中,每个圈都对应标注了合并得到的乘积项,只是为了帮助理解圈"1"和最小项合并的概念,实际化简中可以不标注,只要在所有的"1"都圈过之后,根据每个圈对

应的乘积项写出最简与或表达式即可。

例 3-12 用卡诺图化简函数 $F(A,B,C,D)=\sum m(1,2,4,5,6,7,11)$，分别求出最简与或式和最简或与式。

解 画出四变量卡诺图，根据 F 的最小项表达式填写卡诺图中的"1"，其余位置填"0"，如图 3-11 所示。圈"1"求最简与或式：首先圈出孤立的"1"（m_{11}）；然后圈出只有一个合并方向的"1"（m_1 向下和 m_5、m_2 向下和 m_6，以及 m_4 和 m_7 的横方向 4 项）。根据卡诺图中圈"1"的圈，写出最简与或式

$$F=A\bar{B}CD+\bar{A}\ CD+\bar{A}C\ \bar{D}+\bar{A}B$$

每个圈对应最简与或式中的一个乘积项，该圈中的自变量取值为"1"时，乘积项中该自变量为原变量形式，否则为反变量形式。

圈"0"求最简或与式方法和步骤相同：首先圈孤立的"0"（M_3）；然后是为了化简 M_0，将表示 M_0 和 M_8 的两个"0"合并；剩下的"0"都可以用更大的圈来覆盖，为了化简最大项 M_9，将它和相邻的另三个"0"合并；为了化简 M_{10} 和 M_{15}，也分别画了两个圈。至此，所有的"0"都已圈过。注意：为了使每个圈尽量大，卡

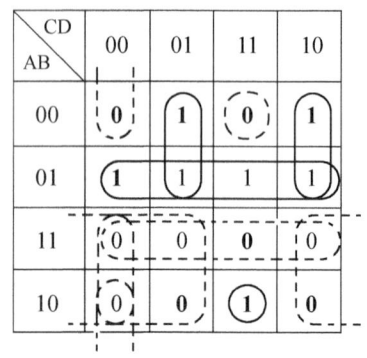

图 3-11 例 3-12 的卡诺图

诺图中有多个"0"都被圈过多次，但每个圈中都有至少一个"0"只属于该圈。这样做就满足了卡诺图画圈的原则：所有的"0"都要被圈到，圈的数目尽可能少，每个圈尽可能大。

根据卡诺图中圈"0"的圈，写出最简或与式

$$F=(A+B+\bar{C}+\bar{D})(B+C+D)(\bar{A}+C)(\bar{A}+D)(\bar{A}+\bar{B})$$

每个圈对应最简或与式中的一个和项，该圈中的自变量取值为"0"时，和项中的该自变量为原变量形式，否则为反变量形式。

*例 3-13 将下面的多输出函数化简为最简与或式，要求总体最简。

$$F_1(A,B,C,D)=\sum m(1,3,4,5,6,7,15) \quad F_2(A,B,C,D)=\sum m(1,3,10,14,15)$$

解 由卡诺图化简方法可分别求得函数 F_1 和 F_2 的最简与或式（略）。可知，实现 F_1 需要三个与门（两个 2 输入，一个 3 输入）和一个 3 输入或门；实现 F_2 需要三个 3 输入与门和一个 3 输入或门。总计需要 6 个与门（两个 2 输入，四个 3 输入）和两个 3 输入或门。

事实上，多输出函数化简时，每个函数最简并不代表整个电路最简。为使整体最简，应该在卡诺图化简中寻找公共项，对公共项采取相同的圈法，达到在电路上节省相同逻辑门实现部分的目的。化简圈法修改的基本过程如图 3-12 所示。

首先，观察 F_1 和 F_2 的等式和卡诺图，不难发现两个函数的公共项：m_1、m_3 和 m_{15}。在函数 F_1 独立化简的圈法中，为了使圈最大，可以将 m_1 和 m_3 圈在 4 个最小项中，而在函数 F_2 的卡诺图中，则是只能圈 m_1 和 m_3 合并。所以，在 F_1 中改为 m_1 和 m_3 合并，与 F_2 形成相同的一个圈，电路上则只需要采用一个 3 输入与门实现即可（节省一个与门）；同理，在 F_1 中

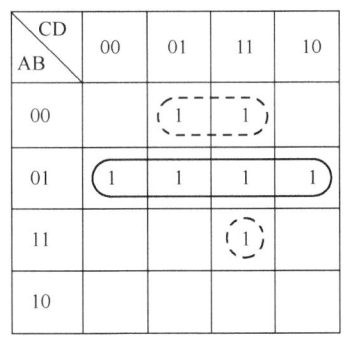 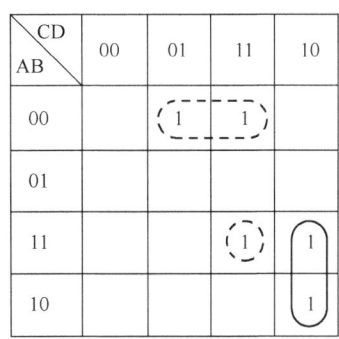

$F_1=\overline{A}B+\overline{A}\overline{B}D+ABCD$ $F_2=\overline{A}\overline{B}D+ABCD+AC\overline{D}$

图 3-12 例 3-13 中 F_1 和 F_2 总体化简的卡诺图和与或表达式

m_{15} 为孤立项，只能圈 m_{15} 一项，因此 F_1 和 F_2 的卡诺图应该都将 m_{15} 作为孤立项处理，使得函数 F_1 和 F_2 在实现该孤立项时只需要一个 4 输入与门；函数 F_1 和 F_2 卡诺图中剩余的不相同项，仍然按照最大最少的原则圈 "1" 化简。

修改后求得两个函数的化简与或表达式如图 3-12 所示。最终，整个电路的实现采用 4 个与门（一个 4 输入、两个 3 输入和一个 2 输入）和两个 3 输入或门，比两个函数单独化简的实现电路少用 2 个与门。两个函数的实现电路如图 3-13 所示。

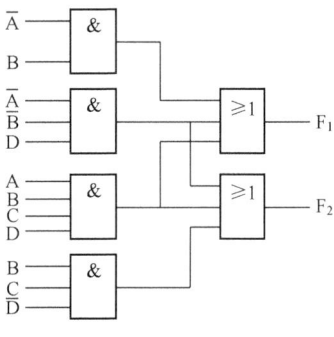

图 3-13 例 3-13 最简电路图

3.5.5 非完全描述逻辑函数的化简

到目前为止，讨论的函数都是完全描述函数，即对于函数的所有自变量的取值都有确定的函数值。而在实际应用中，存在大量非完全描述函数，这种函数的自变量的某些取值是不会出现的（异常时出现）；或是某些自变量取值对应的函数值为 0 或 1，对电路的功能没有影响。此时，对实际应用来说，如果这些自变量取值出现，函数值是任意的（可以为 0，也可以为 1，设计上不需要明确定义），称为**任意项**，用 "Φ" 表示。下面的例题进一步说明了任意项的概念，以及任意项在函数化简中的处理。

例 3-14 某逻辑电路的输入是 8421BCD 码，当输入的数可以被 3 整除时，电路输出为 1，否则输出为 0，试通过卡诺图化简法求出该函数的最简与或式。

解 定义 4 个自变量 A、B、C、D 表示该逻辑电路的输入，ABCD 的取值为 0000~1001 时，分别表示相应的 8421 码；定义变量 F 表示电路的输出指示，F 输出 1 表示输入的 8421BCD 数可以被 3 整除，否则 F 输出 0。分析题中的逻辑关系可知，当自变量取值对应的十进制数为 0、3、6、9 时，函数值 F=1；当自变量取值为其他 8421 码时，F=0。自变量的取值为 1010~1111 时，对于该电路来说不会出现（不是 8421 码），所以在这些取值条件下，F 的取值不必定义，即此时 F=Φ。满足此条件的卡诺图如图 3-14 所示。

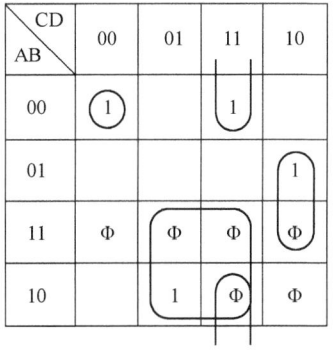

图 3-14 例 3-14 的卡诺图

化简时对任意项的处理原则是：卡诺图中的任意项既可以为 0，也可以为 1。这一特点有助于简化逻辑函数，也不会影响电路功能。圈 1 时，若 Φ 有利于 1 的化简，就将它和 1 圈在一起，如图 3-14 中和 1 圈在一起的 Φ；若 Φ 对化简没有帮助，就弃之不顾（当作 0）。圈毕，照常读出各圈表示的乘积项，就可以写出最简与或式：

$$F = \bar{A}\bar{B}\bar{C}\bar{D} + \bar{B}C D + BC\bar{D} + AD$$

需要注意的是，卡诺图一旦化简完毕，最简表达式和实现电路均已确定，自变量的所有取值输入（包括任意项在内）对应的函数值也明确下来。和 1 圈在一起的 Φ，取值是 1；其他的 Φ，取值是 0。在实际电路工作过程中，不存在模棱两可的输出值。

无效的输入值对实际电路的工作可能带来有害的影响。如例 3-14 中的电路，当信号输入为 1010~1111 等值时，信号输出可能为 0、或者 1（也必然是 0 或 1 之一）。然而这样的结果可能影响后续电路的判断，因为信号输出 1 表示输入的 8421BCD 可以被 3 整除，输出 0 表示不能，都是基于 8421BCD 输入这个前提，而 1010~1111 并不是要求的 8421BCD，此时的输出值没有意义。该电路不具备判断输入是否是 8421BCD 码的能力，若要防止非 8421 码带来的错误输出，该电路还应该设置一个 8421BCD 码检测输出端，用于判别输入信号是不是 8421BCD 码。

含任意项的逻辑函数的常用表示方法如下。

(1) 含任意项的最小项表达式

$$F = \sum m(\quad) + \sum \Phi(\quad) \text{ 或 } \begin{cases} F = \sum m(\quad) \\ \sum \Phi(\quad) = 0 \end{cases}$$

其中带有任意项 Φ 的表达式部分称为约束条件，描述了对逻辑函数 F 有意义的输入变量的取值范围。

例 3-14 的逻辑函数就可以写成下式：

$$F = \sum m(0,3,6,9) + \sum \Phi(10,11,12,13,14,15) \text{ 或 } \begin{cases} F = \sum m(0,3,6,9) \\ \sum \Phi(10,11,12,13,14,15) = 0 \end{cases}$$

显然，输入变量取值为 1010~1111 时对函数 F 来说没有意义。

(2) 含任意项的最大项表达式

$$F = \prod M(\quad) \times \prod \Phi(\quad) \text{ 或 } \begin{cases} F = \prod M(\quad) \\ \prod \Phi(\quad) = 1 \end{cases}$$

同样，例 3-14 的逻辑函数也可以写成下式：

$$F = \prod M(1,2,4,5,7,8) \cdot \prod \Phi(10,11,12,13,14,15), \text{ 或 } \begin{cases} F = \prod M(1,2,4,5,7,8) \\ \prod \Phi(10,11,12,13,14,15) = 1 \end{cases}$$

(3) 约束条件的其他形式

$$\sum \Phi(10,11,12,13,14,15)$$
$$= A\bar{B}C\bar{D} + A\bar{B}CD + AB\bar{C}\bar{D} + AB\bar{C}D + ABC\bar{D} + ABCD$$
$$= AB + AC$$

所以，例 3-14 的逻辑函数也可以表示为如下形式：

$$\begin{cases} F = \sum m(0,3,6,9) \\ 约束条件:AB + AC = 0 \end{cases}$$

上式中的约束条件 AB+AC=0 可以这样理解：对于函数 $F = \sum m(0,3,6,9)$，其中的自变量取值必须受到表达式 AB+AC=A(B+C)=0 的约束，即或者 A=0，或者 B 和 C 都为 0。显然，符合该条件的自变量取值就是 0000~1001。

本章小结

本章介绍了逻辑代数的基础知识，包括逻辑关系、变量和运算、逻辑代数的基本定律和规则、逻辑函数的描述方式和化简等。

逻辑函数和逻辑变量的取值都只有两个，即 0 或 1。必须注意，逻辑代数中的 0 和 1 并不表示数量大小，仅用来表示两种截然不同的状态，注意区别逻辑代数和初等代数的不同。逻辑代数的基本运算有"与"运算（逻辑乘）、"或"运算（逻辑加）和"非"运算（逻辑非）三种。常用复合逻辑运算有与—非运算、或—非运算、与—或—非运算、异或运算和同或运算。逻辑函数常用的表示方法有：真值表、逻辑函数式、卡诺图和逻辑图等。不同表示方法各有特点，适于不同的应用。逻辑函数的化简可以采取代数法和卡诺图法。代数化简法可以化简任何复杂的逻辑函数，但需要一定的技巧和经验，而且不易判断结果是否最简。卡诺图化简法直观简便，易判断结果是否最简，但一般用于较少变量的函数化简。

本章习题

3.1 填写下列各空。

(1) $\overline{A}+AB = ($)，$A \oplus 1 = ($)。

(2) $A_1 \oplus A_2 \oplus \cdots \oplus A_n = 1$ 的条件是（ ）

(3) 根据对偶规则和反演规则，直接写出函数 $F = A + \overline{BC} + B(\overline{A} + C)$ 的对偶式和反函数分别为 $F_d = ($)，$\overline{F} = ($)。

(4) $F = A(\overline{B}+C)$ 的标准或与式为 $F(A,B,C) = ($)。

(5) 相同自变量和下标序号的最小项表达式与最大项表达式满足的关系为（ ）。

3.2 直接画出逻辑函数 $F = \overline{A}B + \overline{B}(A \oplus C)$ 的实现电路。

3.3 判断下列命题是否正确。

(1) 若 A+B=A+C，则 B=C 　　　　(2) 若 AB=AC，则 B=C

(3) 若 A+B=A，则 B=0　　　　　　(4) 若 A=B，则 A+B=A

(5) 若 A+B=A+C，AB=AC，则 B=C　(6) 若 $A \oplus B \oplus C = 1$，则 $A \odot B \odot C = 0$

3.4 列出函数 $F = \overline{A}B + A(\overline{B} \oplus C)$ 的真值表，写出标准与或式及或与式。

3.5 根据对偶规则和反演规则，直接写出下列函数的对偶函数和反函数。

(1) $W = \overline{A}\overline{B} + A\overline{C} + BC$ 　　　　　　　　(2) $X = \overline{A}C + \overline{B}C + A\overline{(\overline{B}+CD)}$

(3) $Y = (\overline{A}+\overline{B}) \cdot \overline{(B+C)(A+\overline{C})}$ 　　　(4) $Z = \overline{AB} \cdot \overline{BC} + D + A(B + \overline{C})$

3.6 用逻辑代数的基本定律和公式证明

(1) $AB + \overline{A}C + \overline{B}C = \overline{A}B + A\overline{C} + BC$

(2) $(A+B)(\overline{A}+C)(B+C) = (A+B)(\overline{A}+C)$
(3) $(A+B+C)(\overline{A}+B+C)(\overline{A}+B+\overline{C}) = \overline{A}C+B$
(4) $\overline{A \oplus B} = A \oplus \overline{B}$
(5) $A \oplus B \oplus (AB) = A+B$
(6) $A(B \oplus C) = (AB) \oplus (AC)$

3.7 用代数法化简逻辑函数

(1) $W = AB + \overline{A}C + \overline{B}C$ 　　(2) $X = \overline{(A \oplus B)\overline{A}\overline{B}} + AB + A\overline{B}$
(3) $Y = \overline{A} + \overline{B} + \overline{C} + ABCD$ 　　(4) $Z = A(B+\overline{C}) + \overline{A}(\overline{B}+C) + \overline{B}CD + BCD$

3.8 用卡诺图化简下列函数，写出最简与或式和最简或与式。

(1) $F(A,B,C) = \sum m(0,1,3,4,6)$

(2) $F(A,B,C,D) = \sum m(1,2,4,6,10,12,13,14)$

(3) $F(A,B,C,D) = \sum m(0,3,5,7,9,11,13,15)$

(4) $F(A,B,C,D) = \prod M(0,1,2,3,8,10,12,13,14,15)$

(5) $F(A,B,C,D) = \prod M(0,1,4,5,6,8,9,11,12,13,14)$

(6) $F(A,B,C,D,E) = \sum m(1,2,6,8,9,10,11,12,14,17,19,20,21,23,25,27,31)$

(7) $F(A,B,C,D) = ABC + \overline{C}D + A\overline{B}C + \overline{A}BD + \overline{A}\,\overline{B}CD + \overline{A}B\overline{C}D + \overline{A}\,\overline{B}\,\overline{C}\,\overline{D}$

(8) $F(A,B,C,D) = \overline{(\overline{B}+C+\overline{D})(\overline{B}+C)(A+\overline{B}+C+D)}$

(9) $F(A,B,C,D) = A\overline{D} + ABC + \overline{A}CD + \overline{A}\,\overline{B}\,\overline{C}D + \overline{A}BCD$

(10) $F(A,B,C,D) = \sum m(1,3,4,7,11) + \sum \Phi(5,10,12,13,14,15)$

(11) $F(W,X,Y,Z) = \sum m(5,6,7,8,9) + \sum \Phi(10,11,12,13,14,15)$

(12) $F(A,B,C,D) = \prod M(4,7,9,11,12) \cdot \prod \Phi(0,1,2,3,14,15)$

(13) $F(A,B,C,D) = \prod M(0,4,5,14,15) \cdot \prod \Phi(1,6,9,10,12,13)$

(14) $\begin{cases} F(A,B,C,D) = \sum m(0,2,7,13,15) \\ \text{约束条件:} \overline{A}B\overline{C} + \overline{A}B\overline{D} + A\overline{B}D = 0 \end{cases}$

(15) $\begin{cases} F(A,B,C,D) = \overline{A}\,\overline{B}C\overline{D} + AB\overline{C}D + AC\overline{D} \\ \text{约束条件:} C \text{ 和 } D \text{ 不可能取相同的值} \end{cases}$

(16) $\begin{cases} F(W,X,Y,Z) = WX\overline{Y} + W\overline{X}\,\overline{Y} + \overline{W}\,\overline{X}YZ + WXY\overline{Z} \\ \text{约束条件:} W、X、Y \text{ 和 } Z \text{ 不可能同时为 } 0 \text{ 或 } 1 \end{cases}$

(17) $\begin{cases} F(W,X,Y,Z) = \prod M(0,2,5,10) \\ \text{约束条件:} W、X、Y \text{ 和 } Z \text{ 中最多只有两个同时为 } 1 \end{cases}$

(18) $\begin{cases} F(A,B,C,D) = \overline{A}\,\overline{B}CD + \overline{A}BC + AB\overline{D} \\ \text{约束条件:} A \oplus B = 0 \end{cases}$

(19) $\begin{cases} F(A,B,C,D) = \overline{A\overline{B} + A\overline{B}C + BC\overline{D}} \\ \text{约束条件:} \overline{A}B\overline{C} + CD = 0 \end{cases}$

(20) $\begin{cases} F(A,B,C,D)=(A+\overline{B}+C+D)(\overline{B}+C+\overline{D})(\overline{B}+\overline{C}+D) \\ 约束条件：(B+\overline{C})(B+\overline{D})=1 \end{cases}$

———— 本 章 自 测 ————

一、填空题

1. 已知函数 $F(A,B,C)=AB\overline{C}+A\overline{B}+BC$，则 $F(0,1,0)=($)，$F(1,0,1)=($)。

2. 一个 4 输入或非门，使其输出为 1 的输入变量组合有（ ）种。

3. $A\oplus B\oplus(AB)=($)。

4. 根据对偶规则和反演规则，**直接写出**逻辑函数 $F=A+\overline{BC}+B(\overline{A}+C)$ 的对偶式和反函数为（ ）、（ ）。

二、选择题

1. 以下表达式中符合逻辑运算规则的是（ ）。
A. $C \cdot C = C^2$ B. $1+1=10$ C. $0<1$ D. $A+1=1$

2. 数字电路中，正、负逻辑的规定是（ ）。
A. 正负逻辑都是高电平为"0"，低电平为"1"
B. 正负逻辑都是高电平为"1"，低电平为"0"
C. 正逻辑低电平为"0"，高电平为"1"；负逻辑高电平为"0"，低电平为"1"
D. 正逻辑低电平为"1"，高电平为"0"；负逻辑高电平为"1"，低电平为"0"

3. 逻辑函数 $X=A\oplus B$ 和 $Y=A\odot B$ 的关系是（ ）。
A. X 和 Y 互为反函数
B. X 和 Y 互为对偶式
C. X 和 Y 相等
D. X 和 Y 既互为反函数也互为对偶式

4. 下列说法正确的是（ ）。
A. 函数的正逻辑表达式和负逻辑表达式的关系互为反函数
B. 若 $A+B=A+C$，则 $B=C$
C. 因为 $\overline{A\oplus B}=A\odot B$，所以 $\overline{A\oplus B\oplus C}=A\odot B\odot C$
D. 2 输入或非门的一个输入端接低电平时，可构成非门

三、分析题

1. 证明等式 $ABC+A\overline{B}\overline{C}+AB\overline{C}=AB+AC$。

2. 已知题图 3-1 所示电路，写出逻辑表达式 $F(A,B,C)$，列出真值表。

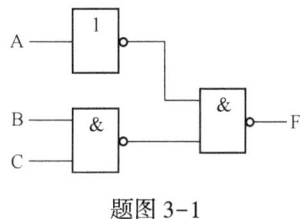

题图 3-1

3. 题图 3-2 所示电路中，已知其输入信号 A、B 的波形，画出电路输出函数 X、Y 的波形。指出图中 G_1、G_2 两个逻辑门的名称。思考通过 AB 的哪种编码，能分辨出这两个逻

辑门。

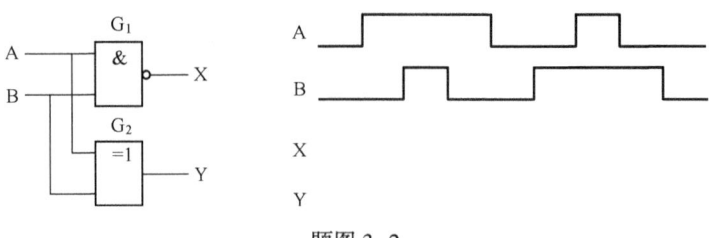

题图 3-2

4. $F(A,B,C) = \sum m(0,4,5) + \sum \Phi(1,2)$，其中 A 为最高位。

（1）F 的最简与或式为（　　　）。

（2）F 的反函数的最简与或式为（　　　）。

第 4 章 组合逻辑电路

----- 内 容 提 要 -----

本章主要介绍组合逻辑电路的基本概念、理论、器件、电路和分析设计方法。首先介绍集成电路、集成逻辑门系列、集成逻辑门内部电路、集成逻辑门电气指标、集成逻辑门的输入输出结构等概念和功能原理；然后介绍逻辑门电路的分析与设计方法；最后介绍加法器、数值比较器、编码器、译码器、数据选择器和数据分配器等中规模组合逻辑器件的基本概念、功能原理，以及相应电路的分析与设计方法。

----- 知 识 图 谱 -----

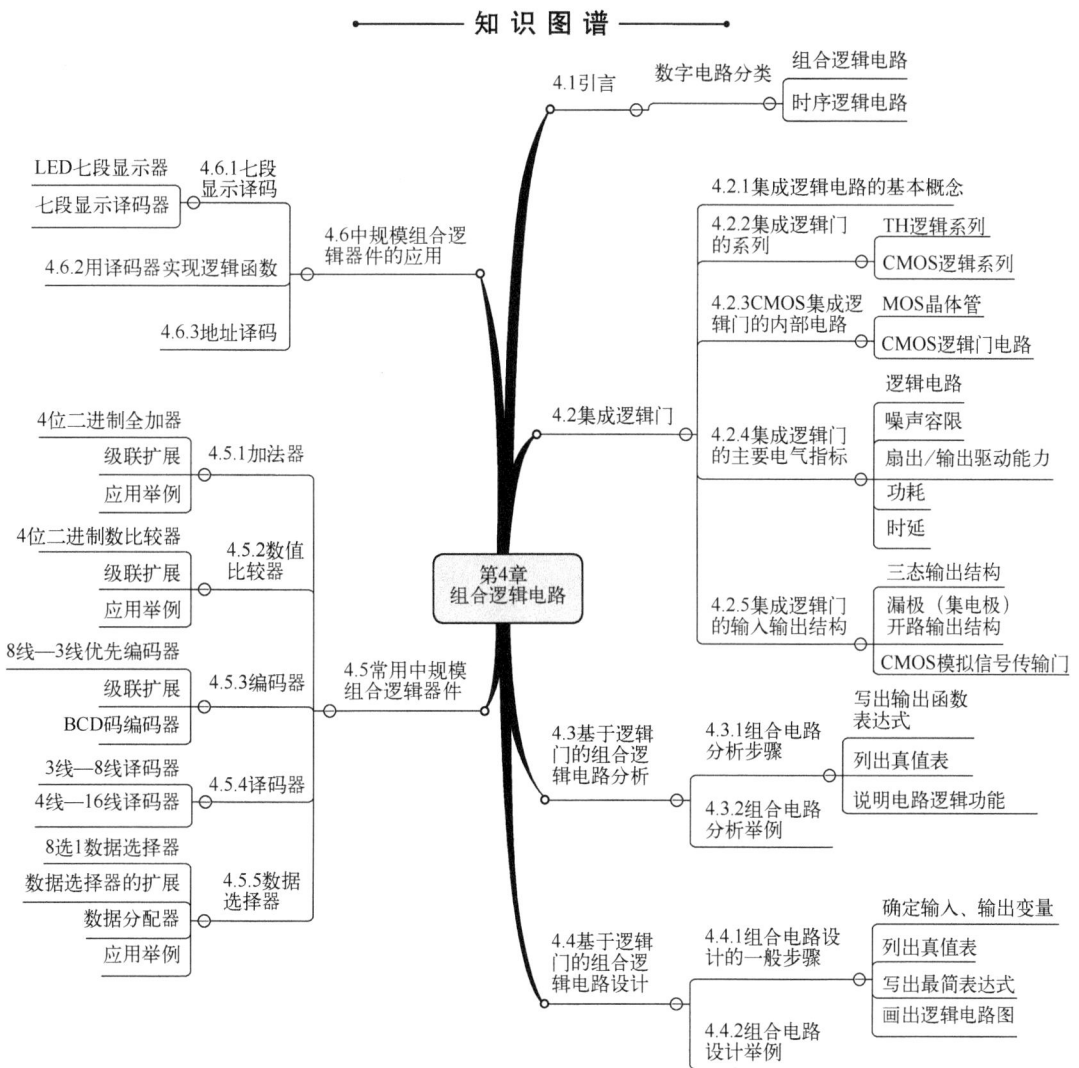

4.1 引言

根据电路结构和逻辑功能的不同，数字电路可以分为两大类型：一类是组合逻辑电路（Combinational Logic Circuit），简称组合电路；另一类是时序逻辑电路（Sequential Logic Circuit），简称时序电路。本章讲述组合电路，在这一类电路中，任一时刻的输出仅取决于当前的输入。组合电路的基本单元是集成逻辑门，常用加法器、数值比较器、编码器、译码器、数据选择器以及数据分配器等中规模组合逻辑器件。电路分析与设计的数学工具是逻辑代数，电路可以通过逻辑函数（真值表或表达式）加以描述。

4.2 组合逻辑基本单元——集成逻辑门

*4.2.1 集成电路的基本概念

集成电路的概念已在电子技术发展简史中为大家介绍过。集成电路按照功能和结构不同，可以分为模拟集成电路、数字集成电路和数/模混合集成电路。模拟集成电路主要用于产生、放大和处理各种模拟信号，例如半导体收音机的音频信号、录放机的磁带信号等，其输入信号和输出信号具有比例关系。而数字集成电路主要用于产生、放大和处理各种数字信号，例如手机、计算机、数码相机、数字电视的逻辑控制和重放的音频信号和视频信号。本书主要介绍数字集成电路和数/模混合集成电路。

如前文所述，数字电子技术的起源于20世纪70年代，其电路最早采用晶体管、电阻、电容等构成，因难以大规模集成，导致数字电子技术应用受限。1958年第一块集成电路问世，到今天，集成电路跨越了小、中、大、超大、特大、巨大规模几个台阶，数字集成电路器件的飞速发展推动了数字电子技术的应用日新月异。

根据采用有源器件的不同，数字集成电路的常用产品可以分为两大逻辑系列：一类是TTL逻辑（Transistor-Transistor Logic）系列，由双极型晶体管构成；另一类是CMOS逻辑（Complementary MOS）系列，由MOS场效应晶体管构成。目前，CMOS器件占据了绝大部分市场份额。市场上还有一种较少使用的高速、高功耗的ECL（射极耦合逻辑）产品，也是由晶体管构成的。

*4.2.2 集成逻辑门的系列

逻辑系列是厂家按照制作工艺、产品电气特性对通用数字逻辑芯片的分类，同一系列的芯片有类似的输入、输出和内部电路特征，但逻辑功能不同。同一系列的芯片可以通过相互连接实现各种逻辑功能，不同系列的芯片之间不能随意连接，它们可能采用不同的电源电压，或者采用不同的逻辑电平。

1. TTL 逻辑系列

20世纪60年代引入晶体管-晶体管逻辑（TTL），曾经流行的TTL数字逻辑系列是TI（德州仪器）公司的74/54系列。标准的TTL逻辑使用5V电压，分74商用系列和54军用系列。74系列和54系列中，相同型号芯片具有相同逻辑功能和引脚排列，区别在于工作温度（74系列：0~70℃，54系列：-55℃~125℃）、电源电压（74系列：+5 V（1±5%），54系列：+5 V（1±10%））、以及个别电气指标上。总体来说，54系列比74系列更能适应恶劣环境。74系列/54系列按电气性能特点的不同，又进一步分为多个子系列。不同子系列在功耗、速度、电源电压、驱动能力等特性上相互区别，但是不同子系列同型号芯片的逻辑功能和引脚排列相同。

TTL逻辑系列在引入后的几十年中是最常用的数字逻辑系列，在同期的诸多逻辑系列（包括最突出的CMOS系列）中最为成功，其他逻辑系列会针对性设计兼容TTL的产品。TTL和CMOS共存很长时间，直到20世纪90年代开始，性能大幅提升的CMOS逻辑系列大量取代TTL。但是在CMOS系列中，仍然会提供兼容TTL的版本和接口（74HC和74HCT系列等），例如，74HCT00即是与7400全面兼容的CMOS工艺的2输入四与非门。

典型TTL器件采用+5 V供电，芯片中的晶体管工作于饱和或截止状态，用作电子开关。TTL器件输出高电平约为3.6 V，低电平约为0.3 V，逻辑摆幅小，抗干扰能力不如CMOS器件。TTL器件的静态功耗比CMOS器件高得多，不适合电池供电场合。工作速度比4000系列CMOS器件快，但与目前先进的CMOS技术相比，已没有优势。虽然TTL的电路结构可以保证悬空的输入端等效于输入高电平，但仍不主张这种用法，处理多余输入端的正确方法与使用CMOS器件时相同。

2. CMOS逻辑系列

CMOS逻辑电路及其应用已经十分普及。4000系列是最早在市场上获得成功的CMOS产品系列，采用单电源供电（3~18 V），功耗极低，但工作速度较慢，输入、输出电平也和当时流行的TTL系列不兼容，该系列已趋于淘汰。后来出现了高性能的74HC和74HCT系列，在保持低功耗优点的基础上，提高了响应速度和负载能力。74HC系列器件的电源电压为2~6 V，电源电压的降低有利于降低芯片功耗；其逻辑功能和引脚排列与原74系列TTL器件完全相同，以方便熟悉74系列的工程人员选用。74HCT系列更是采用+5 V电源电压，输入电平与TTL电平相同，完全兼容原74系列TTL器件，可以直接替换使用。

相较于TTL器件，CMOS器件有以下优点：
- 允许的电源电压范围宽，方便电源设计。
- 逻辑摆幅大（输出高电平接近V_{DD}，低电平接近0），电路抗干扰能力强。
- 静态功耗低。
- 绝缘栅器件的输入电阻极大，驱动同类逻辑门的能力比其他系列强得多。

由于CMOS器件采用绝缘栅结构，容易因静电感应造成器件击穿而损坏。虽然芯片内部有一定的保护措施，使用中还是应该注意。常用的防静电措施包括：器件用防静电材料包装、操作人员和设备良好接地、CMOS逻辑门不用的输入端不能悬空（应根据逻辑关系接电源或地，或接其他输入端），防止静电感应。

图4-1是由厂商器件手册上摘取的数字集成电路芯片示例。

图4-1a是双列直插式封装（Dual Inline-pin Package，DIP）外观图，集成电路有多种封装形式，常见的有DIP封装、贴片封装等。图4-1b是4000系列中的CD4001B，这是一个或非门芯片，每个芯片里有4个两输入或非门，芯片的V_{DD}接电源，V_{SS}接地（0）。图4-1c是74系列产品7400，每个芯片里有4个两输入与非门，V_{CC}接电源，GND接地（0）。图中均采用美标逻辑符号。

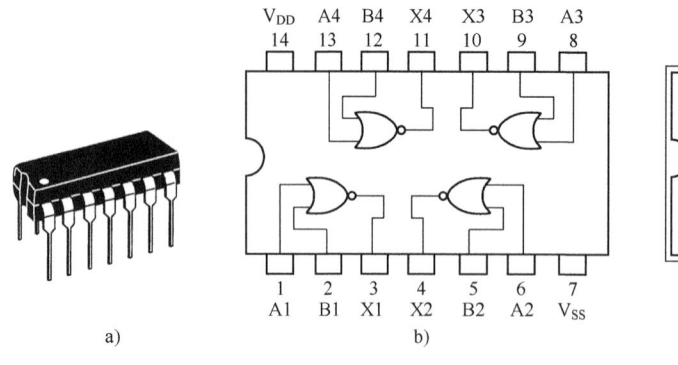
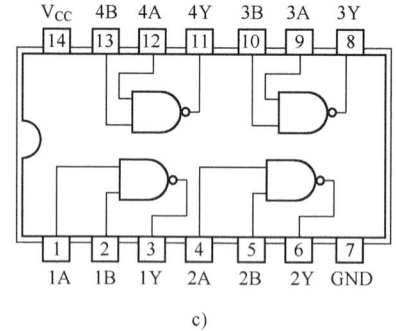

图 4-1 数字 IC 示例

a) DIP 封装 b) CD4001B 引脚图 c) 7400 引脚图

*4.2.3 CMOS 集成逻辑门的内部电路

1. MOS 晶体管

金属氧化物半导体（Metal Oxide Semiconductor，MOS）晶体管，是 CMOS 逻辑电路的基本元件，因为只有一种载流子参与导电，也被称为单极型晶体管[⊖]。MOS 管分为两种类型[⊖]：P 沟道 MOS 晶体管（PMOS）和 N 沟道 MOS 晶体管（称 NMOS），电路符号如图 4-2 所示。

MOS 管有三个电极：源极 S（Source）、漏极 D（Drain）和栅极 G（Gate）。在模拟电路的放大应用中，MOS 管一般工作于恒流状态（实现对小信号放大），栅极-源极之间的输入电压 U_{GS} 近似于线性控制漏极-源极之间的输出电流 I_{DS}；而在数字电路中，MOS 管主要工作于截止和线性电阻（饱和）两种状态，表现出**开关特性**。

图 4-2 MOS 晶体管的电路符号
a) PMOS b) NMOS

PMOS 管栅-源输入电压 U_{GS} 一般为 0 V（截止）或是 $-V_{DD}$（导通）。开关特性分析：当 U_{GS} 为 0 V 时，漏-源电阻非常高（几兆欧或更高），PMOS 管漏极和源极之间相当于开路；当 U_{GS} 为 $-V_{DD}$ 时，漏-源电阻则降为很低的值（几百欧以内，甚至达到 10 Ω 或更低），PMOS 管漏极和源极之间相当于短路。

NMOS 管栅-源输入电压 U_{GS} 一般为 0 V（截止）或是 V_{DD}（导通）。开关特性分析：当 U_{GS} 为 0 V 时，NMOS 管漏极和源极之间相当于开路；当 U_{GS} 为 V_{DD} 时，NMOS 管漏极和源极之间相当于短路。

当然，无论栅-源输入电压 U_{GS} 如何变化，MOS 管的栅-源、栅-漏极间几乎无电流，因此栅极输入电阻极高。

⊖ 双极型晶体管（Bipolar Junction Transistor，BJT），是 TTL 逻辑电路的基本元件，导电时有自由电子和空穴两种载流子参与。

⊖ 按照工作特性的不同，MOS 管还分为增强型和耗尽型两类，有关 MOS 管的更详细知识可参考模拟电子技术相关教材；书中所讨论的 CMOS 逻辑电路由增强型 MOS 管组成，图 4-2 即为两种增强型 MOS 管的电路符号。

2. CMOS 逻辑门电路

CMOS 集成逻辑门中最简单的一种是 **CMOS 非门**（又称为 CMOS 反相器），由一个 PMOS 和一个 NMOS 管组成的互补结构，如图 4-3 所示。

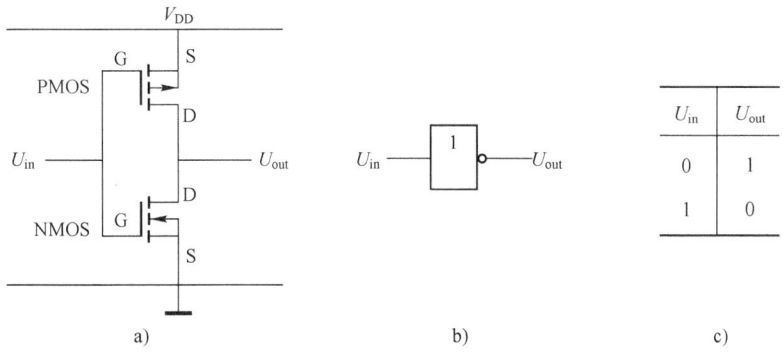

图 4-3 CMOS 非门
a) 电路原理图　b) 逻辑符号　c) 功能表

结合图 4-3 所示电路原理图和功能表，CMOS 非门的逻辑功能可以分析如下。

U_{in} 为 0 V（**逻辑 0**）输入时，NMOS 管截止（$U_{GS} = 0\,V$），PMOS 管导通（$U_{GS} = -5\,V$），输出端与电源 V_{DD} 之间表现为一个小的电阻，输出电压约为 +5 V（**逻辑 1**）。

U_{in} 为 5 V（**逻辑 1**）输入时，NMOS 管导通（$U_{GS} = 5\,V$），PMOS 管截止（$U_{GS} = 0\,V$），输出端与电源 GND 之间表现为一个小的电阻，输出电压约为 0 V（**逻辑 0**）。

因此，图 4-3 所示电路实现了输出与输入之间的逻辑非关系：0 输入 1 输出，1 输入 0 输出。

利用 MOS 管的开关特性同样可以构成与非门、或非门等其他基本逻辑门电路，如图 4-4 和图 4-5 所示，读者可以尝试分析其逻辑功能，书中不再赘述。

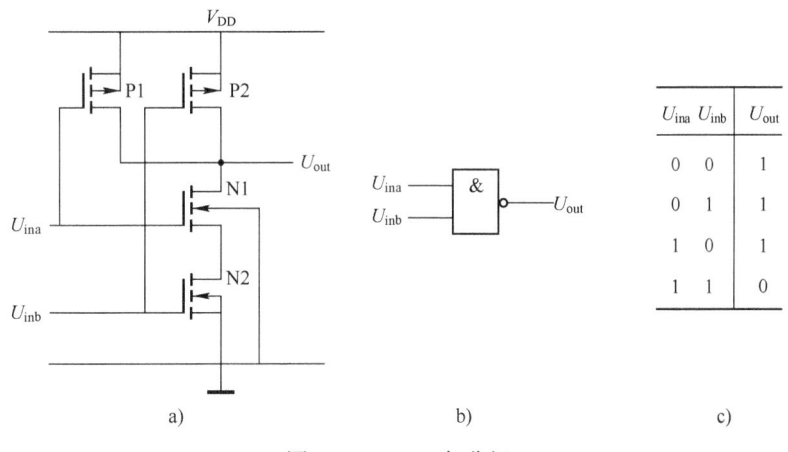

图 4-4 CMOS 与非门
a) 电路原理图　b) 逻辑符号　c) 功能表

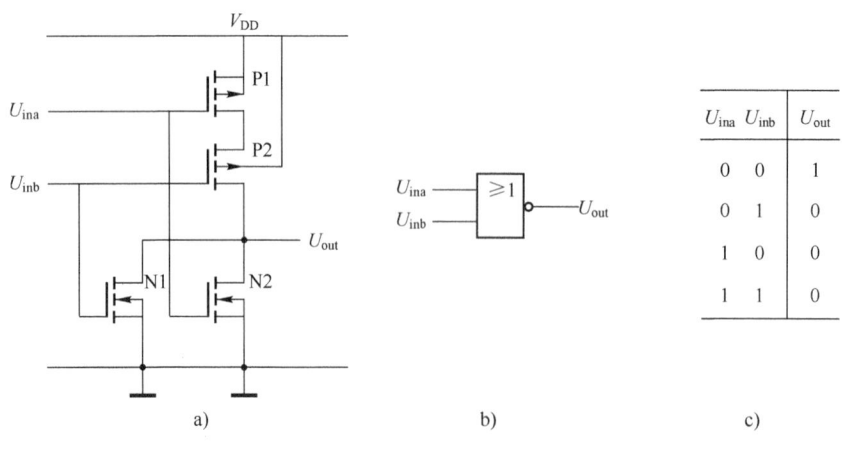

图 4-5 CMOS 或非门
a) 电路原理图　b) 逻辑符号　c) 功能表

4.2.4 集成逻辑门的主要电气指标

在电气指标规定的范围内正确使用逻辑器件,是实现电路逻辑功能的重要保证。集成逻辑门的主要电气指标包括逻辑电平、噪声容限、扇出/输出驱动能力、功耗以及时延等。

1. 逻辑电平

逻辑电平是指逻辑器件的输入、输出电平,分为输入低电平、输入高电平、输出低电平和输出高电平。图 4-6 是一个电源电压 5.0V 的非门的电压传输特性示意图。

图 4-6 描述了当输入电压 U_I 由低到高变化时,输出电压 U_O 由高到低的变化过程,及 MOS 管的导通情况。

输入低电平 U_{IL}:指逻辑门允许输入的低电平。U_{IL} 是一个取值范围,当输入电平在该范围内变化时,逻辑门将输入电平识别为低电平。一个重要指标是输入低电平的最大值 U_{ILMAX}(又称为**关门电平** U_{OFF})。图 4-6 中 $U_{ILMAX}=1.5V$,当输入电平在 0~1.5V 之间时,被判为输入低电平。

输入高电平 U_{IH}:指逻辑门允许输入的高电平。输入高电平的最小值 U_{IHMIN} 也称为**开门电平** U_{ON},输入高电平不应小于该值。图 4-6 中 $U_{IHMIN}=3.5V$,当输入电平在 3.5~5.0V 之间时,输入为高电平。

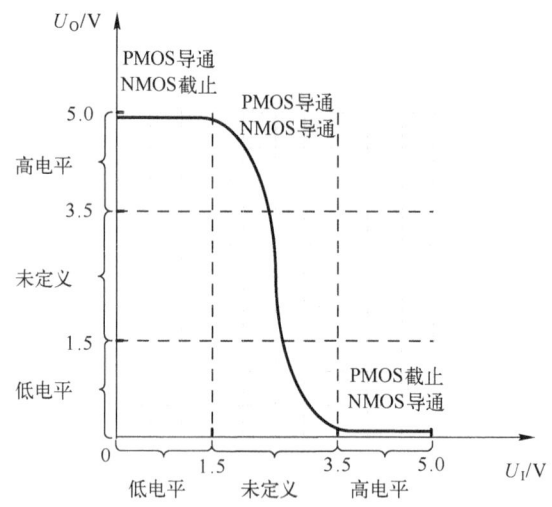

图 4-6 非门的电压传输特性示意图

输出低电平 U_{OL}:指正常使用条件下,器件厂家可以确保的输出低电平的取值。U_{OL} 也是一个取值范围,其上限是输出低电平的最大值 U_{OLMAX},正常使用时,输出低电平的值不会高于 U_{OLMAX}。图 4-6 中 $U_{OLMAX}=1.5V$,也就是说,该器件输出电平只要低于 1.5V,就是合格的输出低电平。

输出高电平 U_{OH}：是正常使用条件下，逻辑器件输出高电平的取值，其下限是 U_{OHMIN}。图 4-6 中 $U_{OHMIN}=3.5\,\text{V}$，即输出电平只要高于 3.5 V，就是合格的输出高电平。

2. 噪声容限

数字电路在工作过程中会时刻受到电路内部和外部噪声干扰的影响。叠加在输入信号上的噪声会改变输入电平值，严重时会造成逻辑电平误判。衡量数字电路抗干扰能力的指标是电路的噪声容限，分为低电平输入时的噪声容限 U_{NL} 和高电平输入时的噪声容限 U_{NH}。

U_{NL}：通常，逻辑门的输入低电平 U_{IL} 就是前级逻辑门的输出低电平 U_{OL}。U_{OL} 最高为 U_{OLMAX}，而允许输入低电平的最大值是 U_{ILMAX}（即 U_{OFF}）。噪声叠加使实际输入电平变化，只要实际输入电平低于 U_{OFF}，就不会误判。因此，低电平输入时的噪声容限为

$$U_{NL} = U_{OFF} - U_{OLMAX} \tag{4-1}$$

U_{NH}：通常，逻辑门的输入高电平 U_{IH} 就是前级逻辑门的输出高电平 U_{OH}。U_{OH} 最低为 U_{OHMIN}，而允许输入高电平的最小值是 U_{IHMIN}（即 U_{ON}）。只要实际输入高电平不低于 U_{ON} 就行。因此，高电平输入时的噪声容限为

$$U_{NH} = U_{OHMIN} - U_{ON} \tag{4-2}$$

逻辑门的噪声容限 U_N 应该是 U_{NL} 和 U_{NH} 中较小的那个。

输入电平、输出电平和噪声容限的关系可以用图 4-7 形象地加以描述。图 4-7a 概括表示输入高、低电平，输出高、低电平和噪声容限的相互关系；图 4-7b 和 c 分别为电源电压为 +5 V 的 TTL 逻辑电路和 CMOS 逻辑电路的典型电平和噪声容限关系。

由图 4-7 可以发现，由于 TTL 逻辑电路输出高电平的下限较低（2.4 V），使其噪声容限 U_N 只有 0.3 V；而 CMOS 逻辑电路的电平分布比较均匀，更接近于理想电压特性，其噪声容限 U_N 超过 1.0 V。**噪声容限的计算值表明**：相比 TTL 逻辑电路，CMOS 逻辑电路具有更好的抗噪声干扰能力。

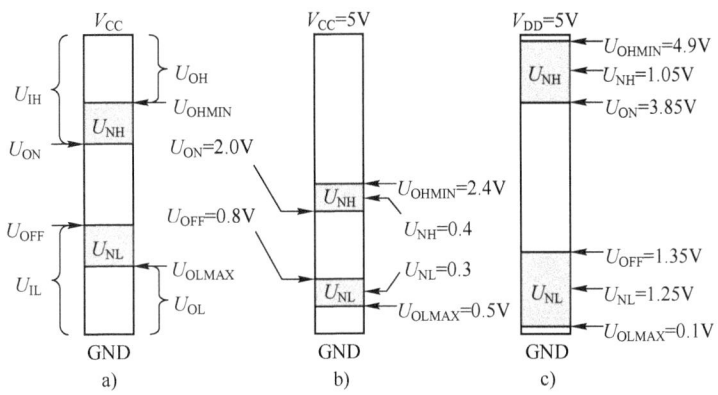

图 4-7　输入、输出电平和噪声容限示意图
a）一般关系　b）典型 TTL　c）典型 CMOS

3. 扇出/输出驱动能力

逻辑门的扇出（Fanout）是指该门电路在不超出其最坏情况负载规格的条件下，能驱动同系列逻辑门的输入端个数，使用扇出系数 N_O 表示，用以衡量门电路的驱动能力（也称为负载能力）。扇出既依赖于该门电路的输出端特性，也与它驱动的逻辑门的输入端特性有

关，同时还必须考虑输出的两种状态：高电平和低电平。一般输出高电平和低电平对应的扇出并不相等。

扇出系数 N_O 的计算：当门电路输出高电平时，扇出系数小于或等于 I_{OH}/I_{IH} 的整数；当门电路输出低电平时，扇出系数小于或等于 I_{OL}/I_{IL} 的整数。门电路的扇出系数 N_O 取两个电流比之中的较小值。

扇出系数 N_O 计算中的电流说明

1) **高电平输出电流 I_{OH}**：逻辑电路输出高电平 U_{OH} 时的输出电流，该电流由输出端流向负载（俗称**拉电流**），输入端高电平时所需电流则为 I_{IH}。对应于不同的输出高电平 U_{OH} 的取值（负载变化造成的），I_{OH} 有不同的值。U_{OHMIN} 对应的 I_{OH} 最大，记作 I_{OHMAX}。

2) **低电平输出电流 I_{OL}**：逻辑电路输出低电平 U_{OL} 时的输出电流，该电流由负载流入逻辑电路的输出端（俗称**灌电流**），输入端低电平时所需电流则为 I_{IL}。当负载变化时，I_{OL} 相应变化，U_{OLMAX} 对应于 I_{OLMAX}。

当逻辑门电路驱动负载时，输出高电平若低于 U_{OHMIN} 或输出低电平高于 U_{OLMAX}，则说明接入的负载超出该门电路的驱动能力。

4. 功耗

逻辑器件的功耗是指器件消耗的电源功率。器件工作状态不同，功耗也不同，通常分为静态功耗和动态功耗。静态功耗是器件输出状态不变时的功耗，通常，逻辑器件在输入高电平和输入低电平时的静态功耗并不相同，常用平均静态功耗表示。动态功耗是指逻辑器件工作状态变化时产生的功耗。动态功耗来源之一是 CMOS 输出结构的部分时间短路[⊖]。而另一个重要来源则是输出端上电容性负载（C_L）的充放电功率消耗[⊜]。

CMOS 器件的静态功耗很低，在 μW 量级，使其可以用于电池供电的场合。TTL 器件的静态功耗较高，通常在 mW 量级。在大多数 CMOS 器件的应用电路中，低中速时器件的动态功耗都很小，功耗以静态功耗为主；高速时，动态功耗成为逻辑器件功耗的主要部分。

5. 时延

任何电路对信号的传输与处理都会产生时延。所谓时延 t_{pd}（Propagation Delay Time），就是从输入信号达到电路输入端，到相应的输出信号出现在电路输出端所需要的时间。

图 4-8 是非门的传输时延示意图，t_{pHL} 是输入信号变化引起输出信号由高到低变化对应的时延，称为下降时延；而 t_{pLH} 则是输入信号变化引起输出信号由低到高变化的时延，称为上升时延。时延测量的时刻是由输入信号幅度变化的中间值到输出信号幅度变化的中间值。上升时延和下降时延通常并不相等，其均值为器件的平均时延 t_{pd}。

$$t_{pd} = (t_{pHL} + t_{pLH})/2 \qquad (4-3)$$

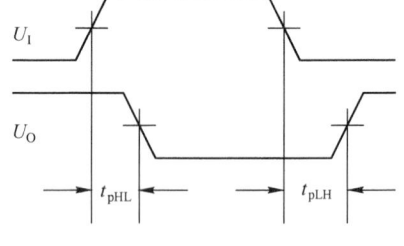

图 4-8 非门的传输时延

⊖ 逻辑器件的输入电压在高、低电平之间转换的过程中，输出结构中的 PMOS 管和 NMOS 管在部分时间内都会导通，产生功耗。

⊜ 输出从低电平变高电平时，电流通过 PMOS 管给负载 C_L 充电；反之，输出从高电平变低电平时，电流通过 NMOS 管让负载 C_L 放电。

6. 不同系列逻辑门的性能比较

市场上众多的数字集成电路中，TTL 以 74/54 系列为主，CMOS 以 4000 系列和 74HC 和 74HCT 系列为主。表 4-1 给出了不同系列或子系列中器件的主要性能指标。

表 4-1 中 74 系列后缀为 00 的 5 个芯片的逻辑功能都一样，2 输入四与非门（即一个芯片中有 4 个 2 输入与非门）。CD4011B 是 CMOS 4000 系列中的 3 输入三与非门。

由表 4-1 可以看出：传输时延以 CMOS4000 系列最大（大于 100 ns），噪声容限以 CMOS 系列最好（4000 系列接近 1.5 V），静态功耗以 CMOS 系列最低（只有 1.25 μW）；而 TTL 除了早期标准系列（7400 所在系列）外，其他改进系列（74LS、74AS 等）性能适中。特别值得指出的是，表中所列的 CMOS 工艺的 74HC、74HCT 在保持 CMOS 器件低功耗、抗干扰能力强等优点的同时，极大地改善了工作速度（降低了时延）。另外，还有一些系列（如 74AC、74ACT 等）具有很强的驱动能力（输出电流可达 ±24～±64 mA）。CMOS 器件是发展最快、性能改善最大、产品也最丰富的逻辑系列。

表 4-1 典型逻辑系列性能指标对照表

指标	系列	TTL			CMOS		
		7400	74LS00	74AS00	74HC00	74HCT00	CD4011B
电源电压	V_{CC}/V	5.0	5.0	5.0	2～6	5.0	3～18
输入电压	V_{IH}/V V_{IL}/V	≥2.0 ≤0.8	≥2.0 ≤0.8	≥2.0 ≤0.8	≥3.15 ≤1.35	≥2 ≤0.8	≥3.5 ≤1.5
输入电流	I_{IH}/μA I_{IL}/mA	≤40 ≤1.6	≤20 ≤0.4	≤20 ≤0.1	≤0.1 μA	≤0.1 μA	≤0.1 μA
输出电压	V_{OH}/V V_{OL}/V	≥2.4 ≤0.4	≥2.7 ≤0.4	≥3 ≤0.5	≥4.4 ≤0.1	≥4.4 ≤0.1	≥4.95 ≤0.05
输出电流	I_{OH}/mA I_{OL}/mA	-0.4 16	-0.4 8	-2 20	±4	±4	±1
静态电流	I_{CC}/mA	4～22	0.8～4.4	2～17	2 μA	2 μA	0.25 μA
传输时延	t_{pd}/ns	7～22	9～15	1～4	7	8	125
噪声容限	V_{NH}/V V_{NL}/V	0.4 0.4	0.7 0.4	1 0.3	1.25 1.25	2.4 0.7	1.45 1.45
静态功耗	P_O	20～110 mW	4～22 mW	10～85 mW	9 μW	10 μW	1.25 μW

注：表中器件与参数选自 TI 公司产品。
74HC00 的参数是 V_{CC} = +4.5 V 时的取值，CD4000B 的参数是 V_{CC} = +5 V 时的取值。

4.2.5 集成逻辑门的输入输出结构

为了满足特定应用的需要，集成电路厂家以多种方式对基本逻辑电路结构进行了修改。几种常见的结构是三态输出结构、漏极（集电极）开路输出结构，以及 CMOS 传输门结构。

1. 三态输出结构

正常的逻辑输出有两种可能的状态（低电平和高电平），分别对应于逻辑值 0 和 1。电路中，有时还需要输出端处于类似于"断开连接"的**高阻抗**状态。所谓三态，就是逻辑电路的输出端不仅可以输出 0 和 1，还可以呈现高阻抗状态，简写作 Z 状态（也叫悬空状态）。

呈现高阻抗的输出端只有很小的漏电流（可以忽略）流过，输出端就好像没有和外部电路连接一样。

实现三态输出需要一个额外的控制信号输入端，称为输出**使能端**，常记作 EN，用它来控制电路输出是否处于高阻态。图 4-9 是具有三态输出结构的非门的逻辑符号和真值表，国标符号中的"▽"是三态输出定性符。当使能信号 EN=1 时，电路执行正常的非门逻辑；当 EN=0 时，电路输出呈现高阻抗，真值表中的 Φ 表示可以取任意值。三态输出是一种独立于电路逻辑功能的输出结构，不同的逻辑功能都可以有三态芯片。

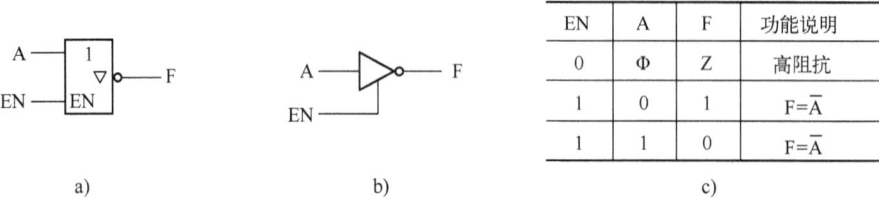

图 4-9 三态输出非门的逻辑符号和真值表
a）国标符号 b）非国标符号 c）真值表

一般逻辑门不允许将输出端并联使用，以防止输出逻辑混乱甚至烧坏器件。具有三态输出结构的逻辑门则可以将输出端连接在一起，构成**三态数据总线**，如图 4-10 所示。

图 4-10 电路中的逻辑门 $G_1 \sim G_n$ 称为三态**缓冲器**。三态缓冲器被使能时（$EN_i=1$），门电路的输出与输入相同。三态缓冲器像开关，当开关闭合时，数字信号直接传送到输出端（写入总线）；开关断开时，信号不能通过，输出端呈现"悬空"状态，与总线断开。在三态总线上，"输出使能"控制电路必须保证任何时刻最多只有一个三态缓冲器被使能，其他三态输出端都处于高阻抗状态。多于一个三态输出端同时有效，将导致总线逻辑混乱，甚至造成器件因输出电流过大而损坏。

三态门还可用于实现数据双向传输，如图 4-11 所示。三态缓冲器 G_1 的使能端高电平有效，EN=1 时，G_1 导通。三态缓冲器 G_2 的使能端低电平有效（G_2 逻辑符号**使能端的圆圈表示该输入端低电平时起作用**），EN=0 时，G_2 导通。因此，当 EN=1 时，G_1 导通而 G_2 高阻抗，D_i 端的数据通过 G_1 门被送上总线；当 EN=0 时，G_2 导通而 G_1 高阻抗，总线数据经 G_2 门送到 D_i 端。

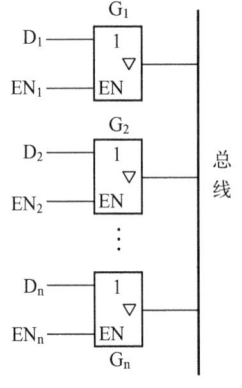

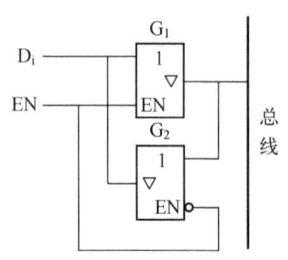

图 4-10 三态总线结构　　　　　图 4-11 双向传输结构

2. 漏极（集电极）开路输出结构

一般认为，在 CMOS 逻辑门电路的输出结构中，PMOS 管提供有源上拉，因为在输出由低电平转到高电平时，通过上拉电路导通输出电压。如果省略图 4-4 中的 PMOS 管，NMOS 管 N1 的漏极将没有上拉电路，所以当电路输出不为低电平时，就为"开路"。这种具有 NMOS 管漏极开路输出（Open-Drain Output）特点的与非门，称为**漏极开路与非门**，或称 **OD 与非门**，如图 4-12a 虚线框内所示。同样，省略 TTL 与非门电路中输出结构的上拉电路，得到**集电极开路**（Open-Collected Output）与非门，或称 **OC 与非门**，如图 4-12b 虚线框内所示。

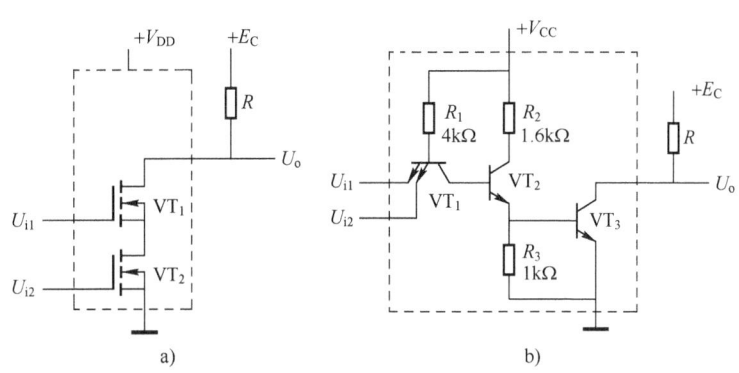

图 4-12 漏极开路门和集电极开路门
a) CMOS OD 与非门　b) TTL OC 与非门

漏极开路或集电极开路输出的逻辑门统称为 OD/OC 门。因为输出结构缺少上拉电路，无法正常输出高电平，所以，在使用 OD/OC 门时，需要在逻辑器件的输出端外接上拉电路（一般由电阻 R 和外接电源 $+E_C$ 构成无源上拉电路，外接电源也可以为芯片电源 $+V_{CC}$ 或 $+V_{DD}$）。通过电源 $+E_C$ 可以控制输出高电平的值，使其满足后续电路对高电平的不同要求。OD/OC 器件的目的就是改变输出逻辑电平，方便不同系列器件的互联。

OD/OC 与非门的逻辑符号如图 4-13 所示，符号"◇"是 OD/OC 输出端的定性符，其他逻辑器件具有 OD/OC 输出特性时，其逻辑符号输出端均用"◇"表示。

具有 OD/OC 输出结构的逻辑门可以将输出端直接连在一起使用，如图 4-14 所示。两个 OD/OC 与非门输出端直接相连，通过共用的电阻 R 上拉到电源 $+E_C$，该结构实现了两个与非门输出信号的与运算（只有当两个门都输出高电平时，F 才为高电平），即 $F = \overline{AB} \cdot \overline{CD}$，称为**"线与"运算**，即只需将 OD/OC 门输出端连接，就能实现逻辑门输出之间的与运算。

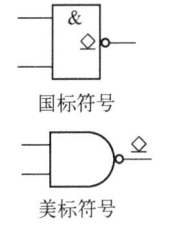

图 4-13 OD/OC 与非门

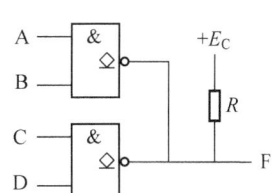

图 4-14 OD/OC 门"线与"电路

再次说明：一般逻辑门不能将输出端直接相连使用。否则，当两个逻辑门输出电平相反时，输出线上电平异常；并且在电源和地之间形成阻抗较小的通路，电流较大，有可能造成逻辑门损坏。

上拉电阻 R 的取值必须保证输出逻辑电平正确，且负载电流和电路时延不致过大。

3. CMOS 模拟信号传输门

CMOS 对管按图 4-15 所示连接，就构成了一个可控的模拟开关（也称为模拟信号传输门）。

当使能信号 EN=1（$\overline{\text{EN}}$=0）时，两个 MOS 管导通，A、B 之间呈现低阻通道（在数百欧以内，特别设计的芯片可以低于 1Ω），模拟信号（也可以是数字信号）可以沿任意方向传输 (A→B 或 B→A)。当使能信号 EN=0（$\overline{\text{EN}}$=1）时，两个 MOS 管截止，导电通道消失，A、B 之间只有极低的漏电流（低于 1μA），信号无法传输。CMOS4000 系列中的 4066 就是一个包含 4 个独立工作的模拟开关的器件，CMOS 传输门可以双向传输模拟和数字信号的特点使其得到广泛应用。

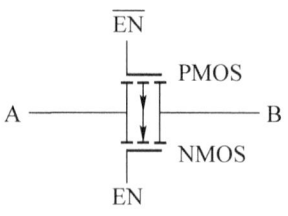

图 4-15 CMOS 传输门

多余输入端的处理

TTL 电路和 CMOS 电路有多余输入端时，处理方法有相同，也存在不一样，分开说明。

(1) TTL 电路

TTL 电路的多余输入端可以悬空（为高电平），为保证逻辑功能正常、不引入干扰等，对多余输入端常用以下处理方法。

1) 接上拉电路（适用于与门、与非门）。通过电阻 R（1~10 kΩ）接电源+V_{CC}。此时，该输入端为高电平，常态逻辑 1。

2) 接下拉电路（适用于或门、或非门）。通过小电阻（1 kΩ 以下）接地。此时，该输入端为低电平，常态逻辑 0。

3) 接其他信号输入端（适用于所有 TTL 电路）。

(2) CMOS 电路

CMOS 电路的多余输入端不允许悬空。对多余输入端常用的处理方法与 TTL 类似。

1) 接上拉电路（适用于与门、与非门）。直接接电源+V_{DD} 或通过电阻 R 接电源+V_{DD}。此时，该输入端为常态逻辑 1。

2) 接下拉电路（适用于或门、或非门）。直接接地或通过电阻接地。此时，该输入端为常态逻辑 0。

3) 接其他信号输入端（适用于所有 CMOS 电路）。

4.3 基于逻辑门的组合逻辑电路分析

对于一个给定的组合电路，我们想要知道该电路输入信号和输出信号之间的逻辑关系；当输入取不同值时，输出的取值情况；以及该电路具有什么功能，应用场合等等，这就是组合电路分析的内容。确切地说，就是分析一个给定的组合电路输入信号变量和输出信号变量之间的函数关系，进而确定电路的功能。

4.3.1 一般步骤

① 根据给定组合电路的逻辑图,写出输出信号的函数表达式。
② 根据表达式,列出真值表。
③ 说明电路的逻辑功能。

步骤①从**运算**方面,描述输入输出之间的函数关系。根据电路中逻辑门的基本功能,从输入端开始,逐级运算,推导出输出端的逻辑函数表达式。通过分析运算的特点,从而判断电路的逻辑功能。当然,利用运算关系通常不太容易概括出电路的逻辑功能。

步骤②从**取值**方面,描述输入输出之间的函数关系。真值表中以顺序递增方式列出输入信号的全部取值,并计算出相应输出信号的逻辑值。通过分析取值的特点,比较容易判断出电路的逻辑功能。

根据需要,也可以画出输入输出之间的波形,进行功能判断。

4.3.2 分析举例

例 4-1 分析图 4-16 所示电路。

解 该电路是一个简单的两级与非门电路。**两级门电路**是指信号由输入端 A、B、C 信号,到输出端 F 信号,最长经过两级门延时。从输入端 A、B、C 开始,将各与非门实现的逻辑运算写成表达式,一直写到输出端,就得到了输出信号 F 的函数表达式。此过程中,可以随时对表达式进行恒等变换,使之具有适当的形式。

例 4-16 例中,将表达式写成了易于理解的**与或式**

$$F = \overline{\overline{AB} \cdot \overline{BC} \cdot \overline{AC}} = AB + BC + AC$$

与或式就是自变量经与运算形成乘积项,再通过或运算相加的式子;另一种易于理解的式子形式为**或与式**,与或式和或与式是表达式的**两种基本形式**。

根据与、或运算的特点,可以求出不同自变量(输入信号)取值下的函数值(因变量、输出信号),进而列出反映自变量和函数全部取值关系的真值表,如表 4-2 所示。分析表中输入输出之间的取值特点,说明该电路的逻辑关系:当输入信号 A、B、C 中有两个或两个以上为高电平 1 时,输出信号才为高电平 1。表中逻辑关系表明电路可以用于实现 3 人**民主表决**功能。

表 4-2 例 4-1 真值表

A	B	C	F
0	0	0	0
0	0	1	0
0	1	0	0
0	1	1	1
1	0	0	0
1	0	1	1
1	1	0	1
1	1	1	1

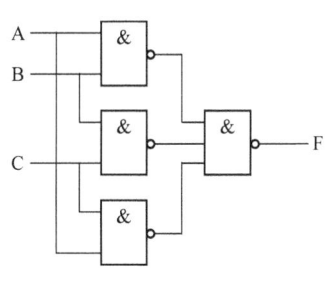

图 4-16 例 4-1 的电路

例 4-2 试分析图 4-17 所示逻辑电路。

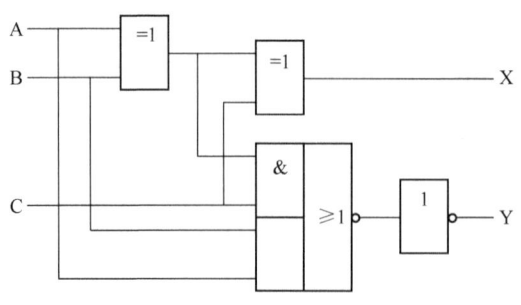

图 4-17 例 4-2 电路图

解 电路由两个 2 输入异或门、一个与或非门（内含两个 2 输入与门，74 系列有这类产品）和一个非门组成，电路有三个输入信号 A、B、C，两个输出信号 X 和 Y。根据电路写出输出信号（函数）X 和 Y 表达式

$$X = A \oplus B \oplus C$$
$$Y = \overline{\overline{(A \oplus B) \cdot C + A \cdot B}} = (A \oplus B) \cdot C + A \cdot B$$
$$= (A\overline{B} + \overline{A}B) \cdot C + A \cdot B = AB + A\overline{B}C + \overline{A}BC$$

函数 X 是三变量异或运算，多变量异或运算具有明显的取值规律，容易求得不同自变量取值下的函数值，将其恒等变换为与或式以求得函数值反而不是一个好办法。函数 Y 是一个取值规律不明显的复合运算，需要进行恒等变换，将表达式整理成与或式（或者或与式），以方便列出真值表。

列出函数 X、Y 关于自变量 A、B、C 的真值表如表 4-3 所示。表中依次列出自变量 A、B、C 的 8 种取值，根据上述函数表达式填写函数 X、Y 的取值。

表 4-3 例 4-2 真值表

A	B	C	Y	X	A	B	C	Y	X
0	0	0	0	0	1	0	0	0	1
0	0	1	0	1	1	0	1	1	0
0	1	0	0	1	1	1	0	1	0
0	1	1	1	0	1	1	1	1	1

由真值表可以看出，输出 Y、X 和输入 A、B、C 之间具有算数加法运算关系。若将输入 A、B 看作进行加法运算的两个 1 位二进制数（被加数和加数），C 看作来自低位的进位输入，则输出 X 就是 A、B 带进位加的和结果，Y 就是向高位的进位输出。功能说明：该电路为"**1 位二进制数全加器**"，是一个数值加法运算电路，能够完成 1 位二进制数全加的功能。对加法器而言，全加是指二进制数相加时考虑低位进位输入，不考虑时为半加。

例 4-3 试分析图 4-18 所示逻辑电路。

解 该电路用两个非门产生 A_1 和 A_0 的反变量，用 A_1 和 A_0 原、反变量的不同组合控制 4 个与门的导通与否，并用或门求和输出。电路中，为了结构紧凑，将 4 个与门和或门画成了组合结构，称为**与或门**，这样的逻辑门也有现成的产品，如 74 系列中的 74LS52 是 2-3-2-2 输入与或门，该器件的 4 个与门分别有 2、3、2、2 个输入端。将多个与门和一个或非门组合起来，构成一个**与或非门**的器件也有多种，如 74LS54 就是一个 2-2-2-2 输入与或非门。厂家提供多种与或门和与或非门芯片，方便用户只用一个芯片就能实现某些以与或式、与或非式表示的逻辑函数。写出输出函数 F 的表达式为

$$F = \overline{A_1}\,\overline{A_0} \cdot D_0 + \overline{A_1} A_0 \cdot D_1 + A_1 \overline{A_0} \cdot D_2 + A_1 A_0 \cdot D_3$$

将 $A_1 A_0$ 的不同取值代入表达式，可以列出该电路的简化真值表，如表 4-4 所示。该表没有罗列所有自变量的取值，而是根据电路的功能特点列表，称为**功能表**。

由功能表 4-4 可以看出，$A_1 A_0$ 的 4 种取值分别输入时，函数 F 对应输出 D_0、D_1、D_2 和 D_3 的数据。功能说明：该电路为"**4 选 1 数据选择器**"（简称 4 选 1 数选器），能够根据 $A_1 A_0$ 的不同取值，从多路输入数据中选择 1 路输出，输入 $A_1 A_0$ 称为地址码，有关数据选择器的概念将在 4.5.5 节中详细介绍。

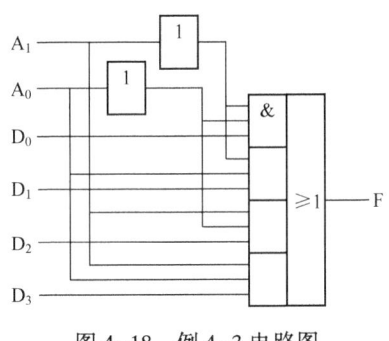

图 4-18 例 4-3 电路图

表 4-4 功能表

A_1	A_0	F
0	0	D_0
0	1	D_1
1	0	D_2
1	1	D_3

4.4 基于逻辑门的组合逻辑电路设计

电路设计是电路分析的逆过程。根据实际功能需求，发现和正确描述逻辑关系（利用真值表、表达式等），选用合适的逻辑器件（如集成逻辑门），构成组合逻辑电路，实现所需功能，这一过程就是基于逻辑门的组合逻辑电路设计。设计的基本要求是功能正确、工作可靠稳定、电路尽可能简单。

4.4.1 一般步骤

① 根据实际功能需求，正确定义出输入、输出变量。
② 列出函数真值表，准确描述输入和输出之间的逻辑关系。
③ 根据设计要求，采用适当的化简方法，例如公式法、卡诺图法，求出输出函数的最简表达式。
④ 将最简函数表达式转换为与所要求的逻辑门相适应的形式。

⑤ 画出逻辑电路图。

在电路设计过程中,步骤①和②是至关重要的两步。只有正确定义输入、输出变量,发现并利用真值表完整地、准确地描述出实际功能需求中所反映的输入和输出之间的全部逻辑关系,才能设计出满足功能需要的电路。通过步骤③输出函数表达式最简,电路采用的逻辑门最少,来实现电路设计最简单的目的。

4.4.2 设计举例

例 4-4 设计一个 3 人民主表决电路。

解 假设参与民主表决的每位投票人只投赞成票和反对票。根据实际情况,定义变量 A、B、C 表示 3 个投票人的投票情况,取值为 1 表示投赞成票,取值为 0 表示投反对票;定义变量(函数)F 表示表决结果,取值为 1 表示通过,取值为 0 表示不通过。

分析 3 人民主表决的逻辑关系。根据少数服从多数的民主表决规则,当自变量中有 2 个或 3 个取值为 1 时,表决通过,F = 1;否则 F = 0,不通过。由此列出真值表,如表 4-5 所示。

表 4-5 例 4-4 真值表

A	B	C	F	A	B	C	F
0	0	0	0	1	0	0	0
0	0	1	0	1	0	1	1
0	1	0	0	1	1	0	1
0	1	1	1	1	1	1	1

由真值表可以直接写出函数 F 的最小项表达式。

$$F = \overline{A}BC + A\overline{B}C + AB\overline{C} + ABC$$

根据表达式可以直接画出对应的实现电路,如图 4-19 所示(假设允许直接反变量输入)。

可以将 F 的最小项表达式进一步化简(恒等变换),并转换为与非表达式形式如下:

$$F = (\overline{A}BC + ABC) + (A\overline{B}C + ABC) + (AB\overline{C} + ABC) = BC + AC + AB$$
$$= \overline{\overline{BC} \cdot \overline{AC} \cdot \overline{AB}}$$

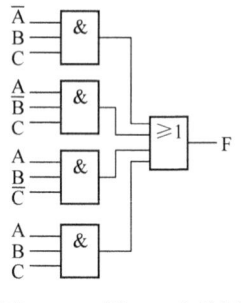

图 4-19 例 4-4 电路图

由与非运算构成的表达式对应的电路如图 4-16 所示(例 4-1 电路)。

通过表达式的恒等变换使逻辑函数表达式得到简化,进而使其对应的门电路更简单,这就是代数化简法(公式法)。

例 4-5 二进制译码器是一种组合电路,当输入一组二进制代码时,只有与该代码对应的译码输出端有效,其他输出端都无效。试用适当的逻辑门实现一个 2 线—4 线译码器,其输入是 2 位二进制代码,输出是对应的译码信号,高电平有效。

解 根据题中译码器的功能特点,定义变量 A_1、A_0 表示译码器输入信号,用其取值组合表示输入的 2 位二进制代码,有 4 种不同的代码输入:00、01、10 和 11;定义变量 Y_0、Y_1、Y_2、Y_3 表示译码器输出信号,分别对应 4 种代码输入,取值为 1 时表示译码输出端有效（即高电平有效）。根据变量及其逻辑关系，列真值表，见表 4-6。

表 4-6 真值表

A_1	A_0	Y_0	Y_1	Y_2	Y_3
0	0	1	0	0	0
0	1	0	1	0	0
1	0	0	0	1	0
1	1	0	0	0	1

由真值表可见，4 个函数都只有一个最小项，无须化简，直接写出 4 个函数表达式

$$Y_0 = \overline{A_1}\,\overline{A_0},\ Y_1 = \overline{A_1}A_0,\ Y_2 = A_1\overline{A_0},\ Y_3 = A_1A_0$$

对应电路如图 4-20 所示，该电路为最简实现形式。

例 4-6 设计一个 4 线—2 线优先编码器，其逻辑功能与译码器相反。当 4 个输入信号中的任意一个有效时（为高电平），输出该信号的二进制编码；当多个输入信号同时有效时，输出下标大的信号对应的编码；当所有输入都无效时，输出编码为 00。用与非门实现该电路。

解 根据题中编码器的功能特点，定义变量 I_0、I_1、I_2、I_3 分别表示需要编码的 4 个输入信号，变量取值为 1 时表示输入信号需要编码（高电平有效）；定义函数 A_1、A_0 表示编码输出信号。编码优先级体现在多个输入信号有效（即有多个输入信号同时为高电平）时，电路仅对优先级最高的信号进行编码。

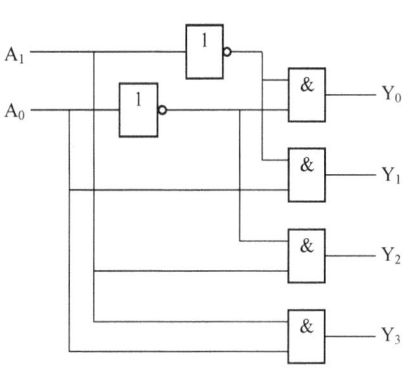

图 4-20 例 4-5 电路图

根据变量及其逻辑关系，列出真值表，如表 4-7 所示。

表 4-7 真值表

I_3	I_2	I_1	I_0	A_1	A_0	I_3	I_2	I_1	I_0	A_1	A_0
0	0	0	0	Φ	Φ	1	0	0	0	1	1
0	0	0	1	0	0	1	0	0	1	1	1
0	0	1	0	0	1	1	0	1	0	1	1
0	0	1	1	0	1	1	0	1	1	1	1
0	1	0	0	1	0	1	1	0	0	1	1
0	1	0	1	1	0	1	1	0	1	1	1
0	1	1	0	1	0	1	1	1	0	1	1
0	1	1	1	1	0	1	1	1	1	1	1

利用卡诺图化简法，求出逻辑函数 A_1 和 A_0 的最简与或式，并将其变换为与非式

$$A_1 = I_3 + I_2 = \overline{\overline{I_3}\,\overline{I_2}},\quad A_0 = I_3 + \overline{I_2}I_1 = \overline{\overline{I_3}\cdot\overline{\overline{I_2}I_1}}$$

画出与非门电路，如图 4-21 所示（假设允许直接反变量输入）。

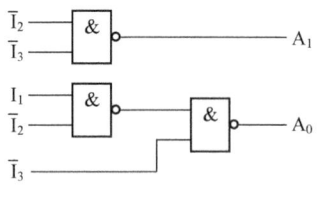

图 4-21 例 4-6 电路图

注意：该电路并没有 I_0 输入信号，从而无论 I_0 取值如何，都不影响输出编码。研究表 4-7 会发现，当输入信号都无效时，电路的实际输出结果会影响编码器的使用，编码器存在缺陷。4.5.3 节中将对编码器进行详细介绍，包括本电路中存在缺陷的解决方法。

4.5 常用中规模组合逻辑器件

数字集成电路除了各种逻辑门芯片（小规模组合逻辑器件）之外，还有大量**功能模块**（中规模组合逻辑器件），这些模块各自具有特定的逻辑功能，构成这些模块通常需要数十个逻辑门，因此被称为 **MSI**（Medium-Scale Integration）**模块**。本节介绍加法器、数值比较器、编码器、译码器、数据选择器、数据分配器等常用器件的功能、原理和电路分析设计方法。

*4.5.1 加法器

运算电路是数字系统（如计算机）中必不可少的信息处理单元，二进制数的加法运算是各种复杂运算的基础。

1. 4 位全加器

将 n 个 1 位二进制全加器[⊖]级联，就可以实现两个 n 位二进制数的加法电路。图 4-22 是由 4 个 1 位全加器级联构成的 4 位二进制数加法器，称为**串行加法器**。

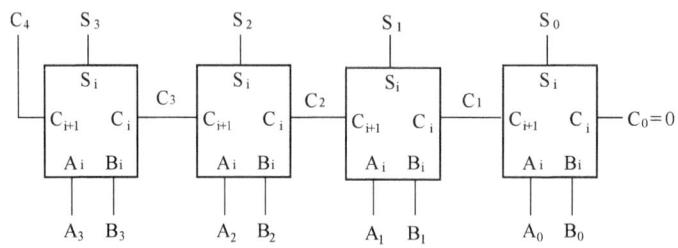

图 4-22 4 位二进制串行加法器

图 4-22 所示电路可以实现两个 4 位二进制数 $A_3A_2A_1A_0$ 和 $B_3B_2B_1B_0$ 的加法运算，和结果用 5 位二进制数 $C_4S_3S_2S_1S_0$ 表示，最低位相加时的进位输入 C_0 置为 0。串行加法器是根据人们熟悉的多位数加法运算原理实现的，即从最低位开始，逐位相加，高位相加时将相邻

⊖ 正如前文所述，将低位进位考虑进去的加法运算为全加，否则为半加。图 4-22 中的一位加法运算电路都有低位进位输入端 C_i，称为一位二进制全加器。

低位的进位输出也加进去。由于进位逐级传递的缘故，串行加法器的运算时延较大，电路的工作速度较慢。

74 系列器件中，**7483** 是具有先行进位[⊖]功能的 4 位二进制全加器，先行进位设计改变了加法器的进位产生方式，使电路的工作速度大幅提高，输入/输出端之间的最大时延仅为 4 级门时延，7483 的惯用逻辑符号如图 4-23 所示。**74283** 与 7483 的逻辑功能完全相同，只是芯片引脚排列不同。

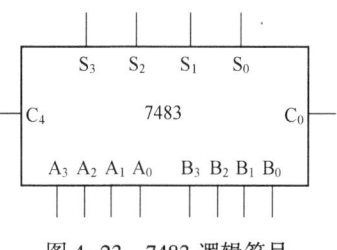

图 4-23　7483 逻辑符号

2. 级联扩展

4 位以内二进制数的加法运算可以采用一片 7483 实现。例如，两个 3 位二进制数相加，只要将两个加数分别置于 $A_2A_1A_0$ 端和 $B_2B_1B_0$ 端，并将 A_3 端、B_3 端和 C_0 端置 0，结果在 $S_3S_2S_1S_0$ 端上输出。

超过 4 位二进制数的加法运算则需要通过 7483 芯片的级联扩展实现。图 4-24 是用两片 7483 级联实现两个 7 位二进制数相加的电路图。注意，高位芯片 7483（H）的 A_3 端、B_3 端置 0。由于两个 7 位二进制数的和结果不超过 8 位二进制数，因此，和结果选用电路图中的 $S_7 \sim S_0$ 端输出即可。

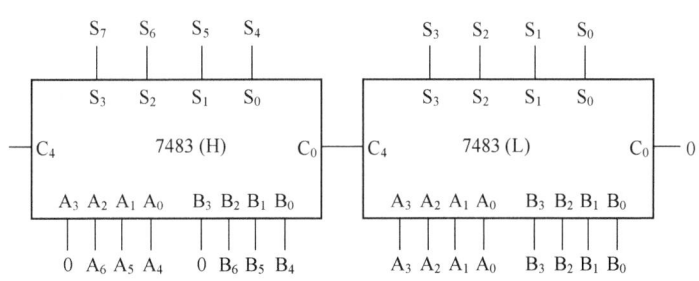

图 4-24　7483 级联构成 7 位二进制数加法器

注意：该电路两个模块内部的进位是先行进位，而级联模块之间的进位则是串行进位。

3. 应用举例

利用二进制全加器，可以实现各种其他类型加法运算电路，以及编码的转换电路等。下面以 4 位二进制全加器 7483 为例，通过 8421 码加法器和 BCD 码的转换电路设计，介绍加法器的应用特点。

例 4-7　试用 4 位二进制全加器 7483 实现 1 位 8421 码加法器。

解　设计分析。本题中设计电路的目标功能是实现 8421 码加法，该加法器的输入、输出以及进位均是 8421 码表示的十进制数（采用 4 位表示），进位规则是逢 10 进 1；采用的器件为 4 位二进制全加器 7483，进位规则是逢 16 进 1。因此，当两个 8421 码（两个 1 位十进制数）输入 7483 时，器件的直接输出结果并不是 8421 码加法结果。**分析表明**：8421 码加法器设计的关键在于如何对 7483 的输出结果进行校正，得到 8421 码的结果。

⊖　先行进位（超前进位）是指在进行加法运算时，每一个一位二进制全加器的进位信号由输入信号同时直接产生，不用等待逐级传递的进位结果。

变量定义。根据分析可定义 $D_8D_4D_2D_1$ 表示 8421 码加法的结果输出，而进位只会是 0 或 1，相应的 8421 码为 0000 或 0001，前 3 个位总为 0，只有最低位变化，因此只需定义一个变量 D_C 表示，表示 8421 码加法的进位输出为 $000D_C$。

关系描述。两种结果的差别需要通过列真值表观察，见表 4-8。表中列出了两个 1 位十进制数的 8421 码加法（结果范围是 0~18）结果和 7483 器件加法的输出结果。当数值在 10 及以上时，需要进位，应该用 2 位 8421 码，分别表示和结果（$D_8D_4D_2D_1$）和进位（000 D_C）。观察表 4-8，可以确定 7483 输出的二进制结果转换为 8421 码加法结果的规律。用 7483 将两个 1 位 8421 码相加时，当和 $N_{10} \leq 9$ 时，结果相同；当和 $N_{10} \geq 10$ 时，由于 7483 将输入的 BCD 码当作二进制数相加，将出现差别。例如，当和为 $(10)_{10}$ 时，8421 码运算将进位，而 7483 的输出却是 $(1010)_2$。可见，当加法结果 ≥ 10 时，两种加法存在差异，需要进行结果校正。现在需要解决的一个重要问题是：电路如何判断 7483 的输出结果 ≤ 9 或 ≥ 10？

表 4-8 例 4-7 真值表

N_{10}	二进制数					8421 码					N_{10}	二进制数					8421 码				
	C_4	S_3	S_2	S_1	S_0	D_C	D_8	D_4	D_2	D_1		C_4	S_3	S_2	S_1	S_0	D_C	D_8	D_4	D_2	D_1
0	0	0	0	0	0	0	0	0	0	0	10	0	1	0	1	0	1	0	0	0	0
1	0	0	0	0	1	0	0	0	0	1	11	0	1	0	1	1	1	0	0	0	1
2	0	0	0	1	0	0	0	0	1	0	12	0	1	1	0	0	1	0	0	1	0
3	0	0	0	1	1	0	0	0	1	1	13	0	1	1	0	1	1	0	0	1	1
4	0	0	1	0	0	0	0	1	0	0	14	0	1	1	1	0	1	0	1	0	0
5	0	0	1	0	1	0	0	1	0	1	15	0	1	1	1	1	1	0	1	0	1
6	0	0	1	1	0	0	0	1	1	0	16	1	0	0	0	0	1	0	1	1	0
7	0	0	1	1	1	0	0	1	1	1	17	1	0	0	0	1	1	0	1	1	1
8	0	1	0	0	0	0	1	0	0	0	18	1	0	0	1	0	1	1	0	0	0
9	0	1	0	0	1	0	1	0	0	1	—										

根据上述分析可以确定：当 $N_{10} \leq 9$ 时，二进制数（$S_3S_2S_1S_0$）与 8421 码（$D_8D_4D_2D_1$）相同；当 $N_{10} \geq 10$ 时，8421 码比相应的二进制数小 10。观察表 4-8 不难发现，变量 D_C 的取值变化恰好可以用于判断 N_{10} 的范围。

当 **$D_C = 0$** 时，$N_{10} \leq 9$，**$D_8D_4D_2D_1$** $= S_3S_2S_1S_0 =$ **$S_3S_2S_1S_0$ +0000**；此时，7483 的加法结果即为 8421 码的加法结果，加法器 7483 的和结果直接输出，为 8421 码加法电路的和结果（+0000 主要为了与 $D_C = 1$ 时分析结果保持一致，便于电路设计实现）。

当 **$D_C = 1$** 时，$N_{10} \geq 10$，**$D_8D_4D_2D_1$** $= S_3S_2S_1S_0 - 1010 =$ **$S_3S_2S_1S_0$ +0110**；此时，7483 的加法结果加 0110（等同于 -1010），即 7483 的和结果校正后输出，为 8421 码加法电路的和结果（需要采用第 2 片 7483 进行结果校正）。

因此，采用全加器 7483 进行两个 1 位 8421 码加法时，正确输出 8421 码的函数关系为
$$D_8D_4D_2D_1 = S_3S_2S_1S_0 + 0D_CD_C0$$

在结果的变换中，变量 D_C 是实现结果修正的关键。然而 7483 的实际输出为 $C_4S_3S_2S_1S_0$，变量 D_C 并不是 7483 的输出信号，如何获得 D_C？

问题的答案需要进一步从表 4-8 和 7483 的实际输出结果 $C_4S_3S_2S_1S_0$ 中寻找。可以发现：

当 $C_4=1$，或者 $S_3=1$ 且 S_2 和 S_1 中至少有一个为 1 时，$D_C=1$。据此可写出 D_C 的逻辑函数表达式（可以通过观察真值表直接写出 D_C 的表达式，或者采用 5 变量卡诺图化简求得）：

$$D_C = C_4 + S_3S_2 + S_3S_1$$

电路设计实现。完整的 1 位 8421 码加法器电路如图 4-25 所示。两个 8421 码在第一片 7483 上相加，加法的结果通过第二片 7483 进行校正。加法结果小于 10 时，D_C 输出 0，校正结果为 $S_3S_2S_1S_0$；加法结果大于 9 时，D_C 输出 1，校正结果为 $S_3S_2S_1S_0+0110$，8421 码加法器工作正常。

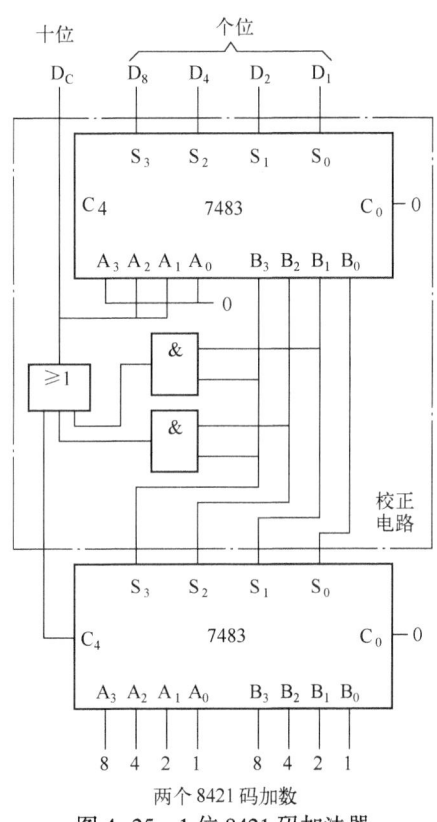

图 4-25　1 位 8421 码加法器

例 4-8　试用 7483 实现 5421 码到 8421 码的转换。

解　定义变量 ABCD 为输入 5421 码、变量 WXYZ 表示输出 8421 码，其对应关系如表 4-9 所示。分析表 4-9 可知：当十进制数 $N_{10} \leqslant 4$ 时，8421 码和 5421 码相同；当 $N_{10} \geqslant 5$ 时，8421 码比相应的 5421 码小 3。

表 4-9　5421 码到 8421 码的转换真值表

A	B	C	D	W	X	Y	Z	A	B	C	D	W	X	Y	Z
0	0	0	0	0	0	0	0	1	0	0	0	0	1	0	1
0	0	0	1	0	0	0	1	1	0	0	1	0	1	1	0
0	0	1	0	0	0	1	0	1	0	1	0	0	1	1	1
0	0	1	1	0	0	1	1	1	0	1	1	1	0	0	0
0	1	0	0	0	1	0	0	1	1	0	0	1	0	0	1

采用7483实现该编码转换时，基本思路是将5421码作为加法器的一个加数，加法器的和输出端输出8421码。当 $N_{10} \leqslant 4$ 时，应在另一个加数输入端输入0（二进制数0000）；当 $N_{10} \geqslant 5$ 时，应将输入的5421码减3（0011）。对于4位二进制数来说，减3等价于加13（1101）（在4位二进制数的计算中，3和13对模16互补）。判断输入的5421码是否小于或等于4，只要看其最高位即可，最高位为0表明 $N_{10} \leqslant 4$，最高位为1则表明 $N_{10} \geqslant 5$。因此，WXYZ和ABCD的函数关系可写为下式：

$$WXYZ = \begin{cases} ABCD+0000; N_{10} \leqslant 4 \text{ 时} \\ ABCD-0011; N_{10} \geqslant 5 \text{ 时} \end{cases} = \begin{cases} ABCD+0000; A=0 \text{ 时} \\ ABCD+1101; A=1 \text{ 时} \end{cases}$$

$$= ABCD+AA0A$$

实现5421码到8421码的转换电路如图4-26所示。

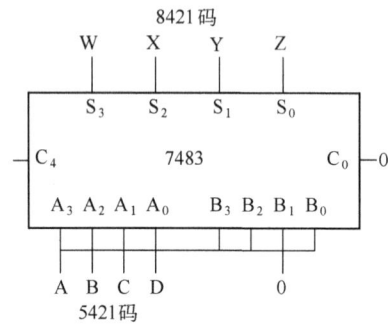

图 4-26 例 4-10 电路图

*4.5.2 数值比较器

数值比较器用于比较两个数的大小，并给出"大于""等于"和"小于"三种比较结果。两个多位二进制数比较大小的常规方法是从高位开始，逐位比较，若高位不同，则结果立现，不必再对低位进行比较；若高位相等，则比较结果由低位的比较结果决定；当各位都对应相等时，则两个数完全相等。多位比较器的电路结构可以采用串行多位加法器的构造思路，将多位比较分解为1位比较器的级联，当参与比较的两个1位二进制数不等时，比较结果确定；当其相等时，比较器的比较结果由低位送来的比较结果决定。

1. 4位二进制数比较器

74系列器件中，7485是采用并行比较结构（类似先行进位，以提高比较速度）的4位二进制数比较器，逻辑符号如图4-27所示。$A_3 \sim A_0$ 和 $B_3 \sim B_0$ 是参加比较的两个4位二进制数，A_3 和 B_3 分别是两数的最高位。a<b、a=b、a>b是级联输入端，两个二进制数相等时，比较结果由级联输入决定。芯片的级联扩展时，级联输入端连接低位芯片的比较输出端。7485的功能表如表4-10所示，与真值表罗列输入变量和输出变量的取值不同，**功能表**注重表示不同输入条件下芯片的功能，

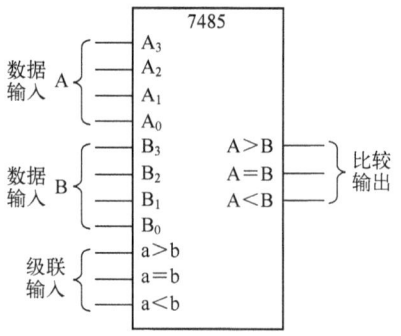

图 4-27 7485 逻辑符号

是描述芯片逻辑功能最重要的手段。

表 4-10 7485 功能表

比较输入				级联输入			输出		
A_3 B_3	A_2 B_2	A_1 B_1	A_0 B_0	a>b	a<b	a=b	A>B	A<B	A=B
$A_3>B_3$	×	×	×	×	×	×	H	L	L
$A_3<B_3$	×	×	×	×	×	×	L	H	L
$A_3=B_3$	$A_2>B_2$	×	×	×	×	×	H	L	L
$A_3=B_3$	$A_2<B_2$	×	×	×	×	×	L	H	L
$A_3=B_3$	$A_2=B_2$	$A_1>B_1$	×	×	×	×	H	L	L
$A_3=B_3$	$A_2=B_2$	$A_1<B_1$	×	×	×	×	L	H	L
$A_3=B_3$	$A_2=B_2$	$A_1=B_1$	$A_0>B_0$	×	×	×	H	L	L
$A_3=B_3$	$A_2=B_2$	$A_1=B_1$	$A_0<B_0$	×	×	×	L	H	L
$A_3=B_3$	$A_2=B_2$	$A_1=B_1$	$A_0=B_0$	H	L	L	H	L	L
$A_3=B_3$	$A_2=B_2$	$A_1=B_1$	$A_0=B_0$	L	H	L	L	H	L
$A_3=B_3$	$A_2=B_2$	$A_1=B_1$	$A_0=B_0$	×	×	H	L	L	H
$A_3=B_3$	$A_2=B_2$	$A_1=B_1$	$A_0=B_0$	H	H	L	L	L	L
$A_3=B_3$	$A_2=B_2$	$A_1=B_1$	$A_0=B_0$	L	L	L	H	H	L

注：① "×" 表示可以输入任何逻辑电平。
② "H" 和 "L" 分别表示逻辑高电平和逻辑低电平，在正逻辑指定时分别对应逻辑 1 和逻辑 0。
③ $A_i>B_i$ 表示 $A_i=H$、$B_i=L$；$A_i<B_i$ 表示 $A_i=L$、$B_i=H$。
④ 级联输入和比较输出端的 "H" 表示相应的信号有效，"L" 表示相应的信号无效。

表 4-10 表明，当二进制数 $A_3 \sim A_0$ 和 $B_3 \sim B_0$ 高位不等时，比较结果就由高位确定，低位和级联输入的取值不起作用；高位相等时，比较结果由低位确定；当两个 4 位二进制数相等时，结果由级联输入决定。正常使用时，三个级联输入信号只有一个有效（为高电平）。表中最后三行表示，当有多个级联输入端为高电平或全为低电平时电路的实际输出值。

2. 级联扩展

7485 的三个级联输入端用于连接低位芯片的三个比较输出端，实现比较位数的扩展。图 4-28 是用两片 7485 级联实现的两个 7 位二进制数比较器，参与比较的两个 7 位二进制数是 $A_6 \sim A_0$ 和 $B_6 \sim B_0$，比较结果由高位芯片输出。两片 7485 中，高位芯片 7485（H）的两个最高位 A_3 和 B_3 置为相等（都置为 0，也可以都置为 1），低位芯片 7485（L）的级联输入端 "a=b" 置 1，其余两个端子置 0，以确保当两个 7 位二进制数相等时，比较结果由低位芯片的级联输入信号决定，输出 A=B 的结果。

3. 应用举例

例 4-9 分析图 4-29 所示电路，已知输入信号 $B_3B_2B_1B_0$ 是 5421 码。

解 该电路由 4 位全加器 7483 和 4 位二进制数比较器 7485 构成。显然，写出输出函数表达式在此并不是一个好方法。由于输入是 5421 码，根据两个芯片的功能，容易求出反映输入/输出关系的真值表，如表 4-11 所示。由真值表可以看出，该电路实现了 5421 码到 8421 码的转换。

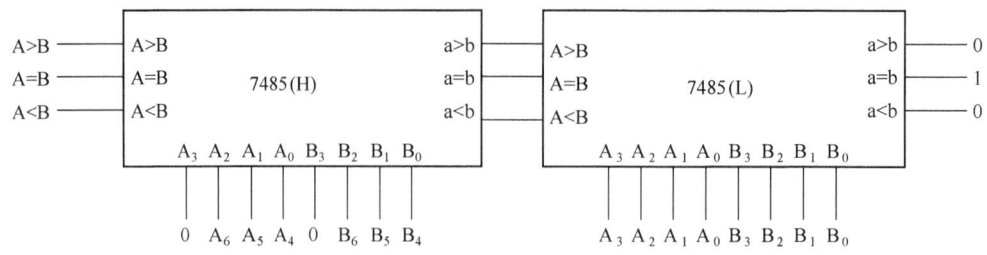

图 4-28 7485 级联构成 7 位二进制数比较器

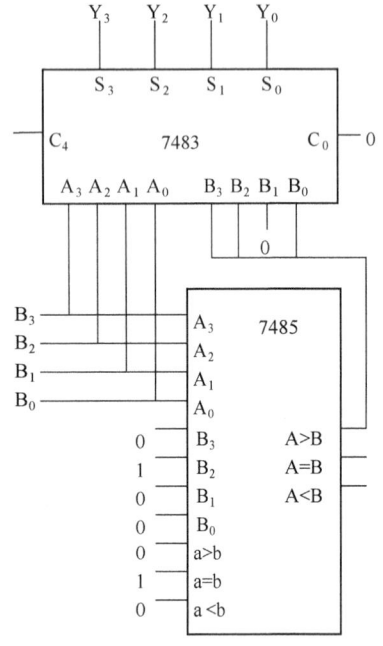

图 4-29 例 4-9 的电路

表 4-11 例 4-9 电路真值表

N_{10}	输入变量				中间变量	输出变量			
	B_3	B_2	B_1	B_0	A>B	Y_3	Y_2	Y_1	Y_0
0	0	0	0	0	0	0	0	0	0
1	0	0	0	1	0	0	0	0	1
2	0	0	1	0	0	0	0	1	0
3	0	0	1	1	0	0	0	1	1
4	0	1	0	0	0	0	1	0	0
5	1	0	0	0	1	0	1	0	1
6	1	0	0	1	1	0	1	1	0
7	1	0	1	0	1	0	1	1	1
8	1	0	1	1	1	1	0	0	0
9	1	1	0	0	1	1	0	0	1

4.5.3 编码器

编码是指将数字、字符、特殊符号或其他有用信息采用若干位 0、1 的组合表示的过程，编码的结果称为代码。例如，十进制数码 0～9 的 8421 码（4 位二进制代码）、特定字符和操作命令的 ASCII 码（7 位二进制代码）。**编码器**是实现编码的数字电路，对于每个有效的输入信号（代表编码对象），编码器输出与之对应的一组二进制代码。

1. 2^n 线—n 线编码器

最基本的二进制编码器是 2^n—n 编码器。以图 4-30 所示 8 线—3 线编码器为例，编码器的输入是 8 个待编码信号，输出是与输入一一对应的 3 位二进制代码。输入信号的特点是：任意时刻有且只有一个输入信号有效。可以把输入信号理解为一个 8 键小键盘的按键信号，没有按键被按下时，$I_i=0$（i=0~7）；当第 i 个键被按下时，$I_i=1$，此时编码器的输出为 I_i 信号对应的二进制代码。符合该输入/输出关系的真值表如表 4-12 所示。

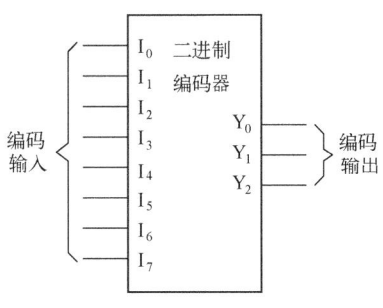

图 4-30 8 线—3 线编码器框图

表 4-12 8 线—3 线编码器真值表

I_0	I_1	I_2	I_3	I_4	I_5	I_6	I_7	Y_2	Y_1	Y_0
1	0	0	0	0	0	0	0	0	0	0
0	1	0	0	0	0	0	0	0	0	1
0	0	1	0	0	0	0	0	0	1	0
0	0	0	1	0	0	0	0	0	1	1
0	0	0	0	1	0	0	0	1	0	0
0	0	0	0	0	1	0	0	1	0	1
0	0	0	0	0	0	1	0	1	1	0
0	0	0	0	0	0	0	1	1	1	1

注意，表 4-12 中只列出了有效信号输入时的编码情况。对应的函数表达式为

$$Y_0 = I_1 + I_3 + I_5 + I_7$$
$$Y_1 = I_2 + I_3 + I_6 + I_7$$
$$Y_2 = I_4 + I_5 + I_6 + I_7$$

可见，采用 3 个四输入或门即可实现一个简单的 8 线—3 线编码器。

但是，在上述设计电路中存在两个明显问题：一是若没有键被按下（即输入信号全为 0），由表达式可知，编码器输出为 "000"；而 $I_0 = 1$ 有效输入时，编码器同样输出 000，产生冲突，无法区分；二是若同时有多个键被按下（即有多个输入信号同时为 1），编码器输出将出现混乱。例如，若 I_1 和 I_2 都为 "1"，则由表达式可知，编码器输出为 "011"，也与正常编码产生冲突。一般采用优先编码器的设计方案解决这些问题。

2. 8 线—3 线优先编码器

优先编码器的特点是，多个输入信号同时有效时，编码器仅对其中优先级最高的信号编码。74148 的逻辑符号如图 4-31 所示，功能表如表 4-13 所示（按照输入输出信号列表）。

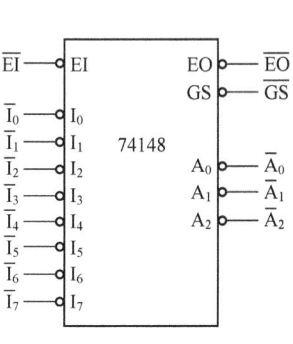

图 4-31 74148 逻辑符号

表 4-13 74148 功能表

输入									输出				
$\overline{EI}$	$\overline{I_0}$	$\overline{I_1}$	$\overline{I_2}$	$\overline{I_3}$	$\overline{I_4}$	$\overline{I_5}$	$\overline{I_6}$	$\overline{I_7}$	$\overline{A_2}$	$\overline{A_1}$	$\overline{A_0}$	$\overline{GS}$	$\overline{EO}$
H	×	×	×	×	×	×	×	×	H	H	H	H	H
L	H	H	H	H	H	H	H	H	H	H	H	H	L
L	×	×	×	×	×	×	×	L	L	L	L	L	H
L	×	×	×	×	×	×	L	H	L	L	H	L	H
L	×	×	×	×	×	L	H	H	L	H	L	L	H
L	×	×	×	×	L	H	H	H	L	H	H	L	H
L	×	×	×	L	H	H	H	H	H	L	L	L	H
L	×	×	L	H	H	H	H	H	H	L	H	L	H
L	×	L	H	H	H	H	H	H	H	H	L	L	H
L	L	H	H	H	H	H	H	H	H	H	H	L	H

该优先编码器的所有输入/输出端都是**低电平有效**，在逻辑符号中通常用输入/输出端的小圆圈表示低电平有效。对输入端 I_i（i=0~7）而言，输入信号 $\overline{I_i}$ 为低电平时，该输入端信号有效；对输出端 $A_2A_1A_0$（代码的高低位顺序）而言，低电平有效输出**反码信号** $\overline{A_2}\ \overline{A_1}\ \overline{A_0}$。当 $\overline{A_2}\ \overline{A_1}\ \overline{A_0}$ 都是低电平时，输出代码是"000"，为"111(7)"的反码，表示被编码的输入端是 I_7（信号是 $\overline{I_7}$），以此类推代码与有效输入之间的对应关系。

输入端 EI（Enable In）为编码器的**使能控制端**，输入的信号 $\overline{EI}$ 低电平有效；8个输入端 $I_0 \sim I_7$（输入信号为 $\overline{I_0} \sim \overline{I_7}$）具有不同优先级，由高到低排列次序为 $I_7 \rightarrow I_0$；编码器除二进制代码输出端 $A_2A_1A_0$ 外，还有使能控制输出端 EO（Enable Out）和组选择输出端 GS（Group Select），分别输出使能控制信号 $\overline{EO}$ 和组选择信号 $\overline{GS}$，均为低电平有效。

表 4-13 表明，当 $\overline{EI}$ 为高电平时（功能表第 1 数据行），编码器不被使能，输入信号不起作用，编码器输出为无效的高电平；当 $\overline{EI}$ 为低电平时，编码器被使能，此时若没有有效的信号输入（第 2 数据行），编码器输出为无效的高电平；否则，按优先级对输入信号进行编码（第 3~10 数据行）。

$\overline{EO}$ 是用于级联低位编码器的使能控制输出信号，多个编码器芯片级联扩展时连接到低位编码器的 EI 端，作为低位编码器的 EI 信号输入。仅当该编码器使能，且无有效信号输入、不需编码时（功能表第二数据行），$\overline{EO}$ 信号为低电平，使能低位编码器。

$\overline{GS}$ 信号用于表示该编码器的代码输出是否有效，仅当编码器输出有效二进制代码时，$\overline{GS}$ 信号才为低电平。

3. 级联扩展

采用两个 74148 级联，附加一片 7408（二输入 4 与门），可以构成一个 16 线—4 线优先编码器，如图 4-32 所示。该编码器的输入端是 $I_{15} \sim I_0$（输入信号为 $\overline{I_{15}} \sim \overline{I_0}$），下标数值越大，优先级越高。编码器的 4 位二进制代码输出端是 $A_3 \sim A_0$（反码输出信号为 $\overline{A_3} \sim \overline{A_0}$）。该 16 线—4 线优先编码器仅仅对 74148 的编码规模进行了扩展，其有效电平、控制输入、控制输出信号等都和 74148 相同。

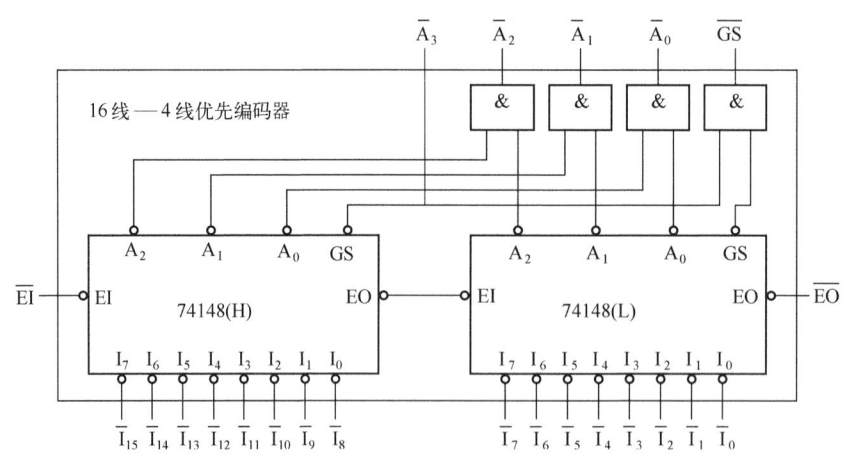

图 4-32 由 74148 构成的 16 线—4 线优先编码器

4. BCD 码编码器

将图 4-32 的 4 个代码输出信号 $\overline{A}_3 \sim \overline{A}_0$ 取非，能够得到输出为高电平有效的 16 线—4 线优先编码器（输出信号为 $A_3 \sim A_0$），进而可以用于实现各种 BCD 码编码器。例如，使用 $\overline{I}_9 \sim \overline{I}_0$ 作为十进制数码 9~0 的输入端，$A_3 \sim A_0$ 输出为 8421 码；使用 $\overline{I}_{12} \sim \overline{I}_8$ 和 $\overline{I}_4 \sim \overline{I}_0$ 作为十进制数码 9~0 的输入端，$A_3 \sim A_0$ 输出为 5421 码。构成余 3 码编码器则应该以 $\overline{I}_{12} \sim \overline{I}_3$ 作为十进制数码 9~0 的输入端；其他 BCD 码编码器设计思路类似。

4.5.4 译码器

例 4-5 中采用逻辑门设计了 2 线—4 线译码器，初步建立了译码和译码器的基本概念。译码与编码相反，是将一组代码翻译出其原来含义的过程。假设译码器有 n 个输入端，则支持输入 n 位二进制代码，有 2^n 种取值。若译码器能够将全部代码——译出，则译码器有 2^n 个译码输出端，这种译码器称为全译码器。相应地，也有部分译码器。例如，4 位译码器的输入代码如果是 1 位 BCD 码，则不是 4 位输入的所有取值组合都有意义，此时只需要与输入 BCD 码对应的十个译码输出端。

1. 3 线—8 线译码器

74138 的逻辑符号如图 4-33 所示，具有 3 个二进制代码输入端 $A_2 A_1 A_0$、8 个译码输出端 $Y_0 \sim Y_7$，以及三个使能控制端 G_1、G_{2A} 和 G_{2B}。译码输出端 $Y_0 \sim Y_7$ 低电平有效，反码输出 $\overline{Y}_0 \sim \overline{Y}_7$ 信号；使能端 G_1 高电平输入有效、G_{2A} 和 G_{2B} 低电平输入有效，输入信号分别为 G_1、$\overline{G}_{2A}$ 和 $\overline{G}_{2B}$。74138 能够将输入的 3 位二进制代码（8 种取值）——译码输出，译码输出端的个数是 $2^3 = 8$ 个，因此是一种 3 位二进制代码的全译码器。

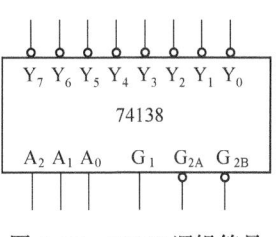

图 4-33 74138 逻辑符号

74138 功能表如表 4-14 所示（按照输入输出信号列表）。功能表的前 3 个数据行表明，只有使能端输入的信号 $G_1 \overline{G}_{2A} \overline{G}_{2B} = 100$ 时，译码器才被使能进行译码工作。不使能时，译码输出端都是无效的高电平。功能表的后 8 个数据行表明，译码器被使能后，与 $A_2 A_1 A_0$ 输入代码对应的输出端为低电平，其余输出端为高电平。例如，$A_2 A_1 A_0$ 为 000，输出端 Y_0 反码输出 $\overline{Y}_0$ 信号，低电平 0。由功能表还可以看出，该译码器被使能时，最多有一个输出端为低电平 0，其他输出端均为高电平 1，即每个输出信号变量都是代码输入变量的一个最大项（或称为最小项的非，因为 $M_i = \overline{m_i}$），例如，$\overline{Y}_0 = A_2 + A_1 + A_0 = M_0$。显然，若译码器的输出是高电平有效，则输出信号变量是代码输入变量的最小项。74138 输出输入变量的所有最大项，这样的性质使之可以方便地应用在函数发生器的设计场合。

表 4-14 73138 功能表

输入						输出							
G_1	$\overline{G}_{2A}$	$\overline{G}_{2B}$	A_2	A_1	A_0	$\overline{Y}_0$	$\overline{Y}_1$	$\overline{Y}_2$	$\overline{Y}_3$	$\overline{Y}_4$	$\overline{Y}_5$	$\overline{Y}_6$	$\overline{Y}_7$
L	×	×	×	×	×	H	H	H	H	H	H	H	H
×	H	×	×	×	×	H	H	H	H	H	H	H	H
×	×	H	×	×	×	H	H	H	H	H	H	H	H

(续)

输入						输出							
G_1	$\overline{G}_{2A}$	$\overline{G}_{2B}$	A_2	A_1	A_0	$\overline{Y}_0$	$\overline{Y}_1$	$\overline{Y}_2$	$\overline{Y}_3$	$\overline{Y}_4$	$\overline{Y}_5$	$\overline{Y}_6$	$\overline{Y}_7$
H	L	L	L	L	L	L	H	H	H	H	H	H	H
H	L	L	L	L	H	H	L	H	H	H	H	H	H
H	L	L	L	H	L	H	H	L	H	H	H	H	H
H	L	L	L	H	H	H	H	H	L	H	H	H	H
H	L	L	H	L	L	H	H	H	H	L	H	H	H
H	L	L	H	L	H	H	H	H	H	H	L	H	H
H	L	L	H	H	L	H	H	H	H	H	H	L	H
H	L	L	H	H	H	H	H	H	H	H	H	H	L

2. 4线—16线译码器

74154是输出为低电平有效的4线—16线译码器,具有4位代码输入端 $A_3 \sim A_0$,15位译码输出端,以及两个低电平有效的使能端 G_1 和 G_2(输入信号为 $\overline{G}_1$ 和 $\overline{G}_2$)。利用74154可以实现常用BCD码译码器,如表4-15所示(按照输入输出信号列表)。

BCD码译码器是4线—10线译码器,常用BCD码为10组代码,而74154可以输出4位二进制代码的所有16种译码结果。因此,在应用上,只需要将BCD代码信号送入74154的 $A_3 \sim A_0$ 端,在74154的16个译码输出端中选择合适的输出信号,就可以构成相应的BCD码译码器。表4-15列出了用74154构成常用BCD译码器时,BCD译码输出端的位置。由于74154的译码输出端为低电平有效,相应的BCD码译码输出也是低电平有效。由74154构成的1位5421码译码器如图4-34所示。

表4-15 用74154构成BCD码译码器

代码输入 $A_3 \sim A_0$	74154 译码输出	BCD码译码输出			
		8421	5421	余3码	余3循环码
0000	$\overline{Y}_0$	$\overline{D}_0$	$\overline{D}_0$		
0001	$\overline{Y}_1$	$\overline{D}_1$	$\overline{D}_1$		
0010	$\overline{Y}_2$	$\overline{D}_2$	$\overline{D}_2$		$\overline{D}_0$
0011	$\overline{Y}_3$	$\overline{D}_3$	$\overline{D}_3$	$\overline{D}_0$	
0100	$\overline{Y}_4$	$\overline{D}_4$	$\overline{D}_4$	$\overline{D}_1$	$\overline{D}_4$
0101	$\overline{Y}_5$	$\overline{D}_5$		$\overline{D}_2$	$\overline{D}_3$
0110	$\overline{Y}_6$	$\overline{D}_6$		$\overline{D}_3$	$\overline{D}_1$
0111	$\overline{Y}_7$	$\overline{D}_7$		$\overline{D}_4$	$\overline{D}_2$
1000	$\overline{Y}_8$	$\overline{D}_8$	$\overline{D}_5$	$\overline{D}_5$	
1001	$\overline{Y}_9$	$\overline{D}_9$	$\overline{D}_6$	$\overline{D}_6$	
1010	$\overline{Y}_{10}$		$\overline{D}_7$	$\overline{D}_7$	$\overline{D}_9$
1011	$\overline{Y}_{11}$		$\overline{D}_8$	$\overline{D}_8$	
1100	$\overline{Y}_{12}$		$\overline{D}_9$	$\overline{D}_9$	$\overline{D}_5$
1101	$\overline{Y}_{13}$				$\overline{D}_6$
1110	$\overline{Y}_{14}$				$\overline{D}_8$
1111	$\overline{Y}_{15}$				$\overline{D}_7$

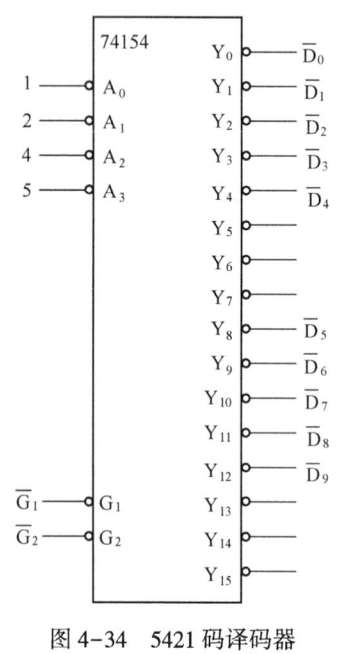

图4-34 5421码译码器

利用译码器的使能端,可以扩展译码器的规模。图 4-35 是用两片 3 线—8 线译码器 74138 实现的 4 线—16 线译码器。译码器的输入输出与上面的 74154 相同,带有一个低电平有效的使能端 G(输入信号 $\overline{G}$)。输入编码为 0000~0111 时,$A_3=0$,高位芯片无效,$\overline{Y}_{15}$~$\overline{Y}_8$ 输出无效高电平;低位芯片被使能,对 $A_2A_1A_0$ 输入的编码进行译码,$\overline{Y}_7$~$\overline{Y}_0$ 中的一个输出有效低电平。输入编码为 1000~1111 时,$A_3=1$,低位芯片无效,高位芯片使能,$\overline{Y}_{15}$~$\overline{Y}_8$ 中的一个输出低电平。

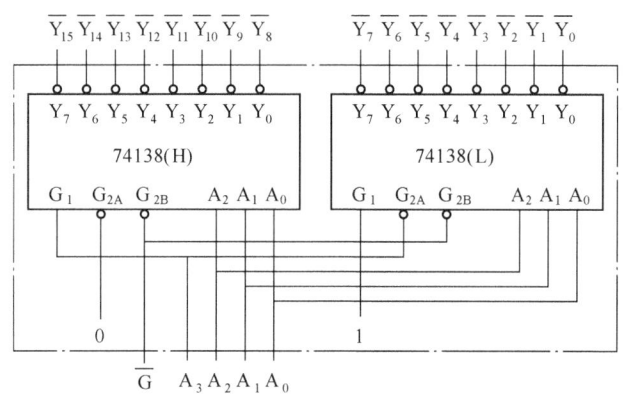

图 4-35 74138 构成的 4 线—16 线译码器

3. 应用举例

前面提到,全译码器的所有译码输出信号是输入变量的最大项(输出低电平有效时),或全部最小项(输出高电平有效时)。利用译码器的这一性质,**可以实现逻辑函数(描述某种逻辑功能的电路)**。对于输出低电平有效的译码器而言,输出的最大项(也是最小项的非),只需外接一个与非门,即可实现所需逻辑函数;对于输出高电平有效的译码器,则需外接一个用于最小项求和的或门,就可以实现所需逻辑函数。

例 4-10 试用 3 线—8 线译码器 74138 设计实现 1 位二进制数全减器。

解 1 位二进制数全减器是指带低位借位输入的两个 1 位二进制数减法运算(参照全加器的概念)。设被减数、减数和低位的借位输入分别为 X、Y、B_i,运算结果为本位的差 D 和向高位的借位输出 B_o,其真值表如表 4-16 所示。

表 4-16 真值表

X	Y	B_i	B_o	D
0	0	0	0	0
0	0	1	1	1
0	1	0	1	1
0	1	1	1	0
1	0	0	0	1
1	0	1	0	0
1	1	0	0	0
1	1	1	1	1

由表4-16可以直接写出输出函数 B_0 和 D 的最小项表达式。采用 74138 实现全减器电路时,应当结合 74138 输出为低电平有效的特点(输出最大项),将表达式变换为与之相符的形式

$$B_0(X,Y,B_i) = m_1+m_2+m_3+m_7 = \overline{\overline{m_1}\,\overline{m_2}\,\overline{m_3}\,\overline{m_7}} = \overline{\overline{Y_1}\,\overline{Y_2}\,\overline{Y_3}\,\overline{Y_7}}$$

$$D(X,Y,B_i) = m_1+m_2+m_4+m_7 = \overline{\overline{m_1}\,\overline{m_2}\,\overline{m_4}\,\overline{m_7}} = \overline{\overline{Y_1}\,\overline{Y_2}\,\overline{Y_4}\,\overline{Y_7}}$$

实现的 1 位二进制数全减器电路如图 4-36 所示。本题设计中,若由表 4-16 直接写出函数的最大项表达式,则采用 74138 和与门也可以实现全减器。

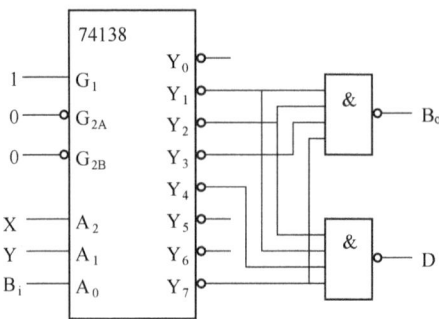

图 4-36 用 74138 实现的 1 位全减器

例 4-11 试用输出高电平有效的 3 线—8 线译码器设计电路,实现下面的逻辑函数:

$$F(A,B,C) = \sum m(0,1,2,4,5,6)$$

解 译码器输出高电平有效时,输出函数是输入变量的最小项。因此,对设计要求中的最小项表达式(式中有 6 个最小项),可以直接外加一个 6 输入或门实现;也可以将函数 F 的最大项表达式写出,外加一个 2 输入或非门实现。

$$F(A,B,C) = \sum m(0,1,2,4,5,6) = Y_0 + Y_1 + Y_2 + Y_4 + Y_5 + Y_6 \text{(用 6 输入或门实现)}$$
$$= \prod M(3,7) = \overline{\overline{M_3} + \overline{M_7}} = \overline{m_3 + m_7} = \overline{Y_3 + Y_7} \text{(用 2 输入或非门实现)}$$

变换函数表达式可以使电路更简单,如图 4-37 所示。

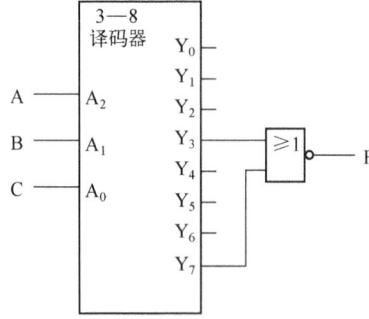

图 4-37 例 4-11 的电路图

4.5.5 数据选择器

数据选择器和数据分配器的基本概念可以用图 4-38 描述。左边的多路开关从 4 路输入信号 $D_0 \sim D_3$ 中选择 1 路信号经 Y 端输出,实现了 4 线到 1 线的选择功能,称为多路选择器

(Multiplexer), 也称为**数据选择器**, 缩写为 MUX; 右边的多路开关将 1 路输入信号 D 分配到 4 条不同支路 $Y_0 \sim Y_3$ 中的某一条上输出, 实现 1 线到 4 线的信号分配功能, 称为数据分配器。在电路实现上, 这两个器件可以采用 "单刀多掷" 的开关实现。类似的集成器件有采用 CMOS 传输门技术的集成多路选择器, 可以实现模拟或数字信号的双向传输。本节主要讨论单方向传输数字信号的选择器和分配器。

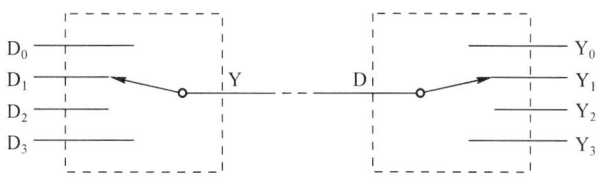

图 4-38 数据选择器和数据分配器示意图

1. 8 选 1 数据选择器

74151 是 8 选 1 数据选择器, 其逻辑符号和真值表分别如图 4-39 和表 4-17 所示。该芯片有一个低电平有效的使能端 G (输入使能信号为 $\overline{G}$), 8 路数据信号输入端 $D_0 \sim D_7$, 3 位地址信号输入端 $A_2 A_1 A_0$ (用于从 8 路数据输入端 $D_0 \sim D_7$ 中选择一路, 当地址值为 i 时, 被输出的数据是 D_i), 和一对互补输出端 Y 和 W (与 Y 端输出信号相反)。

表 4-17 74151 功能表

输		入		输	出
$\overline{G}$	A_2	A_1	A_0	Y	W
H	×	×	×	L	H
L	L	L	L	D_0	$\overline{D_0}$
L	L	L	H	D_1	$\overline{D_1}$
L	L	H	L	D_2	$\overline{D_2}$
L	L	H	H	D_3	$\overline{D_3}$
L	H	L	L	D_4	$\overline{D_4}$
L	H	L	H	D_5	$\overline{D_5}$
L	H	H	L	D_6	$\overline{D_6}$
L	H	H	H	D_7	$\overline{D_7}$

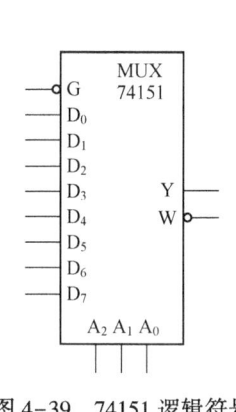

图 4-39 74151 逻辑符号

表 4-17 表明, 当使能信号 $\overline{G}=1$ 时 (第一数据行), 芯片未被使能, 输出信号 Y 始终为低电平; 当 $\overline{G}=0$ 时 (第 2~8 数据行), 芯片被使能, 只要地址信号输入端 $A_2 A_1 A_0$ 给定一个具体的地址值, 就可以从 $D_0 \sim D_7$ 选择一路信号, 以原变量 (Y) 或反变量 (W) 形式输出。由表 4-17 可知, 输出信号 Y 是输入数据信号 $D_0 \sim D_7$ 和地址信号 $A_2 A_1 A_0$ 的逻辑函数, 函数表达式可写成如下形式:

$$\begin{aligned}
Y &= \overline{A_2}\,\overline{A_1}\,\overline{A_0} \cdot D_0 + \overline{A_2}\,\overline{A_1}A_0 \cdot D_1 + \overline{A_2}A_1\overline{A_0} \cdot D_2 + \overline{A_2}A_1A_0 \cdot D_3 \\
&\quad + A_2\overline{A_1}\,\overline{A_0} \cdot D_4 + A_2\overline{A_1}A_0 \cdot D_5 + A_2A_1\overline{A_0} \cdot D_6 + A_2A_1A_0 \cdot D_7 \\
&= \sum_{i=0}^{7} m_i \cdot D_i
\end{aligned}$$

式中地址变量 $A_2A_1A_0$ 以全部最小项的形式出现。

数据选择器也可以被用来实现逻辑函数，例 4-13 和例 4-14 中将介绍这种应用的方法。

2. 数据选择器的扩展

利用 4 选 1 数据选择器可以简单地实现 8 选 1、16 选 1 数据选择功能，如图 4-40 所示。

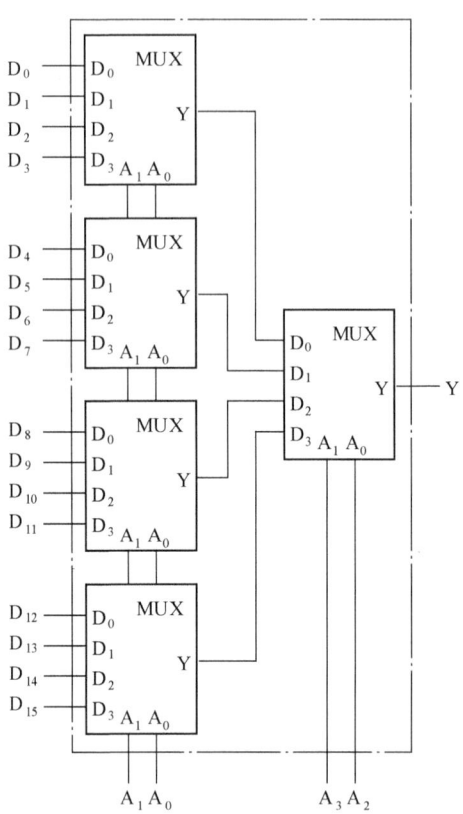

图 4-40 由 4 选 1 构成的 16 选 1

工作原理：用 4 个 4 选 1 数据选择器（第一级电路），从 16 路输入数据信号 $D_0 \sim D_{15}$ 中选出 4 路；再用一个 4 选 1 数据选择器（第二级电路），从 4 路中选择 1 路输出。在构造该电路时，必须注意地址信号 $A_3 \sim A_0$ 的取值 i 与选中输出的输入数据信号 D_i 的下标相同。

3. 数据分配器

数据分配器实现与数据选择器相反的功能。在常用逻辑系列中，并没有专门的数据分配器芯片。由于数据分配器和译码器具有相似的电路结构，通常用译码器实现数据分配器的逻辑功能。例如，3 线—8 线译码器可以实现 1 路输入信号分配到 8 路输出的功能。

图 4-41 是 74138 用作 1 线—8 线分配器的电路图，逻辑符号中的 DX 是数据分配器（Demultiplexer）的缩写。代码端 $A_2A_1A_0$ 用作地址输入端，其含义和作用与数据选择器相同；选择译码器的一个低电平有效的使能信号输入端，如图 4-41 中的 G_{2B} 端，用于输入数据分配器的数据 D（相当于使能输入信号 $\overline{G_{2B}}$）；译码器的译码输出端 $Y_0 \sim Y_7$ 用于输出分配器的 8 路信号 $D_0 \sim D_7$（相当于译码器反码输出信号 $\overline{Y_0} \sim \overline{Y_7}$）；使能端 G_1 和 G_{2A} 仍然作为使能

控制使用（输入信号为 G_1 和 $\overline{G}_2$），电路工作时，使能输入信号为 10。数据分配器的功能表如表 4-18 所示（按照输入输出信号列表）。

表 4-18 74138 构成的 1 线—8 线数据分配器功能表

使能输入		数据输入	地址输入			数据输出							
G_1	$\overline{G}_2$	D	A_2	A_1	A_0	D_0	D_1	D_2	D_3	D_4	D_5	D_6	D_7
(G_1 $\overline{G}_{2A}$)	$\overline{G}_{2B}$					($\overline{Y}_0$	$\overline{Y}_1$	$\overline{Y}_2$	$\overline{Y}_3$	$\overline{Y}_4$	$\overline{Y}_5$	$\overline{Y}_6$	$\overline{Y}_7$)
0	Φ	Φ	Φ	Φ	Φ	1	1	1	1	1	1	1	1
Φ	1	Φ	Φ	Φ	Φ	1	1	1	1	1	1	1	1
1	0	D	0	0	0	**D**	1	1	1	1	1	1	1
1	0	D	0	0	1	1	**D**	1	1	1	1	1	1
1	0	D	0	1	0	1	1	**D**	1	1	1	1	1
1	0	D	0	1	1	1	1	1	**D**	1	1	1	1
1	0	D	1	0	0	1	1	1	1	**D**	1	1	1
1	0	D	1	0	1	1	1	1	1	1	**D**	1	1
1	0	D	1	1	0	1	1	1	1	1	1	**D**	1
1	0	D	1	1	1	1	1	1	1	1	1	1	**D**

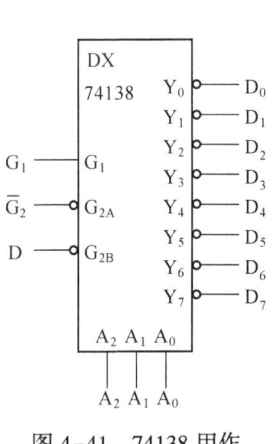

图 4-41 74138 用作 1 线—8 线数据分配器

工作原理：使能输入信号 G_1 和 $\overline{G}_2$ 不为 10 时（第 1、2 数据行），分配器不使能，数据输出端全部输出高电平 1；G_1 和 $\overline{G}_2$ 为 10 时，分配器使能工作，按地址输入将输入 D 分配到相应数据端输出。例如，第 3 数据行中地址为 $A_2A_1A_0 = 000$ 时：若数据输入 D = 0，译码器使能，Y_0 端反码输出的 $\overline{Y}_0$ 信号为 0；若数据输入 D = 1，译码器不使能，$\overline{Y}_0 \sim \overline{Y}_7$ 均为 0。可见，输出端 Y_0 输出的信号和输入信号 D 相同，从而实现数据分配的目的。

4. 应用举例

例 4-12 分析图 4-42 所示电路。

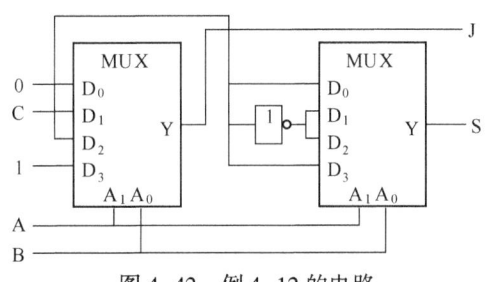

图 4-42 例 4-12 的电路

解 该电路由两个 4 选 1 数据选择器和一个非门组成。输入信号为 ABC，输出信号为 J 和 S。其中，AB 为数据选择器的地址端输入信号，C 为数据端输入信号。由 4 选 1 数据选择器的输出函数表达式 $Y = \sum m_i \cdot D_i$，可以写出 J 和 S 关于 ABC 的函数表达式。

$$J = \overline{AB} \cdot 0 + \overline{A}B \cdot C + A\overline{B} \cdot C + AB \cdot 1$$
$$= \overline{A}BC + A\overline{B}C + AB$$
$$= BC + AC + AB$$
$$S = \overline{A}\,\overline{B} \cdot C + \overline{A}B \cdot \overline{C} + A\overline{B} \cdot \overline{C} + AB \cdot C$$

$$= \overline{A}\overline{B}C + \overline{A}B\overline{C} + A\overline{B}\overline{C} + ABC$$
$$= A \oplus B \oplus C$$

由例 4-2 可知，本题中的电路可以实现 1 位二进制全加器的逻辑功能。其中，J 是进位输出，S 是本位和输出。通常，根据逻辑函数表达式很难直接看出函数的意义，需要进一步列出真值表或是画出波形图，通过输入变量和函数之间的取值关系判断电路的逻辑功能，如同例 4-1 和例 4-2，本题不再赘述。

采用数据选择器可以很方便地**实现逻辑函数**，基本方法可以有以下三种。

1）套公式法。将逻辑函数表达式变换为最小项表达式的变量形式；待地址变量确定后，根据数据选择器的输出函数表达式 $Y = \sum m_i \cdot D_i$，通过对应表达式的方式，确定输入数据变量。对完全描述函数来说，这是一种简单直接的实现方法。

2）真值表法。列出逻辑函数真值表，确定地址变量后，观察确定入数据变量。

3）降维卡诺图法。首先确定地址变量，然后地址变量单列，其他变量另列，画出卡诺图。在每一组地址内，化简得到对应数据端函数的最简表达式，这是一种很有效的方法。完全和非完全描述函数的实现都可以采用降维卡诺图法。

下面通过例 4-13 和例 4-14 的讲解过程，介绍套公式法和降维卡诺图法的应用。

例 4-13 试用 8 选 1 数据选择器 MUX，设计实现下面的逻辑函数：

$$F(A,B,C,D) = \sum m(0,5,7,9,14,15)$$

解 函数 F 没有约束条件，为完全描述函数，可以采用套公式法。先将函数 F 写成最小项表达式的变量形式，然后从 4 个自变量中选择 3 个作为 MUX 的地址变量（本例选 ABC，也可以选择 BCD，或者其他变量），并将表达式写成 MUX 输出函数的表达式形式。

$$F(A,B,C,D) = \overline{A}\overline{B}\overline{C}\overline{D} + \overline{A}B\overline{C}D + \overline{A}BCD + A\overline{B}\overline{C}D + AB\overline{C}\overline{D} + ABCD$$
$$= \overline{A}\overline{B}\overline{C} \cdot \overline{D} + \overline{A}B\overline{C} \cdot D + \overline{A}BC \cdot D + A\overline{B}\overline{C} \cdot D + AB\overline{C} \cdot \overline{D} + ABC \cdot D$$
$$= \overline{A}\overline{B}\overline{C} \cdot \overline{D} + \overline{A}B\overline{C} \cdot D + \overline{A}BC \cdot D + A\overline{B}\overline{C} \cdot D + AB\overline{C} \cdot \overline{D} + ABC \cdot 1$$

显然，当 MUX 的地址变量 $A_2A_1A_0 = ABC$ 时，输入数据端 $D_0 \sim D_7 = \overline{D}, 0, D, D, D, 0, 0, 1$。电路图如图 4-43 所示。

例 4-14 试用 8 选 1 数据选择器 MUX，设计实现下面的逻辑函数：

$$F(A,B,C,D) = \prod M(2,3,14) \cdot \prod \Phi(1,4,5,11,12,15)$$

解 函数 F 带有约束条件，不适合采用套公式法，本例采用降维卡诺图方法。首先确定 MUX 的地址输入变量 $A_2A_1A_0$，选择自变量 BCD（也可以选择 ABC，或者其他变量）；将 BCD 作为卡诺图中的一组变量；函数 F 中的其他变量作为另一组变量，画出卡诺图，如图 4-44a 所示。

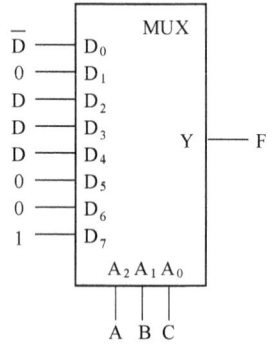

图 4-43 例 4-13 电路图

注意，自变量 BCD 用作数据选择器的地址变量，变量取值可以按自然二进制的递增顺序排列。化简应该在同一地址下进行，而不能跨越不同地址，化简沿变量 A 方向进行。例如，当 BCD = 000 时，对应方格的化简结果为 MUX 中 D_0 的输入信号；当 BCD 为其他取值时，对应的化简结果为相应数据输入的值。最后得到的电路如图 4-44b 所示。

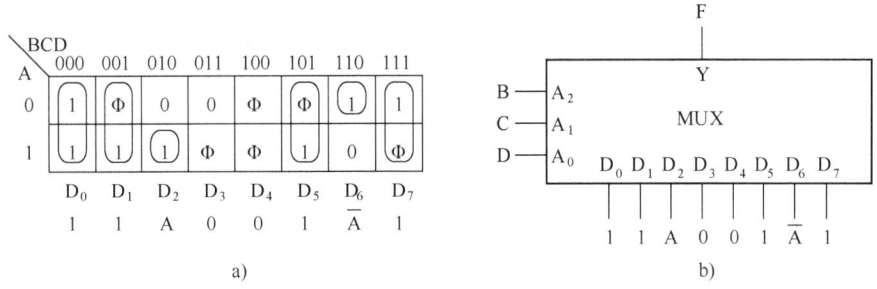

图 4-44 例 4-12 的降维卡诺图和电路图
a) 降维卡诺图 b) 电路图

4.6 中规模组合逻辑器件的应用

中规模组合逻辑器件有非常广泛的应用，如用于报警编码、模/数转换电路中的编码、驱动数码管的显示译码、实现逻辑函数、计算机外设控制的地址译码、存储器扩展后的片外地址译码、数据传输分接和复接等。

4.6.1 微控制器报警编码电路

利用编码器（如74LS148）可以设计实现 8 个化学罐液面的报警编码电路，如图 4-45 所示。若化学罐中任何一个的液面超过预定高度时，其液面检测传感器便输出一个低电平（0）到编码器的输入端，编码器输出 3 位二进制代码到微控制器。因此，通过编码器，微控制器就能利用 3 根输入线监控 8 个独立被测点。

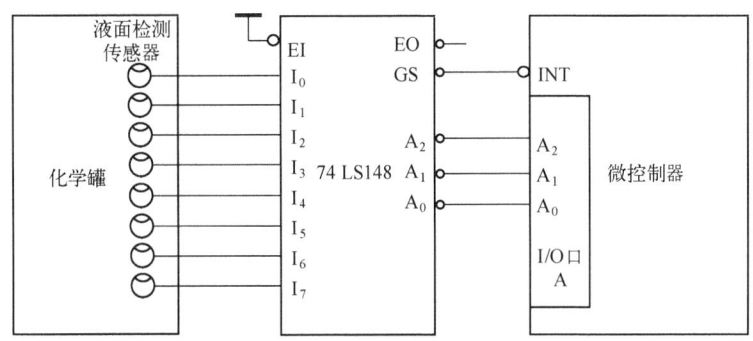

图 4-45 编码器在报警电路中的应用

其中，微控制器的输入输出接口 A（微控制器有多组通用输入输出引脚，即 I/O 口，如 A 口、B 口、C 口等，每组 I/O 口又有多个引脚，不同微控制器略有不同）接收编码后的报警代码。利用中断输入端口 INT 接收外部输入中断信号（$\overline{INT}$），低电平有效，接收警报信号为$\overline{GS}$，$\overline{GS}$信号是表示编码器有效编码输出的标志信号。只要有一个化学罐的液面高度超过警戒线，编码器就有一个输入信号有效，$\overline{GS}$输出为低电平，$\overline{INT}$输入有效，微控制器产生中断（外部输入中断信号$\overline{INT}$引起），运行中断处理程序执行相应操作，完成危情监测与警报处理。

4.6.2 模/数转换器中的编码电路

本书 7.3.2 节将介绍并行比较型模/数转换器，它由电阻分压器、电压比较器、寄存器和编码电路 4 部分构成，通过编码器最终实现模拟输入电压的数字化。其中，编码的基本原理与本节的介绍相同，关于模/数转换器应用中编码电路的具体工作详见 7.3.2 节。

4.6.3 七段显示译码

七段字符显示技术广泛应用于各类数字显示屏中，用于实现交通控制、仪器仪表监控、系统设备运行状态监控等。通过七个发光段的亮/灭组合，七段显示器能够实现十进制字符 0~9 和常用故障代码的显示。最常见的七段显示器由发光二极管（LED）或液晶显示器（LCD）构成，下面简单介绍 LED 七段显示器的原理结构，以及显示译码器的基本知识。

1. LED 七段显示器

LED 七段显示器由 7 段（命名为 a~g）长条形 LED 排列为数字形状，如图 4-46a 所示，通过点亮不同段 LED 使其显示不同的字符。7 段 LED 的连接主要采取共阴极或共阳极方式，如图 4-46b、c 所示。

图 4-46 LED 七段显示器
a) 字形结构 b) 共阴极连接 c) 共阳极连接

共阴极连接的七段显示器各段需要高电平驱动，即高电平有效；共阳极七段显示器的各段驱动电平则是低电平有效。

2. 七段显示译码器

七段显示器主要用于显示十进制字符 0~9，对七段显示器的显示控制是采用 a~g 七段显示码，而十进制数在数字系统中通常采用 8421 码表示。因此，需要将 8421 码变换为符合七段显示器字符格式的七段显示码，7448 就是专门用于实现这种转换的逻辑器件。

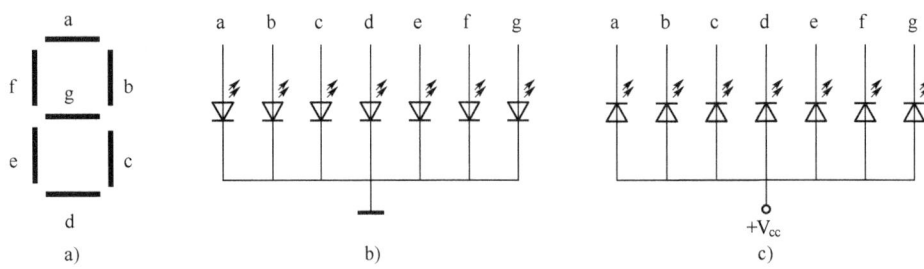

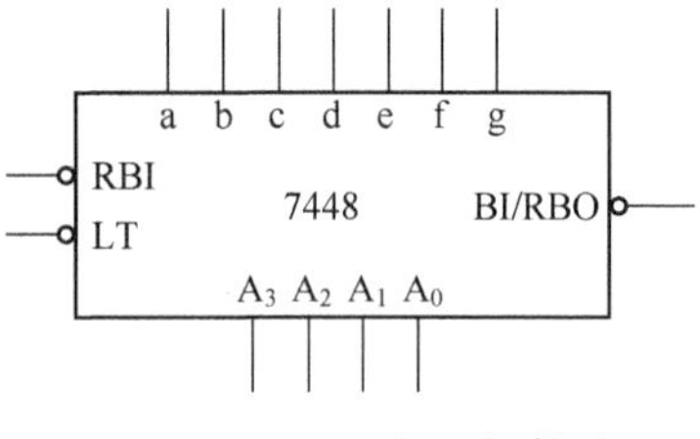

图 4-47 7448 的逻辑符号

7448 的逻辑符号如图 4-47 所示。8421 码由 $A_3 \sim A_0$ 输入，七段显示码由 a~g 输出，高电平有效，用于直接驱动共阴极七段 LED 显示器。7448 的控制端包括灭灯输入 $\overline{BI}$（Blanking Input）、试灯输入 $\overline{LT}$（Lamp Test）、灭 0 输入 $\overline{RBI}$（Ripple Blanking Input）和灭 0 输出 $\overline{RBO}$（Ripple Blanking Output），都是低电平有效，其中输入信号 $\overline{BI}$ 和输出信号 $\overline{RBO}$ 共用同一个引脚，表示为 $\overline{BI}/\overline{RBO}$。

7448 的功能表如表 4-19 所示。功能表中用逻辑值 0 和 1 代替了常用的逻辑电平 L 和 H，Φ 代替×，在正逻辑体制中，两者是等价的。7448 的功能分为字符显示、灭灯、灭 0 和试灯 4 种工作模式。字符显示模式（功能表第一列为 0~15 对应的 16 行）显示 16 种字符，其中输入为 0000~1001 时输出 8421 码对应的字符 0~9；输入 1010~1111 时输出特殊字符。灭灯模式就是强行熄灭所有 LED，只要 $\overline{BI}=0$ 就进入该模式（$\overline{BI}$ 优先级最高）。灭 0 模式用于多位显示时关闭有效位之外多余的 0 的显示。当 $\overline{BI}=1$，且 $\overline{LT}=0$ 时，工作于试灯模式，各段全亮，与数据输入无关，该模式用于检验 LED 是否正常。

表 4-19 7448 功能表

十进制数或功能	输入						$\overline{BI}/\overline{RBO}$	输出							显示字形
	$\overline{LT}$	$\overline{RBI}$	A_3	A_2	A_1	A_0		a	b	c	d	e	f	g	
0	1	1	0	0	0	0	1	1	1	1	1	1	1	0	0
1	1	Φ	0	0	0	1	1	0	1	1	0	0	0	0	1
2	1	Φ	0	0	1	0	1	1	1	0	1	1	0	1	2
3	1	Φ	0	0	1	1	1	1	1	1	1	0	0	1	3
4	1	Φ	0	1	0	0	1	0	1	1	0	0	1	1	4
5	1	Φ	0	1	0	1	1	1	0	1	1	0	1	1	5
6	1	Φ	0	1	1	0	1	0	0	1	1	1	1	1	6
7	1	Φ	0	1	1	1	1	1	1	1	0	0	0	0	7
8	1	Φ	1	0	0	0	1	1	1	1	1	1	1	1	8
9	1	Φ	1	0	0	1	1	1	1	1	0	0	1	1	9
10	1	Φ	1	0	1	0	1	0	0	0	1	1	0	1	c
11	1	Φ	1	0	1	1	1	0	0	1	1	0	0	1	⊃
12	1	Φ	1	1	0	0	1	0	1	0	0	0	1	1	u
13	1	Φ	1	1	0	1	1	1	0	0	1	0	1	1	c
14	1	Φ	1	1	1	0	1	0	0	0	1	1	1	1	t
15	1	Φ	1	1	1	1	1	0	0	0	0	0	0	0	(灭)
灭灯	Φ	Φ	Φ	Φ	Φ	Φ	0	0	0	0	0	0	0	0	(灭)
灭 0	1	0	0	0	0	0	0	0	0	0	0	0	0	0	(灭)
试灯	0	Φ	Φ	Φ	Φ	Φ	1	1	1	1	1	1	1	1	8

图 4-48 是利用 $\overline{RBI}$ 和 $\overline{RBO}$ 实现多位十进制数码显示器中熄灭多余 0 的电路。

电路中各 7448 芯片的 $\overline{BI}/\overline{RBO}$ 引脚用作 $\overline{RBO}$ 功能时，整数最高位和小数最低位的 $\overline{RBI}$ 输入 0，$\overline{RBO}$ 接入相邻位的 $\overline{RBI}$。当这两位输入的十进制数是 0 时，就不会显示，并通过 $\overline{RBO}$ 向相邻位的 $\overline{RBI}$ 送入 0，若相邻位输入数据也是 0，则也不会显示，依次类推。整数个位和小数十分位（小数点左右两位）不允许灭 0（$\overline{RBI}$ 输入 1），当输入的 8 位十进制数全是 0 时，显示值为 0.0。

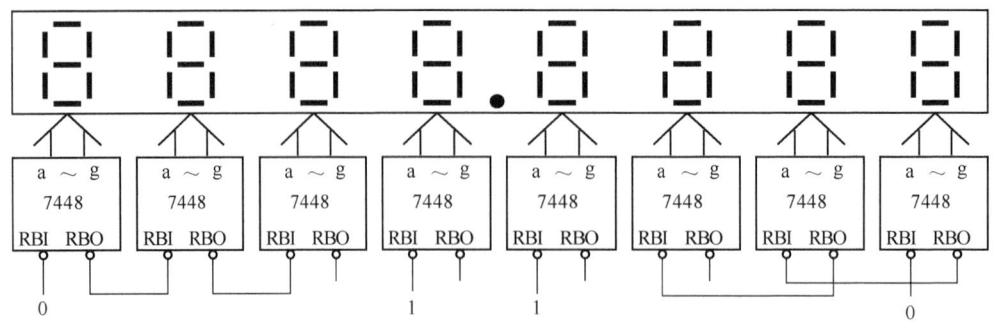

图 4-48 具有灭 0 效果的 8 位数码显示电路

4.6.4 地址译码

地址译码是计算机中一种典型应用,译码器最常见的应用之一就是地址译码。计算机中的众多设备采用总线结构相互连接,特定时刻由哪个设备占用总线由地址译码器的输出加以选择。

如图 4-49 所示,多个设备共用一组数据总线 DB(Data Bus),为了避免总线上的信号冲突,所有设备都以三态方式接入总线,各设备的数据输出通过使能信号 EN 加以控制,任何时刻最多只有一个设备输出使能。各设备的使能信号 EN 可以通过译码器产生,地址译码器通过对计算机地址总线 AB(Address Bus)的全部或部分地址线进行译码,产生不重叠的译码输出,作为各总线设备的使能信号。

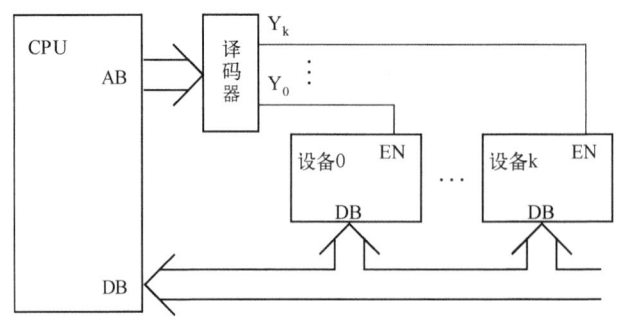

图 4-49 译码器在计算机中的典型应用

采用译码器实现地址译码在半导体存储器电路中也有广泛应用,如本书第 6 章中图 6-2 ROM 的基本结构、图 6-3 RAM 的基本结构,以及图 6-5 和图 6-6 半导体存储器容量扩展中的地址译码器应用。

———— 本 章 小 结 ————

集成逻辑门是组合逻辑电路的基本单元,加法器、数值比较器、编码器、译码器、数据选择器和数据分配器则是中规模组合逻辑器件的典型代表。本章重点介绍了这些常用器件的逻辑功能,以及相应组合逻辑电路的分析方法、设计方法;同时也介绍了集成逻辑门的内部结构、电气特性和几种特殊的输出结构,对于理解逻辑门的逻辑功能,以及正确使用逻辑门十分必要。

本章习题

4.1 已知 TTL 与非门参数：$U_{CC} = +5\,V$，$U_{OH} = 3.6\,V$，$U_{OL} = 0.4\,V$，$U_{OFF} = 1.1\,V$，$U_{ON} = 1.4\,V$，试计算该与非门的抗干扰容限 U_N。

4.2 已知 G_1 和 G_2 两个 TTL 与非门的关门电平 $U_{OFF1} = 0.8\,V$、$U_{OFF2} = 1.1\,V$，开门电平 $U_{ON1} = 1.8\,V$、$U_{ON2} = 1.3\,V$；它们输入的高低电平都相等，分别为 $U_{IL} = 0.3\,V$、$U_{IH} = 3.2\,V$，试判断这两个与非门哪一个抗干扰性能更优越。

4.3 已知 74S00 是 2 输入四与非门，$I_{OL} = 20\,mA$，$I_{OH} = 1\,mA$，$I_{IL} = 2\,mA$，$I_{IH} = 50\,\mu A$；7410 是 3 输入三与非门，$I_{OL} = 16\,mA$，$I_{OH} = 0.4\,mA$，$I_{IL} = 1.6\,mA$，$I_{IH} = 40\,\mu A$。试分别计算 74S00 和 7410 的扇出系数。理论上，一个 74S00 逻辑门的输出端，最多可以驱动几个 7410 逻辑门？一个 7410 逻辑门的输出端，最多可以驱动几个 74S00 逻辑门？

4.4 题图 4-1 为三态非门构成的电路。试根据电路结构和题表 4-1 中的输入条件，写出函数 F 的值。

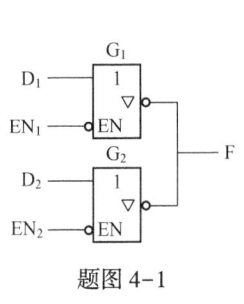

题图 4-1

题表 4-1

EN_1	D_1	EN_2	D_2	F
0	0	1	1	
0	1	1	0	
1	0	0	0	
1	0	0	1	
1	1	0	1	
1	1	1	0	

4.5 CMOS 逻辑门电路如题图 4-2 所示，写出输出函数 Z 的表达式。

4.6 题图 4-3 为 TTL 逻辑门组成的电路。试写出函数 F 的表达式，并填写题表 4-2。

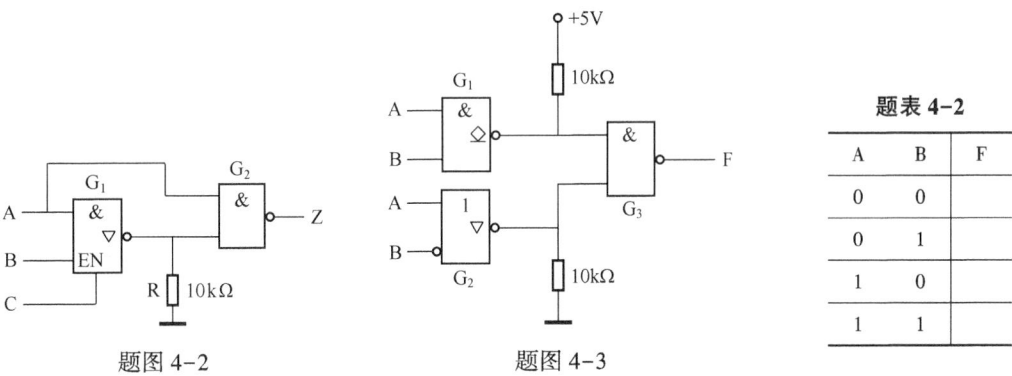

题图 4-2　　　　题图 4-3

题表 4-2

A	B	F
0	0	
0	1	
1	0	
1	1	

4.7 题图 4-4 所示电路为发光二极管（LED）驱动电路。逻辑门输出的低电平为 $U_{OL} = 0.3\,V$，输出低电平时的最大负载电流 $I_{OL} = 16\,mA$；发光二极管的导通电压 $U_D = 1.5\,V$，发光时电流 I_D 的正常范围为 10~15 mA。试问：输入变量 A、B 取什么值时，发光二极管会

亮？确定电阻 R_L 的取值范围。

4.8 题图 4-5 电路中输入信号为两个 4 位二进制数 $X_3X_2X_1X_0$ 和 $Y_3Y_2Y_1Y_0$，分析电路功能。

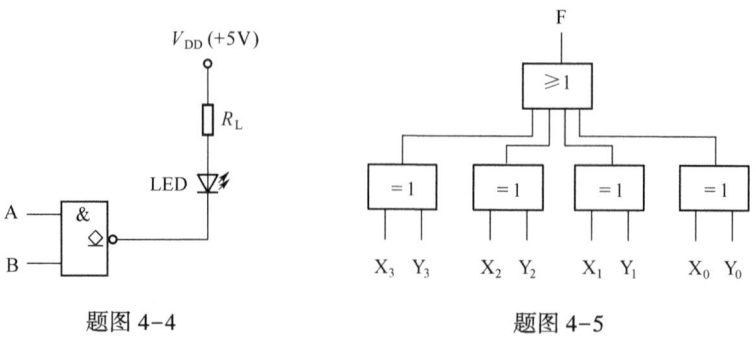

题图 4-4　　　　　　　　题图 4-5

4.9 分析题图 4-6 所示电路，写出输出函数表达式，列出真值表，说明电路的逻辑功能。

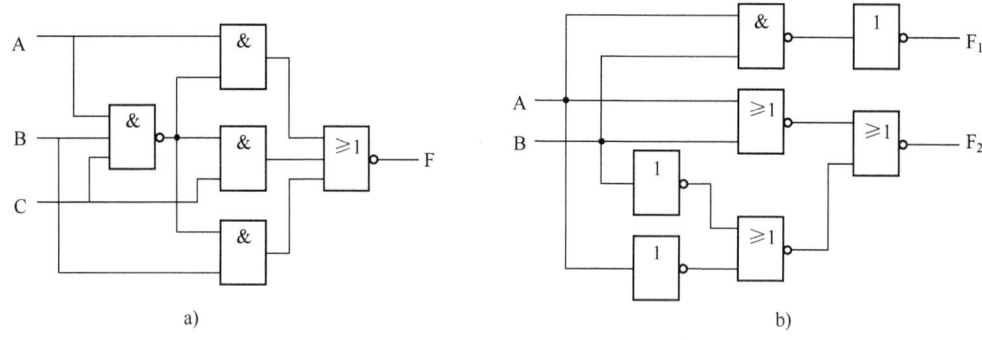

题图 4-6

4.10 分析题图 4-7 所示电路，写出 X 和 Y 的表达式，列出真值表，说明电路功能。

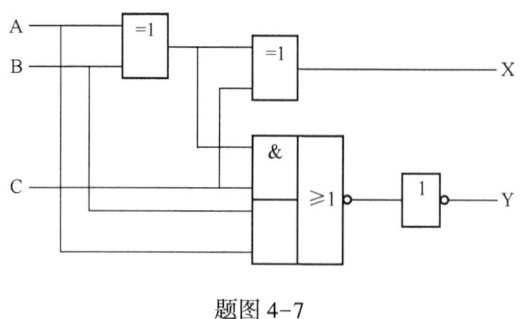

题图 4-7

4.11 改用最少的与非门实现题图 4-8 所示电路的功能（允许反变量输入）。

4.12 由 4 位二进制数全加器 7483 构成的组合逻辑电路题图 4-9 所示。已知输入 ABCD 为余 3 码，分析电路功能。

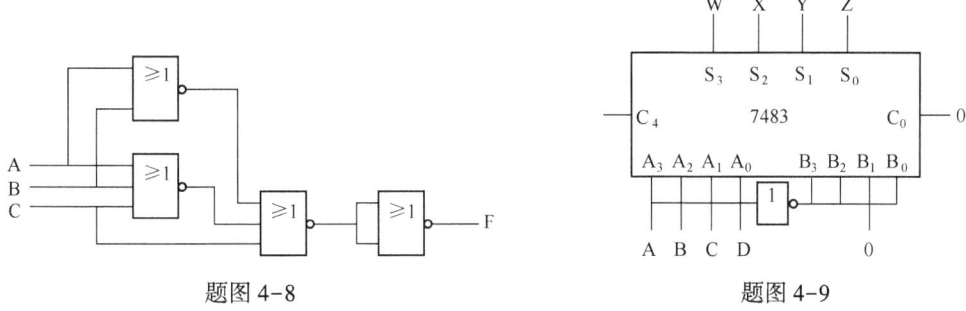

题图 4-8　　　　　　　　　题图 4-9

4.13 分析题图 4-10 所示电路，已知输入 ABCD 为 8421 码。根据电路和输入条件，填写题表 4-3，说明电路逻辑功能。

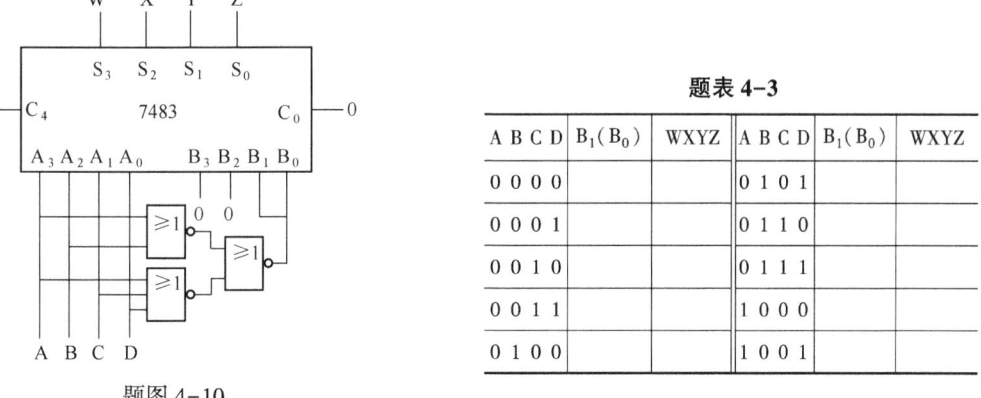

题图 4-10

题表 4-3

A B C D	$B_1(B_0)$	WXYZ	A B C D	$B_1(B_0)$	WXYZ
0 0 0 0			0 1 0 1		
0 0 0 1			0 1 1 0		
0 0 1 0			0 1 1 1		
0 0 1 1			1 0 0 0		
0 1 0 0			1 0 0 1		

4.14 用一片 7483 和尽量少的逻辑门，设计 5421 码到 8421 码的 BCD 码转换电路。

4.15 某 4 线—2 线编码器，I_0、I_1、I_2、I_3 为编码器输入信号，Y_1、Y_0 为编码器输出信号。编码器的输入、输出均为高电平有效，完成题表 4-4。

4.16 采用共阴极数码管的译码显示电路如题图 4-11 所示，若要显示数码 6，则译码器 T337 输出端 abcdefg 是什么？

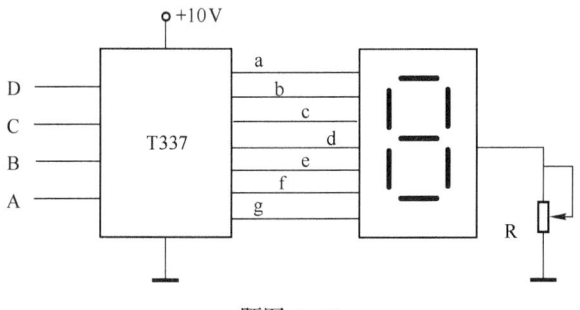

题图 4-11

题表 4-4

输　　入				输　出	
I_0	I_1	I_2	I_3	Y_1	Y_0
1	0	0	0		
0	1	0	0		
0	0	1	0		
0	0	0	1		

4.17 采用74138构成的组合逻辑电路如题图4-12所示。试写出输出 X 和 Y 的函数表达式，列出其真值表，说明电路的逻辑功能。

4.18 采用8选1数据选择器74151芯片，构成题图4-13所示电路，求输出函数 F(D, C, B, A)的最大项之积的表示形式。

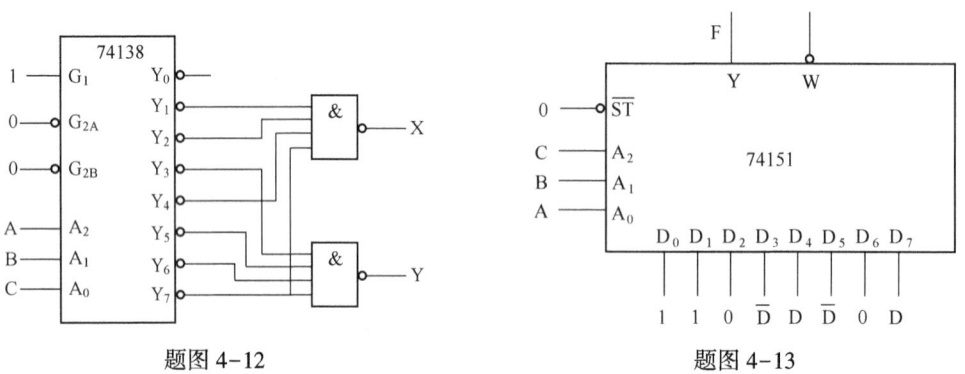

题图 4-12 　　　　　　　　　　　题图 4-13

4.19 用与非门设计一个监视交通信号灯工作状态的逻辑电路。每一组信号由红、黄、绿三盏灯组成。正常工作情况下，任何时刻必有一盏且只能一盏灯点亮。其他情况都是故障，要求发出故障信号，以提醒维护人员前去修理。要求写出完整设计过程。试用与非门实现该电路功能，写出完整的设计过程，并要求电路最简。

4.20 旅客列车分特快（A）、直快（B）和慢车（C），它们的优先顺序依次为特快、直快、慢车，同一时间内只能有一种列车从车站开出，即只能给出一个开车信号。

（1）试用与非门实现该电路功能，写出完整的设计过程，并要求电路最简。

（2）试用3线—8线译码器74LS138设计一个满足上述要求的排队电路，允许附加必要的门电路，画出电路连线图。

4.21 已知逻辑函数 F(A,B,C,D) = Σm(0,1,2,5,7,8,10) + ΣΦ(3,9,15)。采用4选1选择器设计电路实现该函数，写出设计过程，画出电路图。

4.22 某电子锁有 A、B、C 三个按键，只有当 A、C 两键同时按下时，或 B、C 两键同时按下时，或 A、B、C 三个键同时按下时，密码锁才打开；如果按错键，则将发出报警信号。设计一个密码锁控制电路，用与非门实现。（提示：如果不按键，电路既不开锁也不报警。）

4.23 设计一个组合电路，有4个输入逻辑变量 A、B、C、D 和1个输出变量 F，其中 A 为工作状态控制变量，当 A=0 时电路实现"意见一致"功能，即 B、C、D 取值一致时，输出 F 为 1，否则为 0）；A=1 时电路实现"多数表决"功能，即输出 F 与 B、C、D 中多数取值一致。试写出函数 F 的最小项表达式，列出真值表，并用74151和必要的逻辑门实现该函数（无反变量输入）。

---------- 本 章 自 测 ----------

一、填空题

1. 在 TTL、CMOS 和 ECL 三种门电路中，（　　　）门的速度最快、（　　　）门的功耗最低、（　　　）门的抗干扰能力最强。

2. 已知某逻辑门的参数 $U_{OH}=3.6\,V$，$U_{OL}=0.4\,V$，$U_{OFF}=1.1\,V$，$U_{ON}=1.8\,V$，求该逻辑门的低电平噪声容限 U_{NL} 为（　　　　）。

3. 某 TTL 反相器的电流参数为 $I_{IH}=20\,\mu A$，$I_{IL}=-1.4\,mA$，$I_{OH}=-400\,\mu A$，$I_{OL}=14\,mA$，求该器件的扇出系数为（　　　　）。

4. TTL 或非门、TTL 与非门、CMOS 与非门中，使用时（　　　　）的多余输入端可以悬空，（　　　　）的多余输入端可以接地。

5. 两个逻辑变量 A 和 B 可以构成（　　　　）个最小项，分别是（　　　　）。

6. 题图 4-14 所示电路的输出表达式是 $G(A,B,C)=\Sigma m(\qquad)$。

7. 某地址译码电路如题图 4-15 所示。当输入地址变量 $A_7\sim A_0$ 的状态为（　　　　）时，$\overline{Y_6}$ 才为低电平（被译中）。

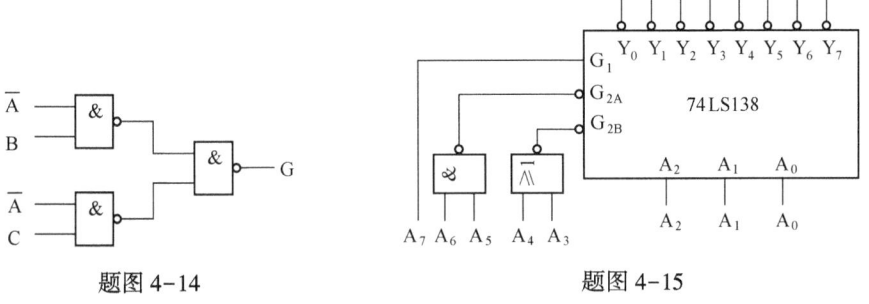

题图 4-14　　　　　　　　　　题图 4-15

二、选择题

1. 能实现"线与"逻辑功能的门为（　　），能用于总线连接的门为（　　）。
A. TTL 三态门　　　B. OC 门　　　C. 与非门　　　D. 或非门

2. 三态与非门的三个输出状态分别是高电平、低电平和（　　）状态。
A. 不定　　　B. 接地　　　C. 接电源　　　D. 高阻

3. 下图所示电路，当 E_1、E_2 及 E_3 波形如题图 4-16 所示时，输出 F 的序列是（　　）。
A. 10101　　　B. 11011　　　C. 01110　　　D. 11001

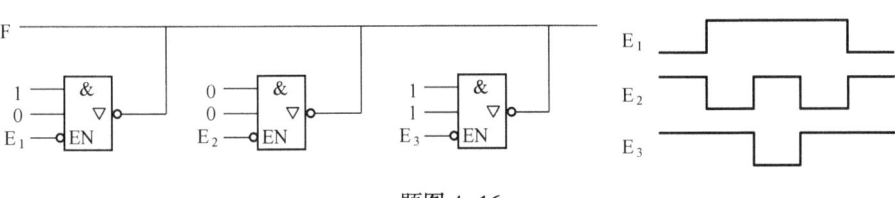

题图 4-16

4. 题图 4-17 电路中，发光二极管（LED）的正向导通电压降约为 $1.0\,V$，正向电流为 $8\sim10\,mA$ 时可以正常发光。设非门输出的高电平约为 $5\,V$，输出电流小于 $2\,mA$；输出的低电平约为 $0\,V$，输出电流小于 $14\,mA$。则限流电阻 R 的值应选择（　　）。

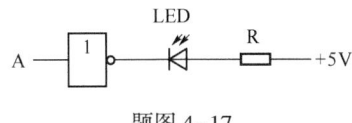

题图 4-17

A. 450 Ω   B. 300 Ω   C. 600 Ω   D. 900 Ω

5. 实现两个 4 位二进制数相乘的组合电路，应有（   ）个输出函数。

A. 8   B. 9   C. 10   D. 11

6. 下列表达式中不存在竞争冒险的是（   ）。

A. $F=A\bar{B}+B$ B. $F=AB+\bar{B}C$ C. $F=AB\bar{C}+AB$ D. $F=(A+\bar{B})B$

7. 下列逻辑门中，常用于计算机"总线传输"的逻辑门是（   ）。

A. 与非门   B. 或非门   C. OC 门   D. 三态门

8. 下列（   ）输出不允许并联使用。

A. 典型 TTL 门   B. OC 门   C. OD 门   D. 三态门

9. 下列说法错误的是（   ）。

A. 译码器的作用就是将输入的代码译成特定信号输出。

B. 二进制译码器相当于是一个最小项发生器，便于实现组合逻辑电路。

C. 一位 BCD 码译码器的数据输入线与译码输出线的组合是 4:10。

D. 数据选择器和数据分配器的功能正好相反，互为逆过程。

三、分析设计题

1. TTL 电路如题图 4-18 所示，判断各电路是否能实现对应的逻辑关系。将其中不能实现的电路改正，以符合各逻辑表达式。

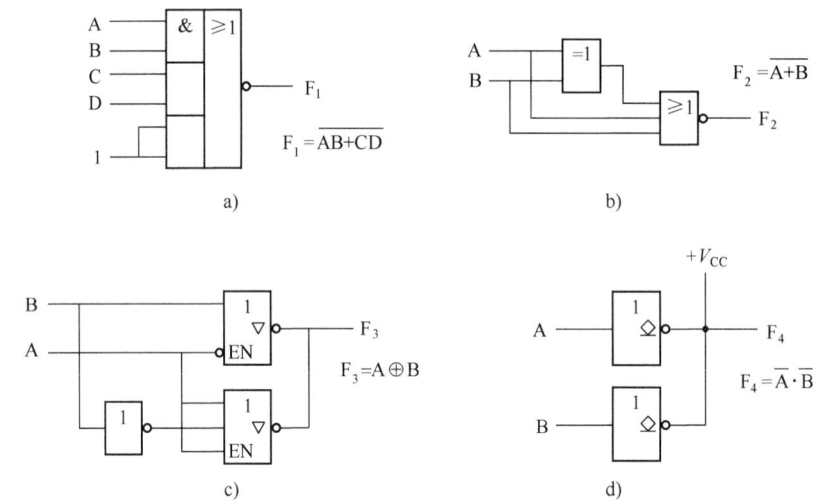

题图 4-18

2. 某工厂有 4 个股东，分别拥有 40%、30%、20% 和 10% 的股份。一个议案要获得通过，必须至少有超过一半股权的股东投赞成票。试设计该厂股东对议案进行表决的电路，要求定义相关变量，列出真值表，求出最简与或式。

第 5 章 时序逻辑电路

● —— 内 容 提 要 —— ●

前面章节中提到数字电路可以分为两大类：组合逻辑电路和时序逻辑电路，并系统地讲述了组合逻辑电路，本章主要介绍时序逻辑电路。时序逻辑电路的输出不仅取决于当前的输入，也取决于过去任意时刻的输入，即时序逻辑电路具有电路的工作状态存储和记忆功能，与组合逻辑电路相比，这种功能特点满足更多的实际应用中的需求。本章重点介绍时序逻辑电路的基本概念、基本器件、典型电路以及电路分析与设计的基本方法。

● —— 知 识 图 谱 —— ●

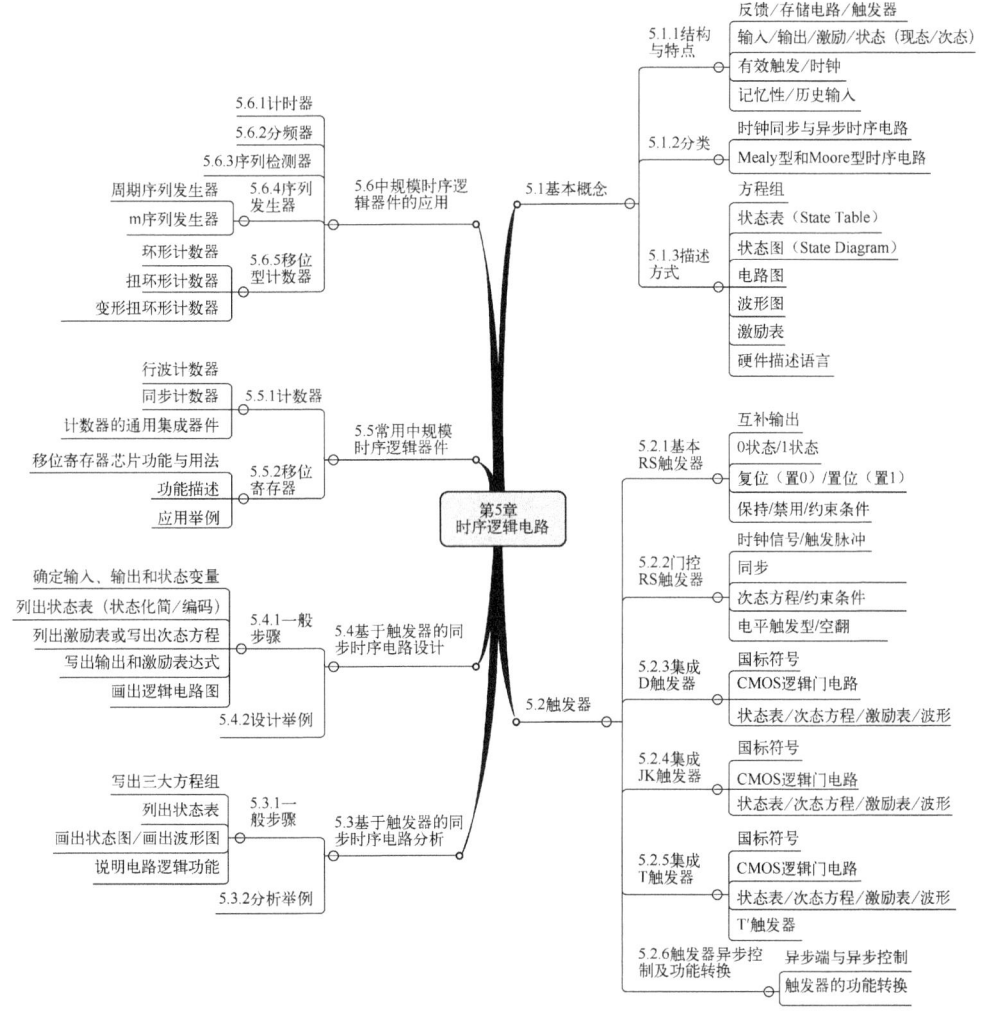

5.1 时序逻辑电路的基本概念

5.1.1 时序逻辑电路的结构与特点

时序逻辑电路的一般结构如图 5-1 所示。在组合逻辑电路的基础之上，引入反馈通道，以存储电路（由触发器[一]构成）为核心，从而具有工作状态存储和记忆的功能。

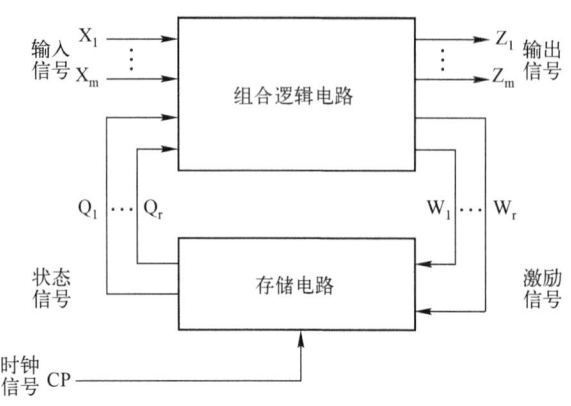

图 5-1 时序逻辑电路的一般结构

图 5-1 所示时序逻辑电路中的信号说明：

1) 外部输入 X（$X_1 \sim X_m$）。时序电路能够接收的 n 个外部输入信号。

2) 状态 Q（$Q_1 \sim Q_r$）。由 r 个触发器构成的存储器，实现对电路工作状态的存储，输出 $Q_1 \sim Q_r$ 称为状态信号变量，具有 2^r 种不同状态。

时序逻辑电路的状态（state）是一个状态变量集合，这些状态变量在任意时刻的值都包含了为确定电路的未来行为而必须考虑的所有历史信息。

3) 激励 W（$W_1 \sim W_r$）。存储器的输入称为激励信号，由输入和状态决定。

4) 外部输出 Z（$Z_1 \sim Z_m$）。时序逻辑电路对外输出 m 个信号，对整个时序逻辑电路来说作为内部输入，和外部输入信号一起，通过组合逻辑运算决定电路的对外输出。

除此之外，在时序逻辑电路中，对存储电路来说还有一个十分重要的输入信号，称为**时钟脉冲信号**[二]（**Clock Pulse，CP**），简称时钟，也称作节拍。存储电路的输出状态 Q 在时刻上的先后顺序上分为现态（Q^n）和次态（Q^{n+1}），时刻由时钟决定。在时钟有效[三]（称为触发）时，存储的状态发生转变，触发前后分别为存储的现态 Q^n 和即将存储的次态 Q^{n+1}。时钟的触发控制作用使得时序逻辑电路具有随时钟而有序变化的特点。

    ㊀ 触发器。能够输出稳定状态的存储器件，大多数应用设计中使用上升沿触发的 D 触发器（5.2.3 节中重点介绍）。

    ㊁ 时钟脉冲，又称触发脉冲，一般为周期性矩形脉冲信号，在实际应用时也可以是非周期性的正脉冲或负脉冲，由高电平、低电平、上升沿和下降沿组成。典型数字系统（从电子表到计算机）都采用稳定度较高的石英晶体振荡器，来产生周期性时钟脉冲信号，时钟的频率范围也从 kHz（如 32.768 kHz 用于电子表）到 GHz（如 4 GHz 用于周期时间为 250 ps 的 CMOS 微处理器）。

    ㊂ 时钟脉冲有效（触发）可以是高电平或低电平期间，而更多的是上升沿或下降沿。

5.1.2 时序逻辑电路的分类

可以按照构成存储电路的全部触发器的时钟输入方式（决定所有触发器的状态转换是否同步），或依据电路对外输出方式的不同，对时序逻辑电路进行分类。

1. 时钟同步与异步时序电路

时钟同步时序电路（Synchronous Sequential Circuit），简称同步时序电路，是指构成存储电路的所有触发器使用同一个时钟输入，触发器的状态转变发生在同一个时钟触发时刻；而异步时序电路（Asynchronous Sequential Circuit）则是指没有时钟，或没有统一时钟，各触发器的状态变化不同步。

理论与实践表明，因为工作速度快、可靠性高、分析与设计的方法更简单，同步时序电路应用更为广泛。本书主要介绍同步时序电路，仅在 5.5.1 节触发器构成行波计数器时简要介绍异步时序电路的结构与工作特点。

2. Mealy 型和 Moore 型时序电路

Mealy 型（米里型）时序电路的输出逻辑直接取决于存储状态（Q^n）和外部输入（X^n），而如果输出逻辑只是存储状态（Q^n）的函数，则为 Moore 型（摩尔型）时序电路，它们在时序电路机构模型的差别也主要体现在这一方面，如图 5-2 和图 5-3 所示。

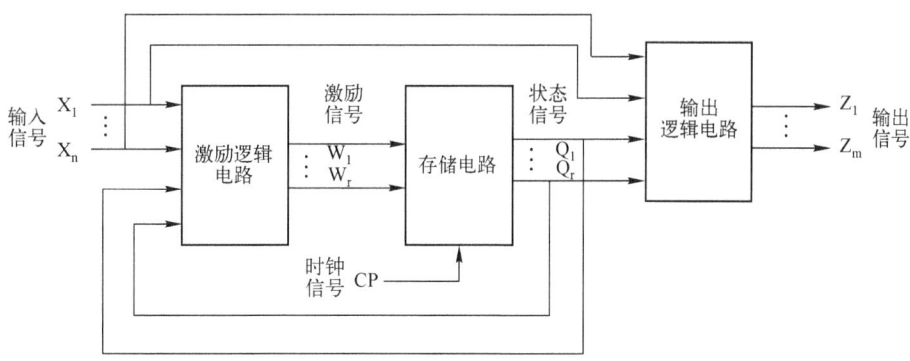

图 5-2 Mealy 型时序电路结构

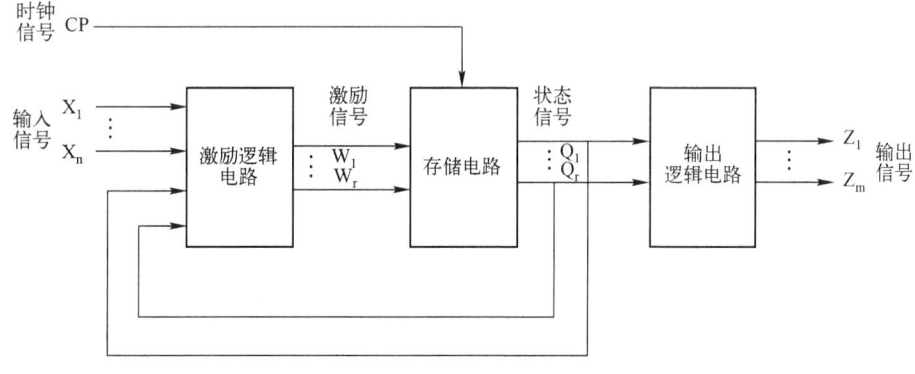

图 5-3 Moore 型时序电路结构

在设计时序电路时，两种类型没有本质区别，只不过 Moore 型的输出逻辑电路比

Mealy 型更为简单。然而，实际上，更多的设计会选择 Mealy 型，主要原因在于 Moore 型电路一般会比 Mealy 型电路需要更多的触发器。在本书中，不会专门针对其中一种类型进行设计。

5.1.3 时序逻辑电路的描述方式

组合逻辑电路的描述可以采用真值表、表达式、电路图、波形图、硬件描述语言（VHDL 或 Verilog HDL）等。同样，时序逻辑电路的描述也有相应的众多方法可采用，如方程组、状态转换表、状态转换图、工作波形图、电路图、硬件描述语言等。

1. 方程组

时序逻辑电路有 4 类信号：输入、输出、激励、状态，需要建立 3 个方程组才能完全描述信号之间的关系，体现电路的逻辑功能与时序关系。Mealy 型和 Moore 型时序电路的方程组如表 5-1 所示。

表 5-1 Mealy 型和 Moore 型时序电路的方程组

	Mealy 型	Moore 型	说明
输出方程组	$Z_i^n = F_i(X_1^n, \cdots, X_n^n; Q_1^n, \cdots, Q_r^n)$ $i = 1, \cdots, m$	$Z_i^n = F_i(Q_1^n, \cdots, Q_r^n)$ $i = 1, \cdots, m$	输出的依从关系不同
激励方程组	$W_j^n = G_j(X_1^n, \cdots, X_n^n; Q_1^n, \cdots, Q_r^n)$ $j = 1, \cdots, r;$	$W_j^n = G_j(X_1^n, \cdots, X_n^n; Q_1^n, \cdots, Q_r^n)$ $j = 1, \cdots, r;$	相同
次态方程组	$Q_j^{n+1} = H_j(Q_j^n; W_j^n)$ $j = 1, \cdots, r;$	$Q_j^{n+1} = H_j(Q_j^n; W_j^n)$ $j = 1, \cdots, r;$	相同

三个方程组的意义为：输出方程组表明时序逻辑电路的输出由输入和现态（或只有现态）逻辑运算确定；激励方程组表明存储器件的输入由输入和现态确定；次态方程组表明时序电路的次态由已知的现态和激励来确定。

进行时序电路分析时，通过确定电路的次态函数和输出函数，实现对电路行为特性的预测。而进行时序电路设计时，则通过确定电路的激励函数和输出函数，实现电路的信号连接。

2. 状态表（State Table）

状态表，全称状态转换表，以一种直观的方式描述了时序逻辑电路的状态转换关系和输入输出关系。举例说明：某时序电路具有 1101 序列检测功能，其 Mealy 型时序电路的状态表如表 5-2 所示。按照状态表的一般画法，左侧列出状态变量的全部取值（现态），上边列出输入的全部取值，表栏中（灰色区域）则列出电路的次态和输出。

表 5-2 的正确读法为：若电路现态为 S_0（记为 t^n 时刻），输入 1 时，则电路输出 0（t^n 时刻），次态为 S_1（t^{n+1} 时刻），当时钟有效触发时，电路转换至 S_1 状态（即 S_1 由次态变为现态）。因此，电路连续输入 1101 时，电路的状态变化依次为 $S_0 \rightarrow S_1 \rightarrow S_2 \rightarrow S_3 \rightarrow S_1$，电路在连续输入 110 时到达 S_3 状态，再次输入 1 时输出 1，表示检测到 4 位连续输入序列 1101。

同样，该1101序列检测器也可以设计为Moore型时序电路，其状态表如表5-3所示。区别在于，表栏中（灰色区域）只有次态，输出单独列于右侧。当电路现态为S_0时，若电路输出0、输入1则次态确定为S_1，时钟有效触发时，电路转换至S_1状态，电路输出0。因此，电路连续输入1101时，电路的状态变化为$S_0 \rightarrow S_1 \rightarrow S_2 \rightarrow S_3 \rightarrow S_4$，$S_4$状态表示检测到4位连续输入序列1101，电路输出1。

表5-3表明，对于同一个时序逻辑功能而言，Moore型电路输出简单，但是状态（对应触发器）增多。

表5-2 某1101序列检测器的状态表（Mealy型）

S^n \ X^n	0	1
S_0	$S_0/0$	$S_1/0$
S_1	$S_0/0$	$S_2/0$
S_2	$S_3/0$	$S_2/0$
S_3	$S_0/0$	$S_1/1$

S^{n+1}/Z^n

表5-3 某1101序列检测器的状态表（Moore型）

S^n	X^n		Z^n
	0	1	
S_0	S_0	S_1	0
S_1	S_0	S_2	0
S_2	S_3	S_2	0
S_3	S_0	S_4	0
S_4	S_0	S_2	1

S^{n+1}

3. 状态图（State Diagram）

状态图，全称状态转换图，以图形方式表示出状态转换关系和输入输出关系。表5-3所示1101序列检测器可以很方便地转换为状态图，如图5-4a、b所示。

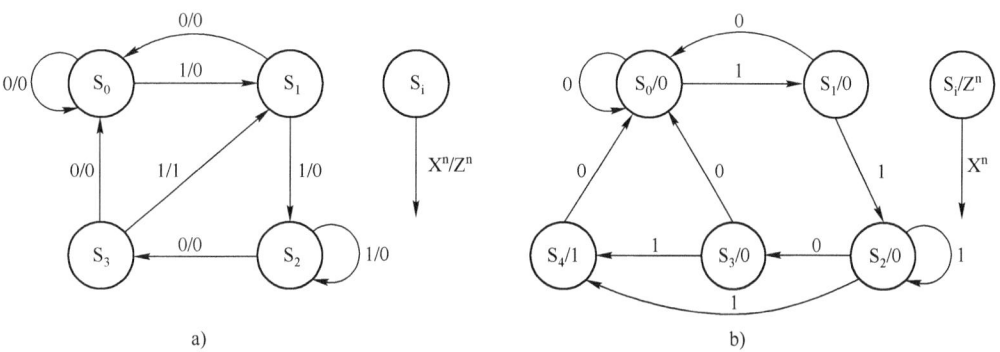

图5-4 某1101序列检测器的状态图
a) Mealy型　b) Moore型

当然，时序电路的描述还有电路图、波形图、硬件描述语言，甚至真值表、激励表等，这些描述方法会在本书电路分析与设计过程中介绍给各位读者。

此外，关于时序电路的存储器件，也有国内外的教材中对触发器与锁存器进行了概念与功能上的区分，本书不做说明，仅作为触发器类型的一种加以介绍。

5.2 时序逻辑电路的基本单元——触发器

触发器（Flip-Flop，FF）是时序逻辑电路中最基本和最常用的存储器件，能够输出两种稳定的状态（0和1），因此被称为双稳态器件。本节对触发器的功能描述主要采用功能表、状态转换表、状态转换图、特征方程、波形图和激励表。

*5.2.1 基本RS触发器

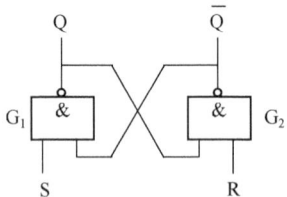

图5-5 两个与非门构成的基本RS触发器

基本RS触发器是触发器中构造最为简单的一种，也是集成触发器的核心，它可以由两个逻辑门交叉耦合构成，图5-5为两个与非门构成的基本RS触发器。

该触发器有两个输入信号R和S（称为激励信号），一对互补输出信号Q和$\overline{Q}$。将$Q=0$（$\overline{Q}=1$）称为触发器的**0状态**、$Q=1$（$\overline{Q}=0$）为**1状态**。表5-4和表5-5分别为RS触发器的真值表和状态表。

表5-4 RS触发器的真值表

R^n	S^n	Q^{n+1}	功能说明
0	0	Φ	禁止输入
0	1	0	复位（置0）
1	0	1	置位（置1）
1	1	Q^n	状态保持

表5-5 RS触发器的状态表

Q^n \ $R^n S^n$	00	01	10	11
0	Φ	0	1	0
1	Φ	0	1	1

Q^{n+1}

RS触发器的功能原理分析

RS=01时：G_2门先稳定输出1（$\overline{Q}=1$），G_1门随后稳定输出0（$Q=0$），即此时触发器处于0状态。RS=01称为复位（置0）操作。

RS=10时：G_1门先稳定输出1（$Q=1$），G_2门随后稳定输出0（$\overline{Q}=0$），即此时触发器处于1状态。RS=10称为置位（置1）操作。

RS=11时：由与非门的输入可知，G_1、G_2门的稳定输出由Q^n和$\overline{Q^n}$（即触发器原状态）决定。若Q^n是0，则新状态仍为0；若Q^n是1，则新状态仍为1。RS=11称为保持操作⊖。

RS=00时：G_1、G_2门的稳定输出均为1，这违背了触发器的互补输出原则。还有一种特殊的情况是，当RS的输入由00变为11时，新状态可能出现不确定⊖，这违背了电路设计的确定性原则。因此，RS=00为禁止输入。

综上所述，基本RS触发器具有两个稳定状态⊖：0和1，可以执行**复位**（置0）操作，或者**置位**（置1）操作，以及保持原态操作。输入端S称为置位端（Set），R称为复位端（Reset），均为低电平有效，两者地位相同，任何时刻只有一个有效。

图5-6是在一组R、S信号作用下，基本RS触发器的状态（输出）波形。读者可以根

⊖ 由于电路中存在正反馈，触发器在RS输入11时状态输出可能是0，也可能是1，这与组合电路不同，第2章组合电路真值表表明：组合电路在任一输入取值下有唯一确定的输出。

⊖ 若G_1和G_2门速度相同，则输出同时变为0，反馈后G1和G_2门再次输出1，出现振荡；若G_1和G_2门速度不同，则速度快的门决定触发器的输出，后文不再赘述，读者可以自由假设。

⊖ 稳定状态是指当输入信号为无效电平时（基本RS触发器是RS=11），触发器的状态稳定不变。

据上面的分析，观察不同输入时触发器状态（输出）变化情况。

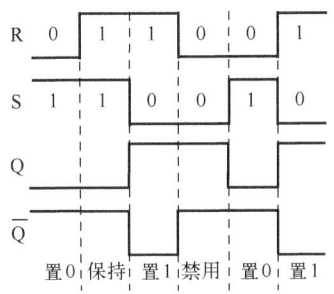

图 5-6 基本 RS 触发器的工作波形图

此外，基本 RS 触发器也可以由两个或非门交叉耦合构成，请读者自行画出其电路组成和逻辑符号，并列出真值表，分析触发器的基本功能。

*5.2.2 同步 RS 触发器

与非门构造的基本 RS 触发器具有直接置位和复位的特点，一旦 R 或 S 为低电平，触发器的状态立即相应变化。在实际应用中，通常要求触发器的状态变化受外部时钟控制，以便整个电路或系统按一定节拍工作。同步 RS 触发器就是符合这种要求的基本电路，其电路如图 5-7 所示，时钟 CP（Clock Pulse）即为前文所述时钟脉冲信号。

时钟 CP 的作用分析：当 CP 为低电平时，与非门 G_3、G_4 关闭，固定输出高电平，输入的激励信号 S 和 R 失去作用，与非门 G_1、G_2 构成的基本 RS 触发器保持原状态不变；当 CP 为高电平时，G_3、G_4 的输出则分别为 $\overline{S}$ 和 $\overline{R}$，作用在基本 RS 触发器上，使基本 RS 触发器的状态随输入信号 S 和 R 变化。

由此可见，同步 RS 触发器的状态转换由激励信号 R、S 和时钟信号 CP 控制，其中 R、S 控制状态转换的方向，即输入 R、S 决定触发器的新状态是什么；CP 控制状态转换的时刻，即触发器何时发生状态转换由 CP 决定。从时钟 CP 的控制特性上来看，同步 RS 触发器属于**电平触发型**，在 CP 的高电平期间，激励信号 R、S 起作用；而在 CP 的低电平期间，激励信号 R、S 不起作用。

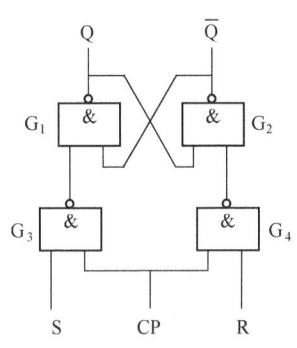

图 5-7 同步 RS 触发器

同步 RS 触发器的真值表如表 5-6 所示。其中 R^n、S^n 表示第 n 个时钟脉冲（泛指 CP 端的某个脉冲信号）到来时的输入值。Q^n 表示第 n 个时钟脉冲到来之前触发器的状态（即**现态**，也称为**原状态**）。Q^{n+1} 表示第 n 个时钟脉冲作用后电路的新状态（即**次态**），显然，Q^{n+1} 是 R^n、S^n 和 Q^n 的函数。触发器在函数关系上具有组合电路没有的特点，电路的新状态 Q^{n+1} 不仅是输入变量 R^n 和 S^n 的函数，也是状态变量 Q^n 的函数。存储状态作为输入加入电路能够丰富逻辑函数的变化，使得包含触发器的时序电路可以实现远比组合电路更强大的功能。

相比真值表，状态表和状态图更适合用来描述时序电路中自变量与函数之间的逻辑关系和时序关系。表 5-7 是同步 RS 触发器的状态表，在状态表中，输入变量和变量的逻辑值在表格顶部排成一行，状态变量值在表格左边排成一列，表格内填入相应的次态函数值。若将状态表中 R"S" 的取值按循环码排列，就构成了 Q^{n+1} 的卡诺图，化简求出 Q^{n+1} 的最简与或式，就得到了反映该触发器状态转换规律的表达式——**次态方程**（也称为**特征方程**）（式 5-1），将状态表中的任意项用表达式表示，就是次态方程中输入变量的约束条件，即对变量 R、S 的约束（式 5-2）。

$$Q^{n+1} = S^n + \overline{R^n} Q^n \qquad (5-1)$$

$$约束条件: S^n R^n = 0 \qquad (5-2)$$

表 5-6 同步 RS 触发器的真值表

R^n	S^n	Q^{n+1}	功能说明
0	0	Q^n	状态保持
0	1	1	置位（置1）
1	0	0	复位（置0）
1	1	Φ	禁止输入

表 5-7 同步 RS 触发器的状态表

Q^n \ $R^n S^n$	00	01	10	11
0	0	1	0	Φ
1	1	1	0	Φ

同步 RS 触发器的工作波形图如图 5-8 所示。注意，在时钟 CP 的整个高电平期间，触发器都为有效触发，其状态都将随 R、S 信号的变化而改变；在时钟 CP 的整个低电平期间，触发器都不触发，状态不随 R、S 信号变化。

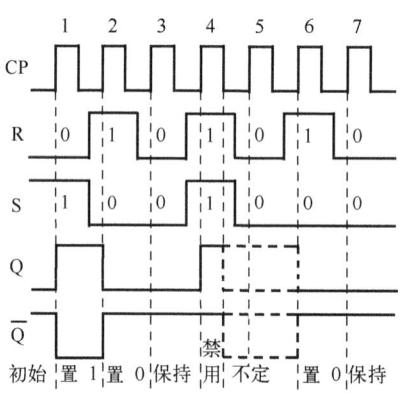

图 5-8 同步 RS 触发器的工作波形图

根据同步 RS 触发器的 CP 高电平触发特性，分析其工作过程如下（假设起始状态为 0）。

第 1 个时钟脉冲到来（CP 的波形从低电平变为高电平）。在 CP 的高电平期间，触发器有效触发，其状态将根据 RS 的变化而改变。由波形图可以看到第 1 个时钟高电平期间，RS 始终为 01，因此，触发器只进行置位操作，其状态输出 Q 为 1。

第 2 个时钟脉冲到来。在 CP 的高电平期间，RS 始终为 10，因此，触发器只进行置 0 操作，其状态输出 Q 为 0。

需要注意的是：第 2 个时钟脉冲到来前（第 1 个时钟的低电平期间），RS 出现 10 输入，但是该变化并未引起触发器的状态改变，只有等到 CP 高电平时，才能发生新的状态变化，这体现了时钟脉冲的高电平触发作用。

第 3 个时钟脉冲到来。在 CP 的高电平期间，RS 始终为 00，因此，触发器只进行保持操作，其状态输出 Q 保持不变，继续为 0。

第 4 个时钟脉冲到来。在 CP 的高电平期间，RS 始终为 11，对图 5-7 中 G_1 和 G_2 构成的基本 RS 触发器来说，输入始终为 00，则输出为 Q=1，$\overline{Q}$=1（既不是 0 状态，也不是 1 状态），所以应该禁止这种输入的出现（波形图中标为"禁用"）。

需要注意的是：当第 4 个时钟脉冲结束时（CP 波形由高电平变为低电平），电路中 G_3 和 G_4 门的输出变为 11，这意味着基本 RS 触发器的输入由 00 将变为 11，根据上文基本 RS 触发器的原理分析可知，触发器可能出现振荡或不确定的输出（波形图中标为"不定"，指此时 Q 和 $\overline{Q}$ 的取值不能确定）。

第 5 个时钟脉冲到来。在 CP 的高电平期间，RS 始终为 00，基本 RS 触发器的输入为 11，其工作状态保持不变，在第 4 个时钟期间产生的不确定问题仍将继续，所以 Q 和 $\overline{Q}$ 仍为不确定。

第 6 个时钟脉冲到来。在 CP 的高电平期间，RS 为 10，因此，触发器只进行置 0 操作，其状态输出为 0。

第 7 个时钟脉冲到来。在 CP 的高电平期间，RS 为 00，因此，触发器只进行保持操作，其状态输出保持不变，继续为 0。

可见，和基本 RS 触发器一样，同步 RS 触发器也不是一个功能完善的触发器，正常使用中，应避免在 R 和 S 端同时输入高电平。

一个不容忽视的问题是电平触发型触发器存在**空翻问题**，无论是时钟 CP 高电平触发还是低电平。其具体的现象描述为：在 CP 高电平期间，若 R、S 输入发生多次变化，则触发器的状态也将随之发生多次转换。这种在一个时钟脉冲作用下，触发器发生多次翻转的现象叫作空翻。空翻破坏了"时序电路按时钟节拍工作，每来一个时钟脉冲，电路的状态只发生一次转换"的基本原则。

解决空翻问题的主要方法是，将电平触发方式改为**边沿触发方式**，使触发器只在时钟脉冲的**上升沿**（CP 由低电平向高电平的跳变）或**下降沿**（CP 由高电平向低电平的跳变）响应激励信号，实现状态转换。现在的集成触发器大多采用边沿触发的结构，如主从式结构、维持-阻塞式结构，有效解决了空翻问题。5.2.3 小节主要介绍常用边沿触发型集成触发器的逻辑功能和描述方式。

5.2.3 集成 D 触发器

大多数的时序电路和几乎所有的状态机[一]都是用边沿触发的 D 触发器（Delay Flip-Flop）来存储它们的状态变量。上升沿触发的 D 触发器的国标符号、真值表和状态表分别如图 5-9、表 5-8 和表 5-9 所示。

[一] 状态机是由存储器和组合逻辑电路构成，能够根据控制信号在数量有限的状态之间进行转换的逻辑结构。状态机主要分为两类：若输出只和状态有关而与输入无关，则称为 Moore 状态机（简称 Moore 机）；若输出不仅和状态有关，而且和输入有关系，则称为 Mealy 状态机（简称 Mealy 机）。

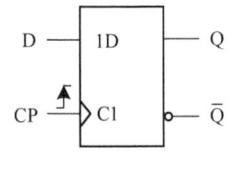

图 5-9 D 触发器国标符号

表 5-8 D 触发器的真值表

D^n	Q^{n+1}	功能
0	0	置 0
1	1	置 1

表 5-9 D 触发器的状态表

Q^n \ D^n	0	1
0	0	1
1	0	1

Q^{n+1}

触发器的时钟是 CP，激励信号是 D，互补状态输出端是 Q 和 $\overline{Q}$，国标符号 $\overline{Q}$ 端的 "小圆圈" 是反相输出的标志。触发器逻辑功能是，不论触发器原状态如何，触发器的新状态总与时钟脉冲上升沿到来时 D 的输入值相同。上升沿触发特性体现为，触发器的新状态只与时钟脉冲上升沿到来时的激励信号取值有关，而与激励信号其他时刻的取值无关。

真值表 5-8 表明 D 触发器的次态 Q^{n+1} 的值总等于激励信号 D^n 的值。**状态表 5-9** 则表明，D 触发器的次态 Q^{n+1} 的值只由激励信号 D^n 确定，与触发器的现态 Q^n 无关。

式 5-3 为 D 触发器的**次态方程**。

$$Q^{n+1} = D^n \tag{5-3}$$

表 5-10 为 D 触发器的激励表。在基于 D 触发器设计时序逻辑电路时，一旦明确了电路的状态转换关系，需要进一步确定触发器的激励信号时，就需要用到 D 触发器的激励表。

D 触发器的状态随时钟和输入信号的变化波形如图 5-10 所示（假设 D 触发器的起始状态为 0）。可见，输入信号 D 的变化并不能立刻引起触发器的状态变化，状态变化总是发生在时钟脉冲 CP 的上升沿⊖（注意：通常画波形图时，将触发器看作没有信号传输时延的理想触发器，实际触发器的 Q 端信号变化会比时钟上升沿有一定延迟）。

表 5-10 D 触发器的激励表

Q^n	Q^{n+1}	D^n
0	0	0
0	1	1
1	0	0
1	1	1

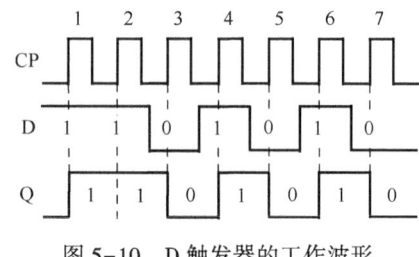

图 5-10 D 触发器的工作波形

5.2.4 集成 JK 触发器

图 5-11 描述了下降沿触发 JK 触发器（JK Flip-Flop）的国标符号。JK 触发器有两个激励信号 J 和 K，**时钟端的小圆圈表示输入时钟下降沿触发**。在集成触发器中，JK 触发器的逻辑功能最丰富，在激励信号 JK 的作用下，可以实现置 1（置位）、置 0（复位）、保持

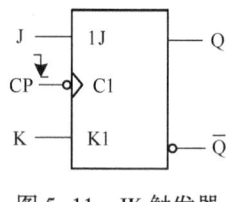

图 5-11 JK 触发器的国标符号

⊖ 时钟脉冲信号 CP 的上升沿划分出 D 触发器状态转换的两个时刻：t^n 和 t^{n+1}，CP 上升沿到来之前为 t^n 时刻，D 触发器为现态 Q^n；上升沿之后为 t^{n+1} 时刻，D 触发器转换为次态 Q^{n+1}。这也表明，D 触发器状态的转换只发生在 CP 的上升沿，在 CP 的其他时间里，无论 D 触发器的激励信号 D 发生怎样的变化，D 触发器的状态都不会随之发生转换。对于其他边沿触发的触发器或相关器件，以及相应器件设计出来的时序电路，状态转换同样如此。

（状态不变）和翻转（状态翻转）操作。

JK 触发器的真值表、状态表和激励表如表 5-11～表 5-13 所示。激励表中激励函数 J^n、K^n 取值为 Φ，表示其值可以任意取 0 或 1，对 JK 触发器的状态转换没有影响。

表 5-11 JK 触发器的真值表

J^n	K^n	Q^{n+1}	功能
0	0	Q^n	保持
0	1	0	置 0
1	0	1	置 1
1	1	$\overline{Q^n}$	翻转

表 5-12 JK 触发器的状态表

Q^n \ J^nK^n	00	01	10	11
0	0	0	1	1
1	1	0	1	0

Q^{n+1}

表 5-13 JK 触发器的激励表

Q^n	Q^{n+1}	J^n	K^n
0	0	0	Φ
0	1	1	Φ
1	0	Φ	1
1	1	Φ	0

JK 触发器的状态表经卡诺图化简后，可以得到 JK 触发器的次态方程如下：

$$Q^{n+1} = J^n \overline{Q^n} + \overline{K^n} Q^n \tag{5-4}$$

下降沿触发 JK 触发器只在 CP 下降沿时才会接收 J、K 输入信号，状态才会发生转换。

5.2.5 集成 T 触发器

上升沿触发 T 触发器（Toggle Flip-Flop）的国标符号如图 5-12 所示，只有一个激励信号 T。

T 触发器的真值表、状态表和激励表如表 5-14～表 5-16 所示。在每一个时钟 CP 上升沿到来时，在激励信号 T 的作用下，T 触发器实现状态保持或翻转功能。这样的功能特点非常符合计数（对时钟计数）电路的需要，因此，T 触发器也称为计数触发器。

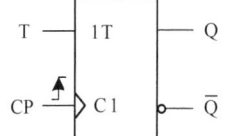

图 5-12 T 触发器的国标符号

表 5-14 T 触发器的真值表

T^n	Q^{n+1}	功能
0	Q^n	保持
1	$\overline{Q^n}$	翻转

表 5-15 T 触发器的状态表

Q^n \ T^n	0	1
0	0	1
1	1	0

Q^{n+1}

表 5-16 T 触发器的激励表

Q^n	Q^{n+1}	T^n
0	0	0
0	1	1
1	0	1
1	1	0

由真值表可得 T 触发器的次态方程如下：

$$Q^{n+1} = T^n \overline{Q^n} + \overline{T^n} Q^n = T^n \oplus Q^n \tag{5-5}$$

若将 T 触发器的激励端 T 固定接高电平，就得到了只有翻转功能的触发器，每来一个时钟脉冲，触发器的状态就翻转一次，称为 **T′触发器**。

5.2.6 触发器异步控制及功能转换

1. 异步端与异步控制

由于触发器的双稳态特性，加电后，集成触发器可能处于 0 或 1 两个稳定状态之一。而触发器应用于时序电路时，通常应处于特定的起始状态；另外，时序电路在工作中也时常需要触发器脱离时钟控制，异步（指不在同步时钟控制下）跳转到某个特定状态。为了便于将触发器置于所需状态，集成触发器设置了优先级高于同步时钟的异步置位端 S（Set）和异步复位端 R（Reset）。带有异步控制端的 D 触发器（下降沿触发）如图 5-13 所示，图中 S、R 端的小圆圈表示低电平有效，异步置位信号 $\overline{PR}$（Preset）和异步复位信号 $\overline{CLR}$（Clear）的反变量写法同样表明异步置位和异步复位端为低电平有效。

异步控制端的功能以及异步端与时钟控制的激励端的关系可由表 5-17 表示。异步置位与复位信号不允许同时有效，这个特点与基本 RS 触发器相同，当异步置位或复位信号有效时，触发器的状态就立即转换，此时，时钟 CP 和激励信号都不再起作用。只有异步信号无效时，触发器才能在时钟和激励信号作用下动作。

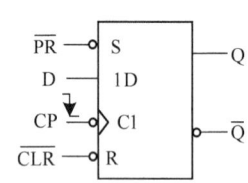

图 5-13 带异步控制端的 D 触发器

表 5-17 带异步控制端的 D 触发器功能表

$\overline{PR}$	$\overline{CLR}$	CP	D^n	Q^{n+1}	功能说明
0	0	Φ	Φ	禁止	禁止输入
0	1	Φ	Φ	1	异步置位
1	0	Φ	Φ	0	异步复位
1	1	↓	0	0	同步置0
1	1	↓	1	1	同步置1

图 5-14 描述了带有异步控制端的 D 触发器的工作波形。开始时，$\overline{CLR}=0$，$\overline{PR}=1$，D 触发器的状态被立即复位（与时钟无关的异步复位，这是触发器和时序电路初始状态设置为 0 的一种实现方法）。第 1 个时钟脉冲到来时（下降沿），异步控制信号已经都为 1，D=1，触发器置 1（Q 端变为高电平）；第 2~3 个时钟脉冲下降沿到来时，触发器相继置 0 和置 1；在第 3、4 个时钟脉冲下降沿之间，$\overline{PR}=0$，触发器异步置位，状态立刻变为 1；第 4 个时钟脉冲下降沿到来时，$\overline{PR}=0$ 还在起作用，触发器异步置位（这体现了异步控制的高优先级）；第 5 个时钟脉冲下降沿到来时，触发器置 1；第 5 和第 6 个时钟脉冲下降沿之间，$\overline{CLR}=0$，触发器异步复位，状态立刻变为 0，该异步复位操作一直持续到最后。

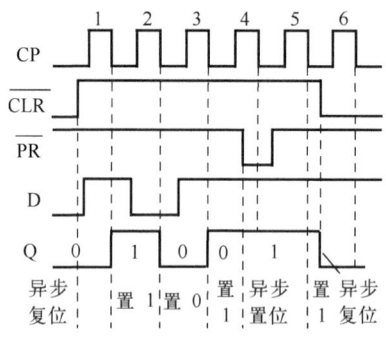

图 5-14 带异步端 D 触发器的工作波形图

触发器的时钟触发特性、功能特点与选择方法

① 为了保证触发器在时钟脉冲触发下按其逻辑功能完成状态转换，集成触发器要求激励信号在时钟脉冲有效边沿到来之前就已准备好，这段提前时间称为建立时间 t_{set}；还要求激励信号在时钟脉冲有效边沿到来后维持一段时间，称为保持时间 t_h。例如，7474 是双 D 触发器（芯片中有两个 D 触发器），$t_{set} \geq 20\,\text{ns}$，$t_h \geq 5\,\text{ns}$。另外，能使触发器连续翻转的最

高时钟频率用 f_{max} 表示，7474 的 f_{max}<15 MHz。

② 不同的触发器功能特点不同，适用于不同功能类型的时序电路。由 D 触发器的次态方程 $Q^{n+1}=D^n$ 可知，D 触发器可以方便地将 D 端所加数据存入触发器，适用于数据存储类型的时序电路，如寄存器和移位寄存器；T 触发器具有保持和翻转功能，适用于各种计数类型的时序电路；JK 触发器兼有 D 触发器和 T 触发器的逻辑功能，是功能最完善的触发器，适用于各种类型的时序电路。

2. 触发器的功能转换

触发器之间可以进行功能转换。例如，当需要采用 D 触发器实现 JK 触发器功能时，只需将输入信号 J 和 K 按照函数表达式 $D=J\overline{Q}+\overline{K}Q$ 接入 D 触发器的激励端即可；用 D 触发器构成 T 触发器时，D 触发器的激励函数表达式为：$D=T\oplus Q$；用 D 触发器构成 T′触发器时，D 触发器的激励函数表达式为：$D=\overline{Q}$，等等。采用 D 触发器为基本单元，结合逻辑门，可以构造出 JK、T、T′等触发器（上升沿触发），如图 5-15 所示。

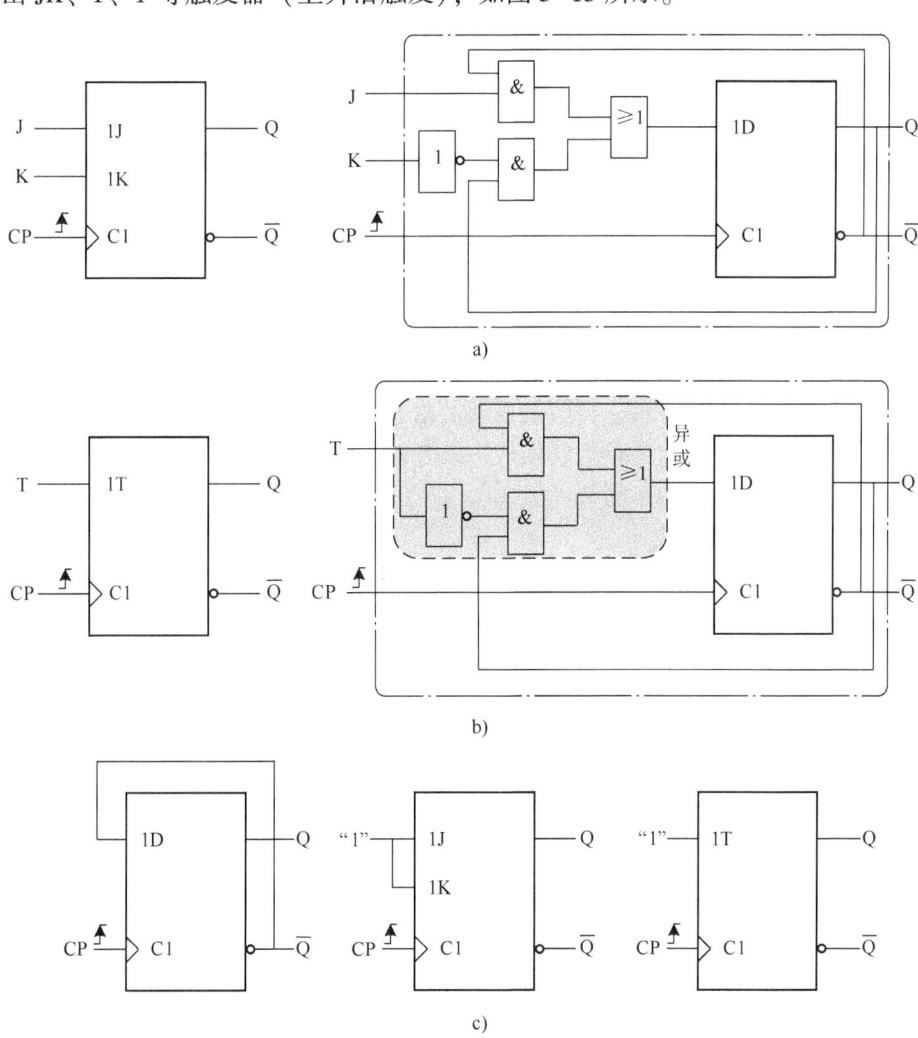

图 5-15 采用 D 触发器构造出来的各类触发器
a) 构造 JK 触发器 b) 构造 T 触发器 c) 构造 T′触发器

同样，令 J=D、K=$\overline{D}$，使 JK 触发器只能工作在置 1、置 0 方式，就成了 D 触发器；令 J=K=T，使 JK 触发器只能工作在保持、翻转方式，就成了 T 触发器；令 J=K=1，使 JK 触发器只能工作在翻转方式，就成了 T′触发器。本节只介绍了 D 触发器结合逻辑门构造其他触发器的方法，其他触发器的功能转换读者可利用触发器状态方程之间的关系自行实现。

说明：

1）各类触发器之间存在功能转换关系，结合少量的逻辑门即可实现相互转换。

2）在通用数字集成电路器件中，T 触发器或 T′触发器并不是常见的类型，一般由 D 触发器或 JK 触发器构造。

3）从性能、版图、功耗等角度考虑，数字器件的设计和优化往往会选择在晶体管级实现，在数字集成电路标准单元库中，触发器类型主要为 D 触发器。

4）随着逻辑综合技术的发展，触发器的功能转换工作不再手动进行，利用 HDL 代码（如 VHDL、Verilog HDL）能够产生图 5-15 所示的触发器的等效电路。

5.3 基于触发器的同步时序电路分析

同步时序电路分析，就是对一个给定的同步时序电路，确定它在输入信号和时钟脉冲作用下状态转换和输出信号的特点，进而确定电路的逻辑功能。

5.3.1 一般步骤

（1）写出激励、次态和输出的函数表达式

根据电路图，写出各触发器的激励函数表达式和时序电路各输出函数表达式；由激励函数表达式写出触发器的次态方程，将各触发器的次态方程写成外部输入变量和触发器现态变量的函数。这样就把电路图上的信息转换成以外部输入和触发器现态为自变量，以电路输出和触发器次态为因变量的一组函数表达式。

（2）由表达式列出状态表

将时序电路所有输入变量的取值在状态表顶端排成一行，所有触发器的现态取值在状态表左边排成一列，根据函数表达式求得各种自变量取值下触发器的次态和输出函数值，填入状态表。

（3）由状态表画出状态图

将时序电路的所有状态画成状态圈，再以每个状态作为原状态，在状态表中找出该状态在不同输入条件下的次态和输出值，并在各状态圈之间用有向箭头表示状态转换，输入值和输出值在箭头旁标出。状态图比状态表更直观地反映了电路各状态间的转换关系，有利于理解电路的工作过程和功能。

（4）必要时画出波形图

给定时钟脉冲和输入信号的波形后，可以由状态表（图）画出各触发器状态和输出信号的波形图。在实际电路中，各点的信号变化可以用仪表（如示波器或逻辑分析仪）测得，波形图是数字电路分析的重要手段。

（5）说明电路的逻辑功能

时序电路通常都有特定的应用场合，有着明确的逻辑功能、电路分析的目的，当然包括确定电路的功能、使用方法和应用领域。但说明电路的功能往往需要一定的应用背景和较多的功能电路知识，有一定难度。

5.3.2 分析举例

例 5-1 分析图 5-16 所示同步时序电路。

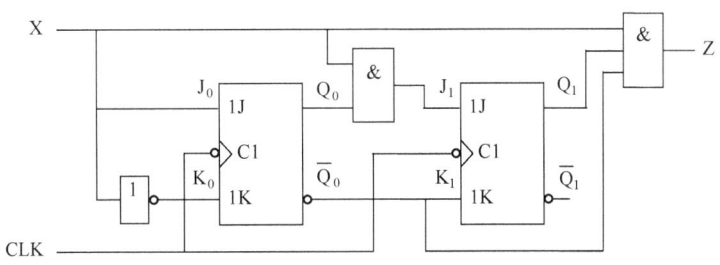

图 5-16 例 5-1 电路图

解 电路中两个下降沿触发的 JK 触发器共用外部时钟 CLK，是同步时序电路，有一个外部输入信号 X 和一个外部输出信号 Z，下面按照基于触发器的同步时序电路分析一般步骤进行。

① 写出激励、次态和输出函数表达式

激励函数表达式：$J_0^n = X^n$，$K_0^n = \overline{X^n}$；$J_1^n = X^n Q_0^n$，$K_1^n = \overline{Q_0^n}$。

将激励函数代入触发器次态方程，求出两个次态表达式：

$$Q_0^{n+1} = J_0^n \overline{Q_0^n} + \overline{K_0^n} Q_0^n = X^n \overline{Q_0^n} + \overline{\overline{X^n}} Q_0^n = X^n$$

$$Q_1^{n+1} = J_1^n \overline{Q_1^n} + \overline{K_1^n} Q_1^n = X^n Q_0^n \overline{Q_1^n} + \overline{\overline{Q_0^n}} Q_1^n = X^n Q_0^n + Q_1^n Q_0^n$$

输出函数表达式：$Z^n = X^n Q_1^n \overline{Q_0^n}$。

② 求出状态表

在状态表中填写输入变量名 X^n 及其取值 0、1，填写触发器状态名 $Q_1^n Q_0^n$ 及其 4 种取值，根据次态表达式和输出表达式求出 Q_1^{n+1}、Q_0^{n+1} 和 Z^n 的值填入状态表，如表 5-18 所示。

③ 画出状态图

根据状态表画出状态图，如图 5-17 所示。由状态图可以看出，当电路的输入**序列**（一组连续输入的二进制 0 和 1 的组合）中出现"1101"时，输出为 1，其他时候输出都是 0。

表 5-18 例 5-1 状态表

$Q_1^n Q_0^n$ \ X^n	0	1
0 0	00/0	01/0
0 1	00/0	11/0
1 0	00/0	01/1
1 1	10/0	11/0

$Q_1^{n+1} Q_0^{n+1} / Z^n$

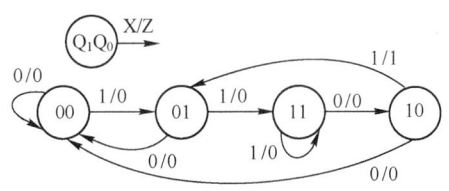

图 5-17 例 5-1 状态图

④ 画出波形图

假设输入序列 X 为 1011011011101（高位先行），电路的初始状态为 00，可以画出触发器的状态 Q_0、Q_1 和输出 Z 的波形，如图 5-18 所示。

⑤ 说明电路的逻辑功能

由图 5-18 波形图可以看出：只有当输入序列为 1101（或含有 1101）时，对应于输入的最后一个 1，电路输出 1，这样的特点可以用于表示电路是否检测到连续输入的序列 1101，这种电路被称为**序列检测器**，其逻辑功能是检测一个特定的输入序列。

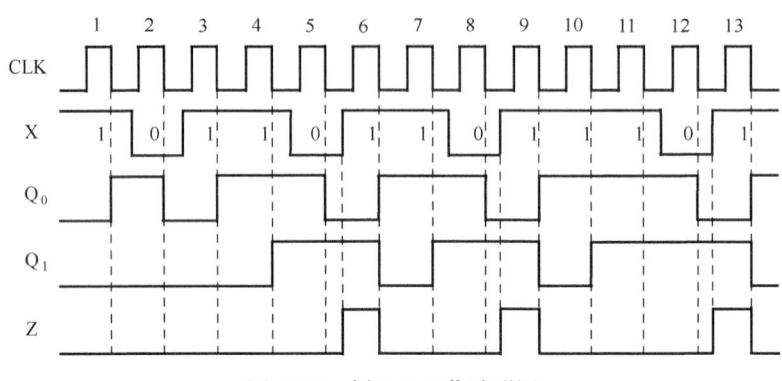

图 5-18 例 5-1 工作波形图

本例中的 **1101 序列检测器**有两个特点。

1) 当检测到连续输入序列为 1101（或含有 1101）时，电路输出 1，记为检测到一次 1101 序列；继续检测新的输入序列时，在已检测到的 1101 序列基础上，若恰好出现连续输入 101 时，则第一次检测到的序列 1101 的最后一个 1 仍可作为新检测到序列 **1101** 的第一个 1，这被称为序列码允许重叠（两次检测到的 1101 序列有重叠）；若检测到一次 1101 序列后，再次检测到的序列不能与第一次检测到的序列有重复（即两次检测到的 1101 序列完全没有重叠,），则被称为序列码不允许重叠。

2) 电路在检测到输入序列 1101 中的最后一个 1 时，立刻输出 1，表明输出与输入在逻辑上有直接依从关系，这样的特点也表明该电路为 Mealy 型输出。Mealy 型输出信号的函数表达式中一定包含输入变量；若输入序列 1101 的最后一个 1 必须被触发器存储后，电路的输出才会为 1，这样的电路为 Moore 型输出，Moore 型输出信号的函数表达式中没有输入变量，只有状态变量。

5.4 基于触发器的同步时序电路设计

使用触发器设计同步时序电路，解决实际应用中的问题是一项极具创造性的任务。在不同的发展阶段，有不同的设计方法和流程，既有现代流行的采用 VHDL 或 Verilog HDL 进行的语言描述性设计，也有传统的从文字描述的功能开始，通过状态表、状态图、表达式这一基本流程进行的设计方式。从培养和锻炼电路分析、设计的能力出发，本节只介绍传统的设计方法。

5.4.1 一般步骤

基于触发器的同步时序电路设计过程一般较为复杂，通常分解为以下步骤进行。

1）准确定义电路的输入、输出和状态，正确列出电路的原始状态表/图。
2）利用状态化简，获得电路的最简状态表。
3）通过状态分配（编码），得到电路的最简状态分配（编码）表。
4）触发器选型。
5）导出输出信号和激励信号的最简逻辑函数表达式。
6）画出电路的全状态图（表），如果有多余状态，检查是否存在无效循环；若有，则设法将其消除掉。
7）按照电路规范和连接方式，正确画出电路图。

采用触发器进行同步时序电路设计的步骤较多，尤其是需要状态化简和编码时。事实上，这些步骤只是为读者提供了一种最基本的设计思路和方法，在一些功能特点比较典型的设计场合（如计数器、移位寄存器等），往往并不需要完全按照这样的步骤来进行。下面将通过三道例题，按由特殊到一般的方式，介绍设计步骤的具体运用，涉及计数器相关知识，详见 5.5.1 节介绍。

5.4.2 设计举例

例 5-2 用 JK 触发器设计实现一个 3 位二进制同步加法计数器。

解 首先正确描述 3 位二进制同步加法计数器的工作原理，其状态图如图 5-19 所示。由状态图可知，计数器需要 3 个触发器 $Q_2Q_1Q_0$，其中 Q_2 是最高位。由于计数器中各触发器的现态 $Q_2^n Q_1^n Q_0^n$ 和次态 $Q_2^{n+1} Q_1^{n+1} Q_0^{n+1}$ 在状态图中已经明确，如何根据状态图导出 3 个 JK 触发器的激励方程是设计的重点。根据设计要求，利用 JK 触发器的激励表 5-19（即表 5-13），在现态、次态状态转换关系明确的情况下，可以求得各 JK 触发器的激励信号 $J_2^n K_2^n$、$J_1^n K_1^n$ 和 $J_0^n K_0^n$ 的激励表，由此列出电路中 3 个 JK 触发器的激励函数表，如表 5-20 所示。

表 5-19 JK 触发器激励表

Q^n	Q^{n+1}	J^n	K^n
0	0	0	Φ
0	1	1	Φ
1	0	Φ	1
1	1	Φ	0

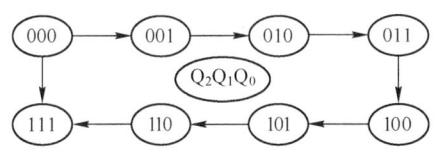

图 5-19 3 位二进制加法计数器的状态图

激励表 5-20 可以这样获得：列出电路的 8 个原状态 000~111，根据状态图列出每个原状态的次态 $Q_2^{n+1} Q_1^{n+1} Q_0^{n+1}$，最后分别查看每个触发器的 Q^n 和 Q^{n+1} 的各行取值，根据表 5-19 确定该触发器的激励信号 J^n 和 K^n 的值。求得所有 $J^n K^n$ 值后，表中 Q^{n+1} 的使命就完成了，$J^n K^n$ 是原状态 $Q_2^n Q_1^n Q_0^n$ 的函数，利用卡诺图进行化简，如图 5-20 所示，求得各 J^n、K^n 的表达式，得到电路中各 JK 触发器的激励连接关系。

表 5-20　3 位二进制加法计数器激励函数表

Q_2^n	Q_1^n	Q_0^n	Q_2^{n+1}	Q_1^{n+1}	Q_0^{n+1}	J_2^n	K_2^n	J_1^n	K_1^n	J_0^n	K_0^n
0	0	0	0	0	1	0	Φ	0	Φ	1	Φ
0	0	1	0	1	0	0	Φ	1	Φ	Φ	1
0	1	0	0	1	1	0	Φ	Φ	0	1	Φ
0	1	1	1	0	0	1	Φ	Φ	1	Φ	1
1	0	0	1	0	1	Φ	0	0	Φ	1	Φ
1	0	1	1	1	0	Φ	0	1	Φ	Φ	1
1	1	0	1	1	1	Φ	0	Φ	0	1	Φ
1	1	1	0	0	0	Φ	1	Φ	1	Φ	1

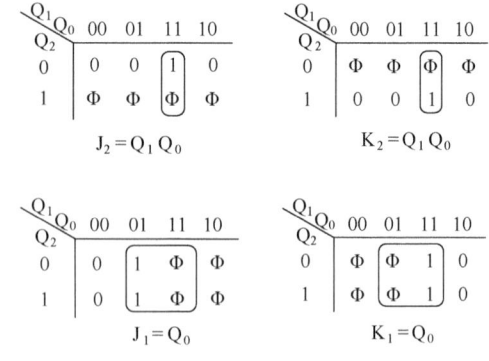

图 5-20　卡诺图化简求激励函数

利用卡诺图进行化简时,为了方便,省略了各变量的上标 n(上标 n 和(n+1)是为了区别当前时刻和时钟作用后的下一时刻,卡诺图中的变量都是同一时刻的,是组合逻辑关系)。另外,表 5-20 中的 J_0 和 K_0 取值都是 1 和 Φ,激励连接可以设计为 $J_0=1$,$K_0=1$,没必要再用卡诺图化简。根据各激励信号表达式画出的电路图,不再赘述。

例 5-3　用 T 触发器设计一个 1 位余 3 码同步加法计数器。

解　首先正确描述余 3 码同步加法计数器的工作原理,根据计数规律,电路状态应该从 0011 到 1100,计数器的状态图和例 5-2 列法类似,这里略去。该计数器需要使用 4 个 T 触发器,可以定义为 $Q_3Q_2Q_1Q_0$,同样 Q_3 为最高位。根据计数器的状态转换关系和 T 触发器的激励表,列出电路的激励函数表,如表 5-21 所示。

表 5-21 中,$Q_3^n Q_2^n Q_1^n Q_0^n$ 共有 16 种取值,其中 0011~1100 是余 3 码计数状态,它们的次态是每个计数状态的下一个计数值。该电路有 6 个状态是多余的(表中前 3 个和后 3 个),将它们的次态设为任意项,有助于化简。填好次态 $Q_3^{n+1}Q_2^{n+1}Q_1^{n+1}Q_0^{n+1}$ 的 16 种取值后,针对每个触发器的 Q^n 和 Q^{n+1},查看 T 触发器激励表,填写 $T_3^n T_2^n T_1^n T_0^n$ 的值。然后以 $Q_3^n Q_2^n Q_1^n Q_0^n$ 为自变量,各触发器的激励信号 $T_3^n T_2^n T_1^n T_0^n$ 为函数,利用图 5-21 所示卡诺图进行化简,分别求出 T_3^n、T_2^n、T_1^n 的表达式,而 T_0^n 显然为 1,不用化简。

根据各触发器的激励表达式,画出电路的完整逻辑图,如图 5-22 所示。

由于电路存在 6 个多余状态,因此,还应结合所设计的计数器电路,检查 6 个多余状态的去向。由卡诺图可以看到,当状态为 0000 时,实际的 $T_3=0$(图 5-21 中,T_3 卡诺图左上角的"Φ"没有和 1 合并,取值为 0),T_2、T_1 也是 0,$T_0=1$。所以,若电路出现 0000 状态,根据各触发器 T 的值可知,只有 Q_0 发生翻转,其他触发器都将保持,电路的新状态为 0001。照此方法,确定各多余状态的次态,可以画出所设计电路的全状态图,如图 5-23 所示。通过该图可以判断,所设计的计数器正常工作时,存在的多余状态不会产生影响。

表 5-21 余 3 码加法计数器的激励函数表

Q_3^n	Q_2^n	Q_1^n	Q_0^n	Q_3^{n+1}	Q_2^{n+1}	Q_1^{n+1}	Q_0^{n+1}	T_3^n	T_2^n	T_1^n	T_0^n
0	0	0	0	Φ	Φ	Φ	Φ	Φ	Φ	Φ	Φ
0	0	0	1	Φ	Φ	Φ	Φ	Φ	Φ	Φ	Φ
0	0	1	0	Φ	Φ	Φ	Φ	Φ	Φ	Φ	Φ
0	0	1	1	0	1	0	0	0	1	1	1
0	1	0	0	0	1	0	1	0	0	0	1
0	1	0	1	0	1	1	0	0	0	1	1
0	1	1	0	0	1	1	1	0	0	0	1
0	1	1	1	1	0	0	0	1	1	1	1
1	0	0	0	1	0	0	1	0	0	0	1
1	0	0	1	1	0	1	0	0	0	1	1
1	0	1	0	1	0	1	1	0	0	0	1
1	0	1	1	1	1	0	0	0	1	1	1
1	1	0	0	0	0	1	1	1	1	1	1
1	1	0	1	Φ	Φ	Φ	Φ	Φ	Φ	Φ	Φ
1	1	1	0	Φ	Φ	Φ	Φ	Φ	Φ	Φ	Φ
1	1	1	1	Φ	Φ	Φ	Φ	Φ	Φ	Φ	Φ

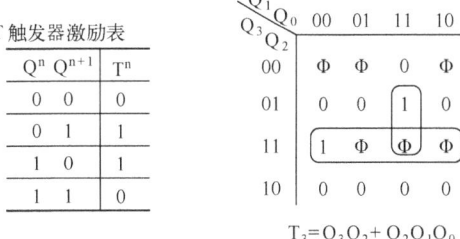

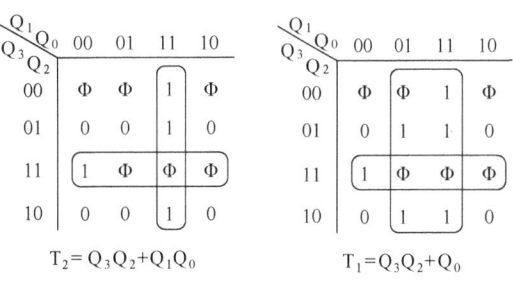

图 5-21 卡诺图化简求激励函数

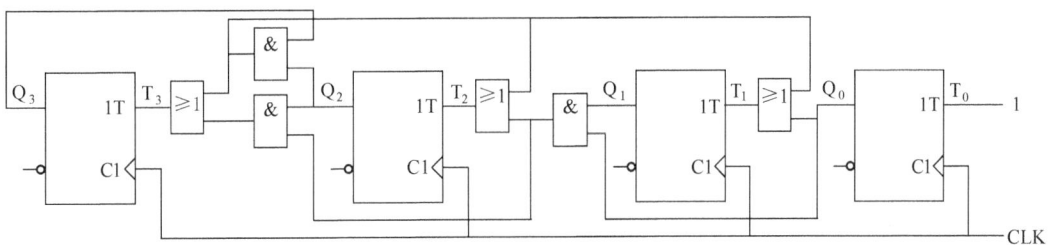

图 5-22 1 位余 3 码同步加法计数器

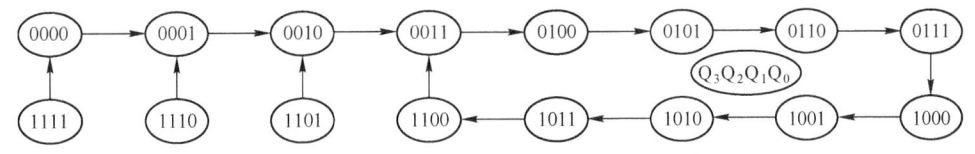

图 5-23 1 位余 3 码同步加法计数器全状态图

例 5-2 和例 5-3 中的计数器设计没有涉及**状态定义**的概念。计数器用触发器状态表示计数值，其计数规则决定了电路的状态转换，可以直接确定电路需要几个触发器，以及触发器的状态是如何变化的，因此，可以直接得到电路的状态图和激励表。但是，在很多其他的同步时序电路设计中，设计初始，并不知道电路需要多少状态，以及触发器状态是如何变化的。通过下面这个例子来阐明这样的问题是如何解决的。

例 5-4 有一个迷宫如图 5-24 所示。试为小车设计一个方向控制器，使其能够自动走出迷宫。该小车的前端已安装有一个接触传感器，当小车前方有障碍物时，传感器提供给小车控制器的输入信号为 X=1；无障碍物时，X=0。控制器输出两个信号 Z_1 和 Z_2 控制小车转向，$Z_1Z_2=00$ 时控制小车直行，$Z_1Z_2=01$ 时控制小车右转弯，$Z_1Z_2=10$ 时小车左转弯。小车遇到障碍时的转向规则是：若上一次遇到障碍是右转的，则这一次左转，向左转直到前面无障碍；下一次遇到障碍时则向右转，直到前面无障碍。再下次又向左转。在图示小车位置和障碍物布置下，小车应走出虚线所示路径到达出口。

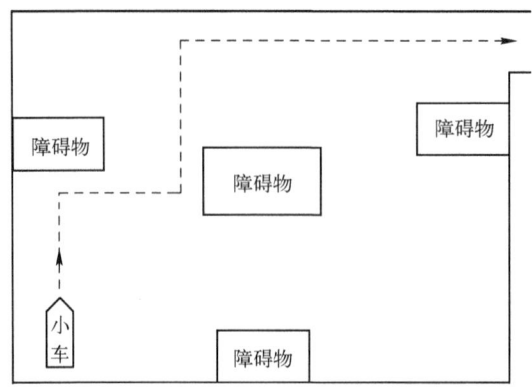

图 5-24 小车走迷宫示意图

分析：用触发器设计时序电路，应根据设计命题，确定**输入**、**输出变量**，再根据需要定义若干个状态，用这些状态记忆输入信号变化中那些需要记住的输入历史情况。分别以这些状态为原状态，在各种输入信号作用下，确定其输出和次态，即用状态转换来反映（跟踪）输入的变化，由此可以得到电路的状态图（称为原始状态图）。读者可以照此思路回顾上面两个例子，理解**状态定义**的概念。

解 由设计命题可知，小车控制器有一个输入端 X 和两个输出端 Z_1、Z_2。小车有三种基本的工作状态：直行、左转弯、右转弯，其中直行又分为两种情况：上一次转弯是向右的，和上一次转弯是向左的。必须这样区分的原因是转向规则中要求，下次转弯的方向必须与上次相反。

通过以上分析，我们可以为小车控制器定义如下 4 个状态：

状态 A：小车直行，上次是左转弯。
状态 B：小车遇到障碍，正在右转弯。
状态 C：小车直行，上次是右转弯。
状态 D：小车遇到障碍，正在左转弯。

当控制器处于状态 A 时，只要 X=0（表示无障碍），小车就保持直行状态，即对应的输出为 $Z_1=0$、$Z_2=0$，次态仍为 A；当 X=1 时（表示遇到障碍），小车就应该向右转弯，此时的输出应为 $Z_1=0$、$Z_2=1$，次态应为 B。

当控制器处于状态 B 时，只要仍有 X=1（表示前面仍有障碍），小车就保持向右转的工作状态，即此时的输出仍为 $Z_1=0$、$Z_2=1$，次态仍为 B；当 X=0（表示前方无障碍），小车就应该进入直行工作状态，此时的输出应为 $Z_1=0$、$Z_2=0$，次态应为 C。

当控制器分别处于状态 C、D 时，状态转换关系同理可得。

由以上分析得到的控制器的原始状态图如图 5-25 所示。

将状态图转换为状态表，如表 5-22 所示，其中 S^n 和 S^{n+1} 分别表示电路的原状态和次态。控制器有 A、B、C、D 共 4 个状态，因此，电路需要两个触发器，设为 Q_1Q_2，它们有 4 种状态组合，即 00、01、10、11。表 5-23 对 A、B、C、D 这 4 个状态与触发器的 4 种状态组合 00、01、

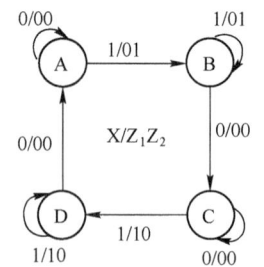

图 5-25 例 5-5 原始状态图

10、11 进行明确指定,称为**状态分配**。进而得到电路的**编码状态表**,如表 5-24 所示,这个表在前面时序电路分析时用到过。

表 5-22 例 3-5 原始状态表

S^n \ X^n	0	1
A	A/00	B/01
B	C/00	B/01
C	C/00	D/10
D	A/00	D/10

$S^{n+1}/Z_1^n Z_2^n$

表 5-23 状态分配表

状态	Q_1 Q_2
A	0 0
B	0 1
C	1 1
D	1 0

表 5-24 编码状态表

$Q_1^n Q_2^n$ \ X^n	0	1
00	00/00	01/01
01	11/00	01/01
11	11/00	10/10
10	00/00	10/10

$Q_1^{n+1} Q_2^{n+1}/Z_1^n Z_2^n$

后面的步骤与前面的两个例子相同,若选择 JK 触发器实现电路,则由表 5-24 结合 JK 触发器的激励表,导出电路的激励与输出函数表,如表 5-25 所示。本例与前面的例子相比,多了两个输出函数 Z_1 和 Z_2。

表 5-25 激励与输出函数表

X^n	Q_1^n	Q_2^n	Q_1^{n+1}	Q_2^{n+1}	J_1^n	K_1^n	J_2^n	K_2^n	Z_1^n	Z_2^n
0	0	0	0	0	0	Φ	0	Φ	0	0
0	0	1	1	1	1	Φ	Φ	0	0	0
0	1	0	0	0	Φ	1	0	Φ	0	0
0	1	1	1	1	Φ	0	Φ	0	0	0
1	0	0	0	1	0	Φ	1	Φ	0	1
1	0	1	0	1	0	Φ	Φ	0	0	0
1	1	0	1	0	Φ	0	0	Φ	1	0
1	1	1	1	0	Φ	0	Φ	1	1	0

卡诺图化简求得表 5-25 中的 4 个激励函数和 2 个输出函数表达式为

$$\begin{cases} J_1^n = \overline{X^n} \cdot Q_2^n \\ K_1^n = \overline{X^n} \cdot \overline{Q_2^n} \end{cases} \begin{cases} J_2^n = X^n \cdot \overline{Q_1^n} \\ K_2^n = X^n \cdot Q_1^n \end{cases} \begin{cases} Z_1^n = X^n \cdot Q_1^n \\ Z_2^n = X^n \cdot \overline{Q_1^n} \end{cases}$$

根据上述表达式,画出小车控制器的电路图,如图 5-26 所示。

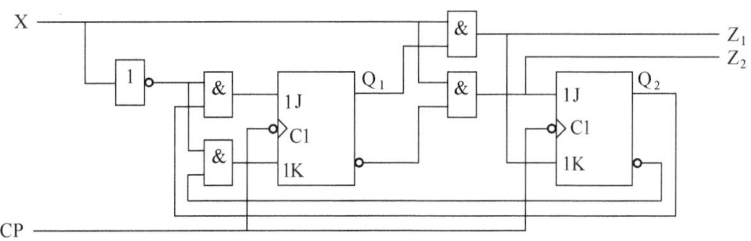

图 5-26 小车控制器电路图

通过以上三个设计例题,初步展示基于触发器的同步时序电路设计的基本思路和流程。可以看到,时序电路用触发器的状态组合记忆信号变化过程,使电路状态在输入和时钟驱动下递进,可以跟踪事态的进展,并用状态加以展示(如计数器中的计数值),用输出信号对外起作用(如小车输出信号驱动转向)。

时序电路的状态定义、状态转换关系的描述是设计的重点和难点。状态定义与描述也不总像例子中这么明确,状态定义过多、重复是常有的事。时序电路设计中,还有状态化简环节,用于状态合并,将重复定义以及含义本质相同的多余状态去掉,以达到减少状态数,从而减少电路设计所需触发器个数的目的,该设计步骤称为**状态化简**。另外,为电路所需的状态 A~D 赋予触发器状态值,称为**状态分配**或**状态编码**,例 5-5 中只是按二进制数值顺序为状态赋值,事实上状态 A 用触发器状态 00 表示,或是其他状态值,电路设计结果并不一样,因为状态编码不同将直接影响后续卡诺图化简的结果。因此,需要进一步研究状态编码的规则,找到最佳编码方案,以便卡诺图化简的效果最佳,使得连接各触发器的组合电路最简单。

需要进一步了解状态化简和状态编码的读者请查阅数字电路设计相关书籍。

5.5 常用中规模时序逻辑器件

从功能实现角度来看,任何一个时序逻辑电路都可以采用触发器来实现,但是在时序逻辑电路的应用中,计数和移位寄存是两类非常重要且常用的电路,因而,其触发器组成的电路被集成设计为相应的计数器和移位寄存器。计数器广泛存在于计算机和各类数字设备中,用于实现定时、分频等功能;而移位寄存器则大量应用于数据串并转换、周期序列检测、周期序列产生等场合。

5.5.1 计数器

计数器是一种累计输入脉冲个数、具有状态周期循环特点的时序电路,利用触发器可以很方便地实现异步或同步计数器电路。两种计数器的主要区别是计数器中所有的触发器是否采用统一时钟,同步计数器统一时钟,而异步计数器则不是。

1. 异步计数器

采用触发器设计异步计数器,一种简单的实现便是行波计数器(Ripple Counter),只用 n 个触发器,不用其他器件就可以构成一个 n 位二进制异步计数器(2^n 进制加法或减法异步计数器)。设计采取的一般思路可为:①列出计数器的状态表,确定采用触发器的数目;②所有触发器均设置为翻转工作模式(T'触发器功能);③根据计数器每一位的状态变化规律,确定相对应的时钟信号。以 3 位行波加法计数器的设计为例,采用 3 个 JK 触发器构成的时序电路如图 5-27 所示。

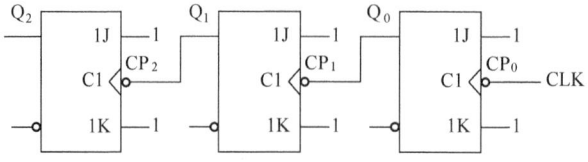

图 5-27 3 位行波加法计数器

电路中的 3 个 JK 触发器都接成翻转工作模式（激励端 JK 接 1，T′ 触发器功能），每个触发器都是时钟下降沿触发，但是时钟信号各不相同，这是一个典型的异步时序电路（电路中各触发器不是在统一的外部时钟控制下同步动作）。

行波计数器的电路工作原理分析：为区分触发器，用触发器状态名称命名触发器为 Q_2、Q_1、Q_0。假设电路的起始状态为 $Q_2Q_1Q_0=000$，由于触发器 Q_0 只受外部时钟控制，在时钟信号 CLK 的每一个下降沿到来时都将发生状态翻转，可以先画出该触发器的状态 Q_0 在 CLK 作用下的波形，如图 5-28 所示。触发器 Q_1 以状态信号 Q_0 为时钟，在每一个 Q_0 波形的下降沿到来时发生翻转，据此可以画出 Q_1 的波形；触发器 Q_2 以状态信号 Q_1 为时钟，据此可以画出 Q_2 的波形。

电路的状态由 3 个触发器的状态信号（即 $Q_2Q_1Q_0$）组合表示。由波形图可以看出，第 1 个 CLK 脉冲下降沿作用前，电路的状态为起始状态 $Q_2Q_1Q_0=000$；第 1 个 CLK 脉冲下降沿到来后，电路的状态转换为 001；依次类推，第 7 个时钟脉冲作用后，电路的状态变为 111；第 8 个脉冲使电路状态回到 000，进入下一个循环。

图 5-29 描述了 3 位行波加法计数器的状态转换关系，状态图中的每个圈都表示电路的一个状态（多个触发器构成的时序电路，其工作状态总是由所有触发器的状态组合而成），箭头表示在时钟脉冲触发下的状态转换方向。该电路有 3 个触发器，共有 $2^3=8$ 种不同的状态，状态图直观地显示了所有状态的周期性转换关系。可以看出，该电路可用于对 CLK 脉冲的计数，计数范围是 0~7，计数值即为电路的状态。由波形图看，各触发器的状态波形作为后面触发器的时钟，一级推动一级，像水中的波纹一样展开，被称为八进制行波加法计数器。由于计数器用了 3 个触发器，计数值按 3 位二进制数递增规律变化，因而被称为 3 位行波加法计数器。

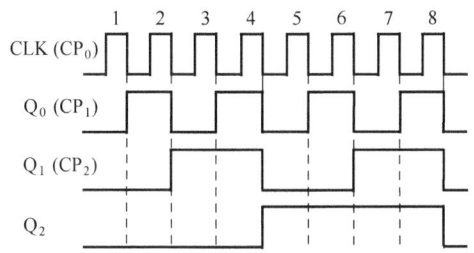

图 5-28 3 位行波加法计数器状态波形图

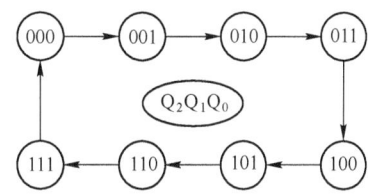

图 5-29 3 位行波加法计数器状态图

若将图 5-27 所示电路中的触发器换成上升沿触发的触发器，则电路的状态变化将按二进制数递减的规律进行，得到行波减法计数器，其波形图和状态图请读者自行推导。n 个触发器可以构成 2^n 进制行波计数器，表 5-26 归纳了行波计数器中各触发器激励信号与时钟端的连接规律。

表 5-26 2^n 进制行波计数器的构造规律

计数方式	激励信号	上升沿触发时钟	下降沿触发时钟
加法计数器	全部连接为 T′ 触发器 $J_i=K_i=1$ $D_i=\overline{Q_i}$ $T_i=1$	$CP_0=CLK$ 其他 $CP_i=\overline{Q}_{i-1}$	$CP_0=CLK$ 其他 $CP_i=Q_{i-1}$
减法计数器		$CP_0=CLK$ 其他 $CP_i=Q_{i-1}$	$CP_0=CLK$ 其他 $CP_i=\overline{Q}_{i-1}$

由于行波计数器结构简单，分析时采用了先画波形图、再画状态图的方法，该方法不具备一般性，通常时序电路的分析要复杂得多。

触发器在每一个有效时钟边沿都会改变状态（翻转），低位触发器每次由 1 变回 0 时，向其高位触发器产生一个进位，这种进位向波浪一样从最低位最终传送至最高位，波形变化具有行波特点，因此被称为行波计数器。

从构成方式看，行波计数器是一种实现最简单的计数器，但是从运行速度看，行波计数器比所有其他类型计数器都慢，这一缺点使得行波计数器在实际应用中使用得很少。

2. 同步计数器

构成同步计数器的所有触发器共用一个时钟信号 CLK，因此在时钟的有效时刻，所有触发器同时发生变化。采用 n 个触发器，结合少量逻辑门可以构成一个 n 位二进制同步计数器（2^n 进制加法或减法同步计数器），设计采取的一般思路可为：①列出计数器的状态表，确定采用触发器的数目；②所有触发器的时钟统一接入外部时钟，使计数器工作于同步模式；③根据每一位的状态变化规律确定相对应触发器的激励逻辑。根据这 3 步可以基于触发器快速设计出同步计数器。

以 3 位同步加法计数器的设计为例。首先，正确描述计数器的作原理，列出其状态图，如图 5-30 所示。

由图 5-30 状态图可以确定，计数器需要采用 3 个 JK 触发器，记作 $Q_2Q_1Q_0$，Q_2 为计数器高位。3 个 JK 触发器共用外部时钟 CLK，这是同步时序电路的特征。时钟脉冲到来时，每个触发器都将被触发，因此各触发器的状态如何变化，将由其激励和现态决定。观察可以发现：触发器 Q_0 的状态随时钟翻转；触发器 Q_1 的状态在 Q_0 为 1 时才翻转；触发器 Q_2 的状态在 Q_1Q_0 为 11 时才翻转。触发器只会翻转或保持，因此只需接成 J = K 的 T 触发器功能模式。

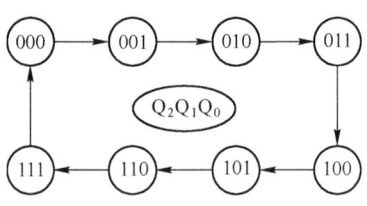

图 5-30 3 位同步加法
计数器的状态图

其中触发器 Q_0 总是工作在翻转模式，则激励 $J_0 = K_0 = 1$；触发器 Q_1 受 Q_0 控制，当 $Q_0 = 0$ 时，保持原状态不变，$Q_0 = 1$ 时，在 CLK 下降沿到来时状态翻转，激励函数为 $J_1 = K_1 = Q_0$；触发器 Q_2 受 Q_1Q_0 控制，当 $Q_1Q_0 \neq 11$ 时，保持原状态不变，当 $Q_1Q_0 = 11$ 时，在 CLK 下降沿到来时状态翻转，因此激励函数为 $J_2 = K_2 = Q_1Q_0$。

据上分析，采用 3 个 JK 触发器构成 3 位同步加法计数器的时序电路如图 5-31 所示。

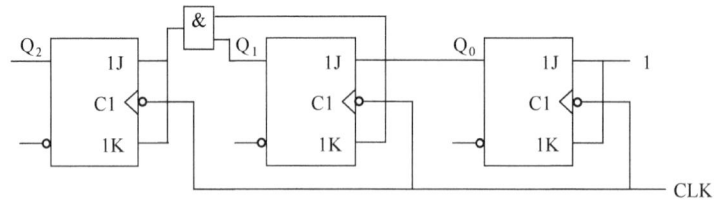

图 5-31 3 位二进制同步加法计数器

通过 3 位异步计数器与 3 位同步计数器的分析与设计可以发现，它们电路不同，但是具有相同的状态图，说明电路实现的功能相同，都是 3 位二进制加法计数器（八进制加法计数器）。在同步计数器中，每个触发器的状态变化都发生在同一个时钟脉冲信号的下降沿，这使得同步电路在高速数字系统中优势明显。

表 5-27 列出了 2^n 进制同步加法、减法计数器的构造规律。

表 5-27　2^n 进制同步计数器的连接规律

计数方式	触发时钟 CP_i （i＝0～n-1）	Q_0 激励	其他触发器 Q_i 激励 （i＝1～n-1）
加法计数器	全部连接 CLK $CP_i = CLK$	连接为 T′触发器 $T_0 = 1$，$J_0 = K_0 = 1$	$T_i = J_i = K_i = Q_0 Q_1 \cdots Q_{i-2} Q_{i-1}$
减法计数器			$T_i = J_i = K_i = \overline{Q_0}\, \overline{Q_1} \cdots \overline{Q_{i-2}}\, \overline{Q_{i-1}}$

3. 计数器的变模

计数器的进制通常也称为计数器的模，如 M 进制计数器，也称模 M 计数器，计数范围是 0～M-1。采用 n 个触发器，可以很方便地设计出一个 2^n 进制计数器，如果需要其他进制计数器，则需要对 2^n 进制计数器进行变模。例如十进制（模 10）8421BCD 码加法计数器的计数范围是 0～9，在 2^4 进制计数器基础上（计数循环为 0000～1111），检测 1010 计数状态，通过异步复位，去掉 1010～1111 六个状态，即可得到十进制（8421BCD 码）加法计数器，如图 5-32 所示。

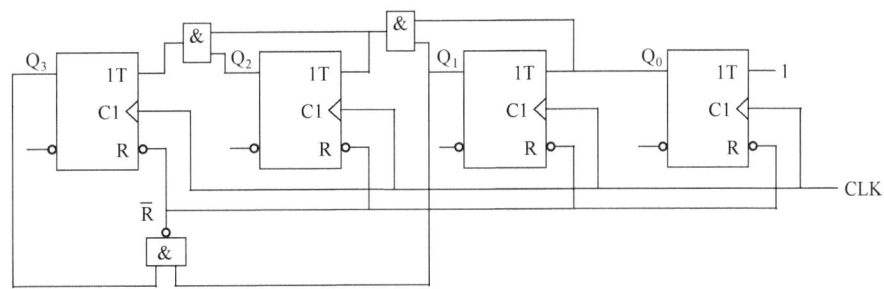

图 5-32　8421BCD 码同步加法计数器

图 5-32 所示模 10 计数器的电路设计主要包含两部分。

1）采用 4 个 T 触发器构成 4 位二进制同步加法计数器（模 $2^4 = 16$）；触发器的激励信号按照同步计数器的一般设计思路或者直接参照表 5-25 实现。

2）采用一个与非门（或是其他逻辑门）控制计数器实现异步变模。与非门用于"状态检测"，其输出接到每个触发器的异步复位端 R。当电路的计数状态 $Q_3Q_2Q_1Q_0 = 1010$（按照加法计数器递增变化的规律，实际只要检测到 $Q_3Q_1 = 11$ 即可，在 $Q_3Q_2Q_1Q_0 = 1010$ 之前不会出现其他 $Q_3Q_1 = 11$ 情况）时，与非门输出 0，各触发器立刻（异步）复位，计数状态 $Q_3Q_2Q_1Q_0$ 回到 0000。因此，计数器的循环计数状态为 0000～1010，但是，状态 0000～1001 是"稳态"（时钟触发后才会改变），而状态 1010 是一个存在时间很短的"暂态"（计数器一旦出现 1010，立刻复位为 0000），这使得计数器实际有效的计数状态为 0000～1001，即十进制加法计数器，且计数值具有 8421BCD 码规律。

图 5-33 是该电路的从 0000 开始的计数波形图。第 1～9 个时钟脉冲作用时，复位电路都不起作用（与非门输出信号 $\overline{R} = 1$），第 10 个时钟脉冲上升沿时，电路状态变成 1010，该状态一出现，与非门输出立刻输出 0（波形图中的 $\overline{R} = 0$），复位信号使各触发器立刻复位，电路状态回到 0000，1010 状态存在的时间非常短（通常为电路的延迟时间），为无效状态；

而 0000~1001 状态则存在一个完整的时钟周期时间,为有效状态。

图 5-34 为 8421BCD 加法计数器的全状态图,与非门输出低电平、引起异步复位的状态(暂态)用虚线圈表示,相应状态跳转用粗箭头表示(非时钟触发)。全状态图中,除了表示计数循环所用状态外,还表明了存在于电路、但对计数无用的多余状态(也叫无效状态)的去向。显然,即便电路由于某种原因(开机初始状态、干扰造成电路状态错误)处于某个多余状态,经过几个时钟脉冲之后,就会进入计数状态的循环,电路状态转换的这种特性称为**自启动**,时序电路必须具有自启动特性。

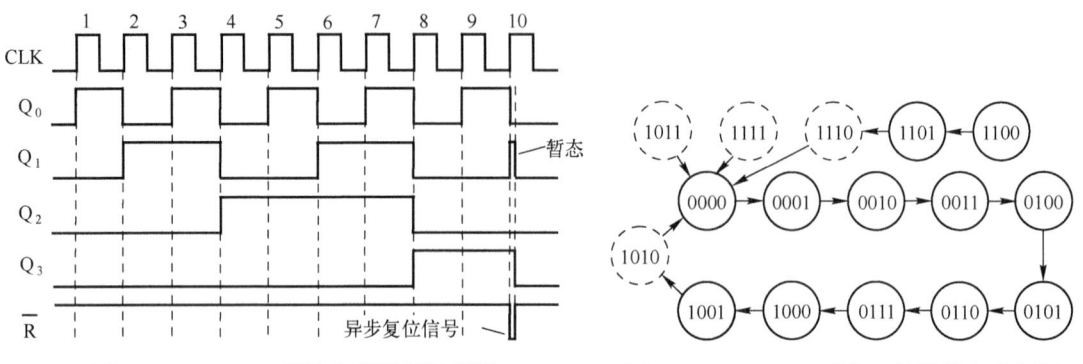

图 5-33 8421BCD 码加法计数器波形图　　图 5-34 8421BCD 码加法计数器全状态图

当需要构造余 3 码计数规律的同步加法计数器时,就不能只用到触发器的异步复位端了,因为 $Q_3Q_2Q_1Q_0$ 的有效状态循环为 0011~1100。图 5-35 是采用异步置位-复位法实现的一位余 3 码同步加法计数器。设计与非门检测 $Q_3Q_2Q_1Q_0$ 计数到 1101 状态(实际只需检测 $Q_3Q_2Q_0$ 三位为 1 即可),一旦计数到 1101,与非门输出 0。触发器由于异步置位和异步复位操作,Q_3 和 Q_2 异步复位变为 0,Q_1 和 Q_0 异步置位变为 1,即 $Q_3Q_2Q_1Q_0$ 变为 0011,而 1101 状态因为存在时间太短暂,为暂态(无效状态),计数器的有状态循环为 0011~1100。该电路的具体分析过程和工作波形图、全状态图请读者自行完成。

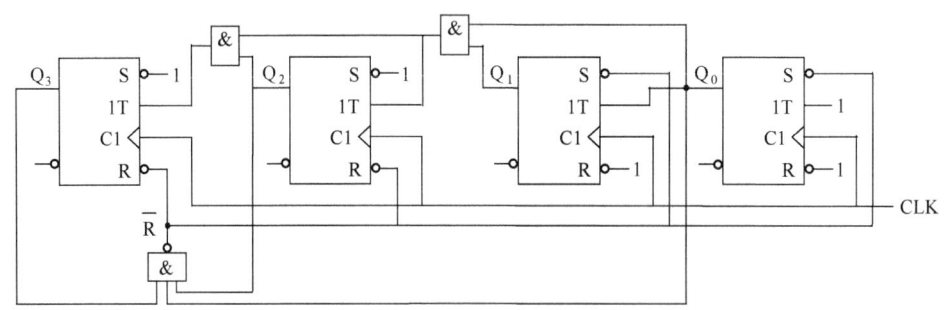

图 5-35 余 3 码同步加法计数器

在特定状态上,利用触发器的异步控制端对触发器进行异步置位或复位操作,可以使时序电路脱离时钟和激励信号控制的工作时序,实现状态的异步(立即)跳转,这是在时钟之外控制时序电路状态转换的一种重要手段。

4. 计数器的通用集成器件

前面已经介绍了用触发器构成的异步计数器(行波计数器)、二进制同步计数器和 BCD

码计数器。由于计数器的重要性与应用的广泛性，74系列有许多计数器芯片供用户选用。本节只介绍同步计数器芯片的功能原理与基本应用，异步计数器芯片的相关知识读者自行查阅。表5-28列出了74系列中部分典型同步计数器芯片的型号和简要功能描述，它们都是上升沿触发的计数器。

表5-28　74系列中部分典型同步计数器芯片

型号	计数方式	模数、编码	计数规律	触发方式	复位方式	预置方式	输出方式
74160	同步	模10，8421码	加法	上升沿	异步	同步	常规
74161	同步	模16，二进制	加法	上升沿	异步	同步	常规
74162	同步	模10，8421码	加法	上升沿	同步	同步	常规
74163	同步	模16，二进制	加法	上升沿	同步	同步	常规
74190	同步	模10，8421码	单CP，可逆	上升沿	无	异步	常规
74191	同步	模16，二进制	单CP，可逆	上升沿	无	异步	常规
74192	同步	模10，8421码	双CP，可逆	上升沿	异步	异步	常规
74193	同步	模16，二进制	双CP，可逆	上升沿	异步	异步	常规

74160~74163是加法计数器，其中74161和74163是4位二进制同步加法计数器，模16（即十六进制，意味着计数器的周期状态循环中有16个有效状态）；74160和74162是一位8421BCD码加法计数器，模10（十进制，计数器的10个有效状态为8421BCD）。74190~74193是可逆计数器，可逆计数器既可以做加法计数，也可以做减法计数，其中74190和74191是单时钟输入，通过一个加/减控制端来控制计数方向；74192和74193则为加法计数和减法计数分别设置了加法时钟输入端和减法时钟输入端。74系列同步计数器的复位和预置方式也比异步计数器丰富，既有常用的异步复位，还有少见的同步复位（74162和74163）；预置方式也分为同步预置和异步预置。本节以74系列中比较流行的一款集成计数器芯片74163为例，介绍二进制同步计数器的工作原理与基本应用。

（1）4位二进制同步加法计数器74163

74163是一种通用的4位二进制同步加法计数器，其逻辑符号如图5-36所示。

$Q_D Q_C Q_B Q_A$为计数状态输出端，计数值按4位二进制数递增。控制信号中，复位控制端CLR优先级最高，低电平有效；置数控制端LD优先级次之，同样LD端输入信号低电平有效；保持与计数控制端P和T优先级更低。DCBA为预置数输入端，和LD端搭配使用，当LD端输入有效低电平信号时，$Q_D Q_C Q_B Q_A$ = DCBA；CO（Carry Out）为进位输出端，进位输出逻辑为CO = T · $Q_D Q_C Q_B Q_A$。显然，当T=1且计数值$Q_D Q_C Q_B Q_A$=1111时，CO=1，输出高电平，CO进位可以实现两片74163的级联，从而实现十六进制以上的计数。

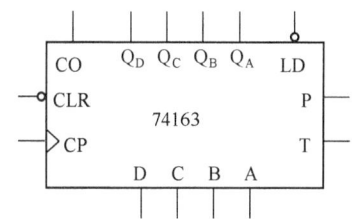

图5-36　74163逻辑符号

74163计数器的功能表如表5-29所示。

表 5-29　74163 功能表

输入									输出				工作方式
$\overline{CLR}$	$\overline{LD}$	P	T	CP	D	C	B	A	Q_D	Q_C	Q_B	Q_A	
0	Φ	Φ	Φ	↑	Φ	Φ	Φ	Φ	0	0	0	0	同步清 0
1	0	Φ	Φ	↑	d	c	b	a	d	c	b	a	同步置数
1	1	Φ	0	Φ	Φ	Φ	Φ	Φ	Q_D^n	Q_C^n	Q_B^n	Q_A^n	保持
1	1	0	Φ	Φ	Φ	Φ	Φ	Φ	Q_D^n	Q_C^n	Q_B^n	Q_A^n	保持
1	1	1	1	↑	Φ	Φ	Φ	Φ	加法计数				加法计数

功能表 5-29 表明，74163 的功能都在时钟端 CP 输入上升沿时触发工作，即同步操作。

1) **同步复位操作**。CLR 端输入信号$\overline{CLR}$低电平有效，优先级最高。一旦 CLR 端输入低电平，下一个时钟上升沿到来时计数器清零。

2) **同步置数操作**（CLR 端输入高电平时）。LD 端输入信号$\overline{LD}$低电平有效，优先级次之，结合 DCBA 预置数信号使用。一旦 LD 端输入低电平，下一个时钟上升沿到来时将 DCBA 并行置入计数器，$Q_D Q_C Q_B Q_A$=DCBA。

3) **计数保持操作**（CLR 和 LD 端输入高电平时）。若 PT 端任一端输入 0，计数器进入计数保持工作状态，$Q_D Q_C Q_B Q_A$ 保持不变。

4) **同步计数操作**（CLR 和 LD 端输入高电平时）。若 PT 端输入 11，计数器随时钟进行加法计数。

74163 是一种功能比较全面的同步计数器芯片，利用其清 0 和置 1 功能，还可以变模实现任意进制计数器。

(2) 74163 的变模与级联

利用同步复位法、同步置数法、程控置数法对 74163 计数器变模，可以构成任意计数器，如同触发器构造计数器一节中，利用异步复位和异步置位进行的变模操作。

1) 同步复位法。将模 N 计数器变为模 $M(M<N)$ 计数器的方法是，在状态$(M-1)$时使复位控制信号有效，下一个时钟脉冲执行复位操作，使计数器回到 0 状态。检测状态$(M-1)$可采用逻辑门，如同之前的变模一样，只不过同步复位操作时，被检测状态$(M-1)$也将保持一个时钟周期才会复位，因此，该状态同样为有效状态，不需要像异步复位操作一样向后多检测一个状态（暂态），这一点不同需要特别注意，和 74163 功能相近的 74161 芯片即为异步清零操作。74163 计数器同步复位操作时，工作中不会出现暂态，输出波形不会有异步复位时由暂态引起的窄脉冲。

例 5-5 用 74163 构成一位 8421 码加法计数器，并画出工作波形。

解 首先正确描述 8421 码加法计数器（模 10 计数器，$M=10$）的工作原理，其计数状态始终为 0000~1001 循环，0000 定为首状态，1001 为末状态。采用的 74163 器件是十六进制计数器，具有同步复位功能。利用同步复位法变 74163 为 8421 码加法计数器时，应检测末状态$(M-1)=10-1=9$。检测采用与非门，输入端应接计数器的 $Q_D \overline{Q_C} \overline{Q_B} Q_A$（实际只需检测 Q_D 和 Q_A）；与非门输出端接 CLR 端。电路与工作波形如图 5-37 所示。为了保证$\overline{CLR}=1$ 时计数器正常计数，$\overline{LD}$、P、T 等信号均应接逻辑 1。

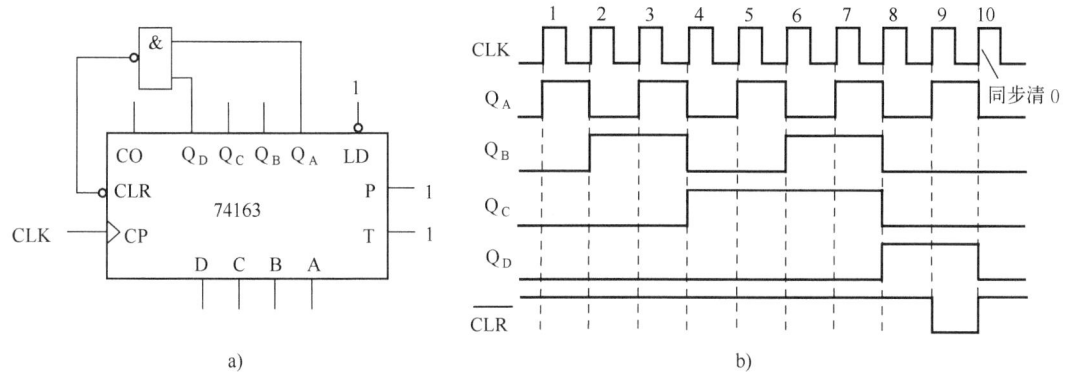

图 5-37 例 5-5 的电路及工作波形
a) 电路 b) 工作波形

2) 同步预置法。 构成 M 进制计数器的要点是，将计数器的计数首状态作为预置数，计数末状态作为检测状态，状态检测电路的输出接预置控制端。74163 具有同步预置工作模式，支持通过预置状态改变计数器的模。预置数通过外部引脚设置，可以将计数器预置到任意状态，这比只能回到 0 状态的复位模式灵活得多。而且，预置法能够实现复位法无法实现的计数器。

例 5-6 用 74163 实现一位余 3 码计数器，并画出工作波形。

解 余 3 码计数器是一个 10 进制计数器，计数值 0~9 用余 3 码表示为 0011~1100。计数器的首状态是 0011，末状态是 1100，因此，DCBA=0011，检测状态为 1100。若采用与非门实现检测，则 $\overline{LD}=\overline{Q_D Q_C}$；或门检测，$\overline{LD}=\overline{Q_D}+\overline{Q_C}$；或是其他逻辑门。需要注意的是 LD 端输入信号为低电平有效。

计数器电路和工作波形如图 5-38 所示。电路图中 74163 其他控制输入端都接 1，以免影响计数器工作。波形图中，设 74163 的起始状态为 0011，电路工作在计数模式，9 个脉冲作用后，74163 状态为 1100，$\overline{LD}=0$，电路进入预置模式，第 10 个时钟脉冲上升沿到来时，74163 完成预置操作，新状态就是外加的预置数 0011。

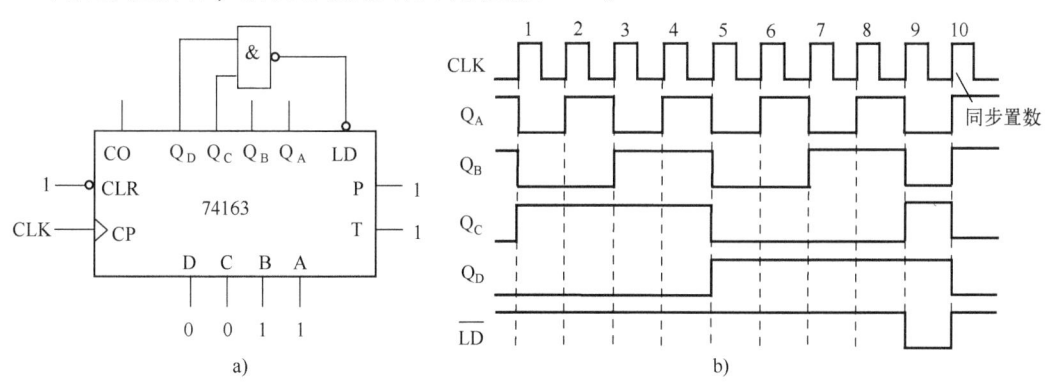

图 5-38 例 5-6 的电路及工作波形
a) 电路 b) 工作波形

异步预置法变模

① 采用异步预置法变模，实现一位余 3 码计数器时（0011~1100），检测状态应为 1101，因为计数器一旦检测到 1101 状态将立即置数，1101 状态存在时间极短暂，是非稳态

(即暂态)，该状态不能算作计数有效状态（无效状态），计数器真实有效状态为0011～1100，这个特点与异步复位法变模相同。因此，异步预置法选择检测的状态应是同步预置法选择状态后面的一个。

② 采用异步预置法变模，前提是该集成计数器芯片有异步预置功能。

3) 程控计数与级联扩展。同步计数器74163通常采用同步级联方式（即级联的74163采用共同的外部时钟）实现更大范围的计数。图5-39为两片74163级联扩展电路，并采用同步预置法变模构成的2~256进制程控计数器。

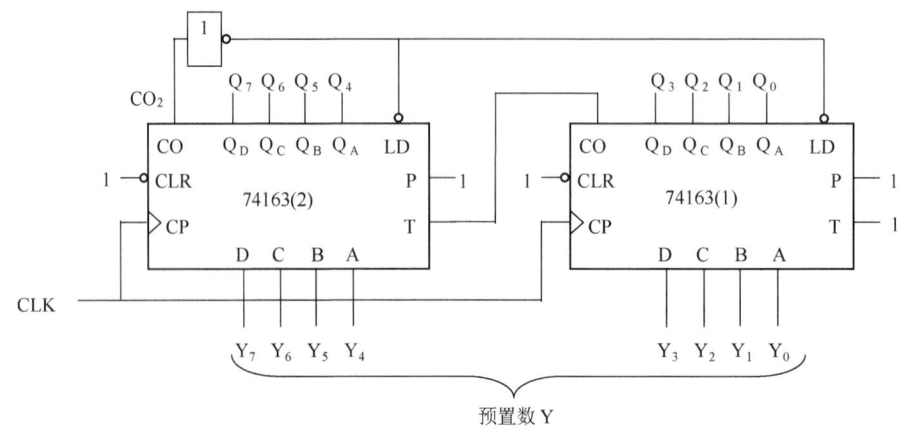

图5-39　2~256进制程控计数器电路

同步级联的实现方法：时钟脉冲CLK同时送到两个芯片的CP端，低位芯片74163(1)的CO接到高位芯片74163(2)的T端，就实现了同步级联。两个芯片构成了8位二进制同步加法计数器，计数值从8个状态输出端Q_7~Q_0输出，计数范围为00000000~11111111。

同步预置法变模实现程控计数。图5-39电路将高位芯片的进位输出信号CO_2取非后送到两个芯片的LD端。分析电路逻辑可知，CO_2的输出逻辑为$CO_2 = Q_7Q_6Q_5Q_4Q_3Q_2Q_1Q_0$。当计数值达到255（11111111）时，$CO_2$输出1，置数信号有效，下一个时钟脉冲将使电路的状态变为预置数Y。因此，该计数器的状态变化范围为Y~255，计数器的模为M=256-Y，改变预置数Y就可以改变计数器的模，不必改变电路结构。

当芯片LD端输入信号为1时，低位芯片进行模16计数，对每个时钟脉冲计数；高位芯片进入计数保持状态。直到低位芯片计数为1111状态时，74163(1)进位输出CO为1，高位芯片进入计数状态，在下一个CLK到来时计数1次，同时低位芯片CO变为0，高位芯片再次进入计数保持状态。可见低位芯片随CLK计数，通过芯片间的进位，使得高位芯片每隔16个时钟脉冲计数一次。注意：因为进位输出CO与P无关，所以电路中的P、T不能互换连接。

方法与结论可推广至更多74163计数器的级联应用。对k个74163级联组成的程控计数器，其模M与计数器的预置数Y之间的关系可按下式计算：

$$Y = 16^k - M \tag{5-6}$$

举例说明：要构成M=135进制的计数器，需要两片74163，预置数为$Y = 16^2 - 135 = 121 = (01111001)_2$。

方法与结论同样可推广至其他计数器的级联应用。74160 和 74162 是 8421 码同步加法计数器，其 CO 输出逻辑为 $CO = T \cdot Q_D \overline{Q_C} \overline{Q_B} Q_A$，采用该器件设计程控计数器时，预置数 Y、计数器模数 M 和级联芯片数 k 的关系为

$$Y = 10^k - M \tag{5-7}$$

本节介绍了计数器的概念、原理和基本应用。虽然现代数字设计大多是基于 HDL 模型来构建一个计数器，但是通过学习 74163 这样的计数器器件，对熟悉计数器的功能特点与应用仍具有重要意义。

5.5.2 移位寄存器

移位寄存器具有二进制数据寄存和串行移位功能，其应用十分广泛。例如，计算机进行远程数据传输时，发送端计算机将并行数据存入移位寄存器，由移位寄存器将其逐位移送到串行传输线路上（完成数据的并/串转换）；接收端计算机从线路上逐位接收数据，串行存入移位寄存器中，接收一个完整的数据字后，从移位寄存器中并行提取数据（完成数据的串/并转换）。移位寄存器还可以用来实现序列检测器和周期序列发生器，也可以实现计数功能，营造节日气氛的彩灯也常用移位寄存器控制显示模式。

1. 触发器构成的移位寄存器

移位寄存器能够在时钟作用下将输入数据寄存并进行移位，D 触发器的次态表达式为 $Q^{n+1} = D^n$，非常适合这样的功能需求。由 D 触发器构成的 4 级移位寄存器（也称 4 位移位寄存器）如图 5-40 所示。

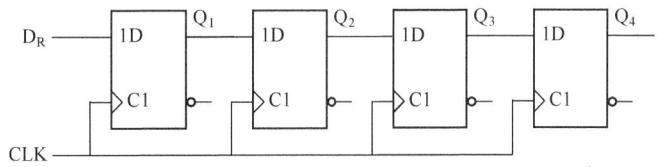

图 5-40　4 级右移寄存器

每一级 D 触发器的输入输出关系为

$$Q_1^{n+1} = D_R^n, Q_2^{n+1} = Q_1^n, Q_3^{n+1} = Q_2^n, Q_4^{n+1} = Q_3^n$$

第一个触发器接收外来数据 D_R，其他各触发器的新状态都是前一级触发器的原状态。每来一个时钟脉冲，数据就向右移动一位，该移位寄存器也称为**右移寄存器**，D_R 是右移数据的串行输入端（Data Right），Q_4 是右移数据的串行输出端。该电路有一个输入信号，16 个状态，根据移位特性，不难画出电路的全状态图。

图 5-41 为 3 级**双向移位寄存器**，具有数据左移、右移、保持、并入 4 种功能。电路的每一级都包括一个 4 选 1 数据选择器（MUX）和一个 D 触发器，MUX 负责选择要存储的数据，D 触发器用于存储数据。以中间一级为例，当 MUX 的地址信号 $S_1 S_0$ 为 00 时，$Q_2^{n+1} = Q_2^n$，触发器保持原状态不变，电路工作在保持模式；$S_1 S_0$ 为 01 时，$Q_2^{n+1} = Q_1^n$，电路工作在右移模式；$S_1 S_0$ 为 10 时，$Q_2^{n+1} = Q_3^n$，电路工作在左移模式；$S_1 S_0$ 为 11 时，$Q_2^{n+1} = d_2^n$，触发器直接存储外来数据，电路工作在并入模式（数据并行输入，也称为数据预置）。

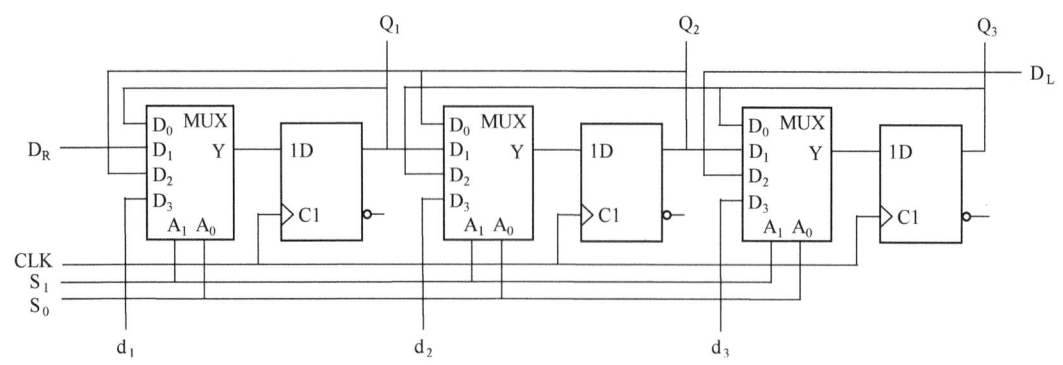

图 5-41 3 级双向移位寄存器

该电路的数据输入有串行和并行两种，D_R 和 D_L 分别是数据右移的串行输入端和数据左移的串行输入端，数据串行输入时只需要 1 条数据线，但需要 3 个时钟脉冲才能完成数据输入；$d_1d_2d_3$ 是数据并行输入端，数据并行输入占用 3 条数据线，只需要 1 个时钟脉冲就能完成数据输入。数据输出也分为串行输出和并行输出，Q_3 和 Q_1 分别是右移和左移的串行输出端，$Q_1Q_2Q_3$ 是并行输出端。该移位寄存器有串入/串出，串入/并出，并入/串出，并入/并出等 4 种数据输入/输出模式。

2. 移位寄存器芯片功能与用法

74 系列中部分典型的移位寄存器芯片如表 5-30 所示，表中所列的移位寄存器都具有异步复位功能，其他操作都是同步的。相对应计数器中的数据预置操作，在移位寄存器中通常用作并行数据输入。

表 5-30 常用 MSI 移位寄存器

型 号	位 数	输入方式	输出方式	移位方式
74164	8	串行	串行、并行	右移
74166	8	串行、并行	串行	右移
74194	4	串行、并行	串行、并行	双向移位
74198	8	串行、并行	串行、并行	双向移位
74299	8	串行、并行	串行、并行（三态）	双向移位

74164 是一种简单的 8 位移位寄存器，其结构与前面介绍的触发器构成的右移寄存器类似，数据由最左边的串行输入端输入，数据输出既可以由最右边的串行输出端输出，也可以由每个触发器的状态输出端并行输出。74166 有一个时钟控制端，通过禁止时钟通过限制所有同步时序操作，实现保持功能；有独立的预置控制端，有效时在时钟触发下实现数据并行输入，无效时在时钟触发下完成移位操作。74194 和 74198 是本节重点讨论的器件。74299 的功能与 74198 类似，其特点是输出三态（可以高阻抗输出），另外就是并行输入端和并行输出端复用（8 个双向引脚）。

下面以 74 系列中功能完善的 4 位双向移位寄存器 74194 为例，介绍移位寄存器芯片的功能和用法。74198 除了位数是 8 位以外，在引脚设置与使用方法上与 74194 完全相同。

3. 74194 功能功能描述

74194 的逻辑符号如图 5-42 所示，该器件的电路功能如表 5-31 所示。

表 5-31　74194 功能表

$\overline{CLR}$	$S_1 S_0$	CP	D_R D_L	A B C D	Q_A	Q_B	Q_C	Q_D	工作模式
0	Φ Φ	Φ	Φ Φ	Φ	0	0	0	0	异步清 0
1	0 0	↑	Φ Φ	Φ	Q_A^n	Q_B^n	Q_C^n	Q_D^n	数据保持
1	0 1	↑	x Φ	Φ	x	Q_A^n	Q_B^n	Q_C^n	同步右移
1	1 0	↑	Φ y	Φ	Q_B^n	Q_C^n	Q_D^n	y	同步左移
1	1 1	↑	Φ Φ	a b c d	a	b	c	d	同步并入

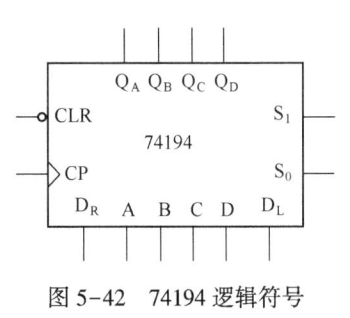

图 5-42　74194 逻辑符号

74194 具有异步清 0、数据保持、同步右移、同步左移、同步并入 5 种工作模式。$\overline{CLR}$ 为优先级最高、低电平有效的异步清 0 控制端。S_1、S_0 为工作方式控制端，4 种取值分别控制保持、右移、左移和并入 4 种同步工作模式，D_R 为右移数据串行输入端，Q_D 为右移数据串行输出端；D_L 为左移数据串行输入端，Q_A 为左移数据串行输出端；ABCD 为并行数据输入端；$Q_A Q_B Q_C Q_D$ 为并行数据输出端。

在实际使用时，移位寄存器可以用于串行输入串行输出、串行输入并行输出、并行输入串行输出和并行输入并行输出等具体数据传输模式，广泛应用于数据传输中的串行与并行转换场合。

4. 74194 的使用与级联

74194 的使用方法简单，只要根据功能要求，按照功能表连接电路即可。例如，74194 需要工作于右移方式，根据功能表，将 CP 端接外加移位时钟脉冲，$\overline{CLR}$ 端接 1，$S_1 S_0$ 端接 01，D_R 端接输入数据，即成为 4 位右移寄存器；将 $S_1 S_0$ 端接 10，D_L 端接输入数据，即成为 4 位左移寄存器。

当电路需要移位寄存数据的位数多于一片移位寄存器芯片的位数时，需要考虑芯片的级联使用。74194 的级联电路如图 5-43 所示，利用两片 74194 级联后，构成了 8 位双向移位寄存器，其功能与 1 片 74198 完全相同，拥有异步复位、同步并入、保持、左移和右移等功能。注意，电路中为了连线方便，调整了两片 74194 逻辑符号上 D_R 和 D_L 的引脚位置。对于中规模器件，教材采用惯用逻辑符号，可以根据需要，改变功能芯片逻辑符号的引脚位置（国标逻辑符号不能随意改动）。

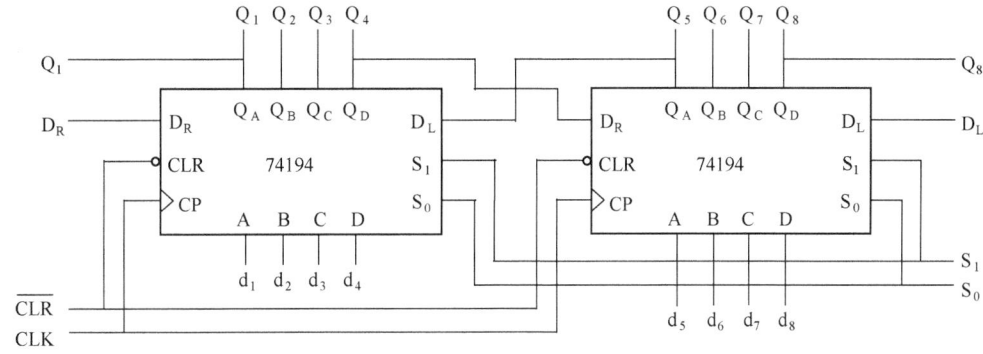

图 5-43　74194 级联构成 8 位双向移位寄存器

5.6 中规模时序逻辑器件的应用

5.6.1 计时器

计时器是计量时间的装置,通过对周期性基准时间信号的计数实现计时。在数字电路中,设计计数器对周期性时钟脉冲信号计数,就可以实现对时间的计量。常见的电子钟、电子表就采用了这种计时原理,数码显示时间的电子钟(表)的结构框图如图 5-44 所示。

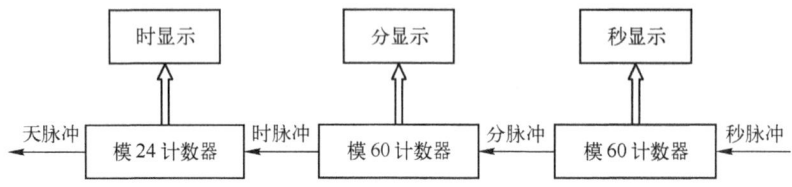

图 5-44 数字显示电子钟、电子表的结构框图

框图中秒计数(模 60 计数器)、分计数(模 60 计数器)和时计数(模 24 计数器)模块都采取两位 8421 码(十进制)计数方式,可以采用两个一位 8421 码计数器级联、再变模构成(或是采用两个 4 位二进制计数器变模、级联再变模构成)。例如,用两片 74160[⊖]级联可以构成模 100 计数器,再变模为模 60 计数器,就可以用作秒计数器或分计数器了。秒计数值的个位和十位分别经七段显示译码器转换为七段显示码,送 LED 七段显示器显示,分计数值的显示方法相同,时计数器在模 100 基础上变模为模 24,再译码显示。

5.6.2 分频器

数字式分频器是一种能够从较高频率输入信号得到较低频率输出信号的数字电路。在分频应用场合,广泛使用数字计数器分频法。相对于输入时钟脉冲信号的周期,计数器的输出信号自然具有周期加倍(整数分频)的特点,对计数器简单设计即可实现分频器,而且计数器的模 N 就是分频器的分频次数 N,称为 N 分频。

例 5-7 某数字系统中振荡器的输出时钟频率为 20 MHz,系统中部分电路需要 2 MHz 时钟信号。试用 74161 设计分频器,能够从 20 MHz 的输入时钟获得 2 MHz 的时钟信号。

解 该分频器的分频次数为 10(20 MHz÷2 MHz),因此,设计一个带有分频信号输出端的十进制计数器即可满足要求。用 74161 实现的一种十分频器如图 5-45 所示。

分频器选择进位输出 CO 端输出分频信号。74161 是 4 位二进制同步加法计数器,变为模 10 计数器的方式可采用**程控变模**思路:M = 16-Y,改变预置数就可以改变分频次数。本例中,Y = 0110,M = 6,计数循环状态为 0110~1111。因此,在一个计数循环中,CO 只在计数状态为

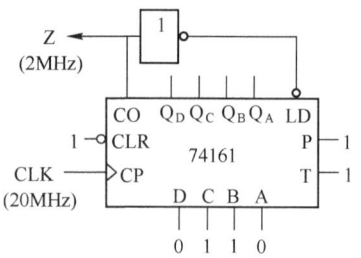

图 5-45 10 分频器电路

[⊖] 74160 是一种十进制计数器(见表 5-27),计数输出 8421BCD,具有上升沿触发、同步加法计数、异步复位、同步置数等特点。有关其应用可参照十六进制计数器 74163 进行。

1111 时输出为 1，其他 9 个状态下都为 0，CO 的工作波形为占空比 10%（高电平持续时间在一个信号周期内所占的百分比）的周期性矩形脉冲信号。

时 标 电 路

n 位二进制计数器具有 n 个计数状态输出端，各输出端由低到高依次输出时钟脉冲信号的 2 分频、4 分频、8 分频、16 分频……，它们都是占空比为 50% 的方波信号。由于这些信号可以提供不同的时间基准，常将这种能够同时产生多个频率信号的电路称为时标电路。

5.6.3 序列检测器

序列检测器是检测特定串行序列的数字电路，可用于串行数据异步传输的帧同步、序列密码检测等场合。前面例 5-1 电路就是一个 1101 序列检测器，用移位寄存器实现序列检测器十分方便，图 5-46 是用 74194 实现 1101（高位先行）序列检测的两种电路。

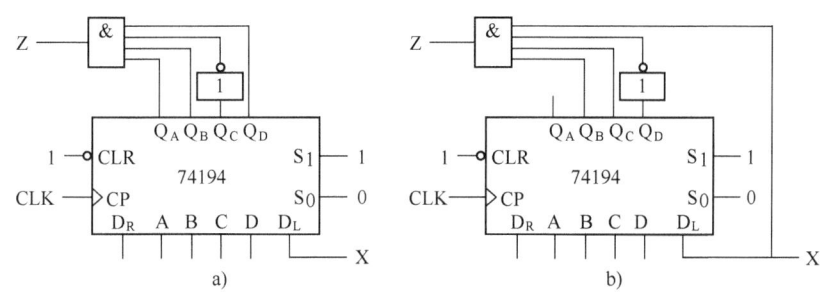

图 5-46 74194 构成 "1101" 序列检测器
a）Moore 型输出 b）Mealy 型输出

两个电路中，74194 均设置为左移寄存器，待检测的串行序列由左移串行输入端 D_L 输入，在时钟脉冲作用下，经 Q_D 到 Q_A 左移输出，移位寄存器将串行数据转换为并行数据，供门电路进行序列检测。

图 5-46a 检测 74194 存储的 4 位序列，当序列值是 1101 时，与门输出 Z=1，表示检测到指定序列。显然，检测长度为 n 的二进制序列，需要 n 位左移寄存器；若要检测另一种序列码，只要改变用于状态检测的门电路。

图 5-46b 检测同样的序列，只用了 74194 中的 3 级左移寄存器存储序列中的前 3 位，最后到来的一位直接送往序列检测门电路，与前 3 位一起检测。这种序列寄存器检测长度为 n 的序列，需要 $n-1$ 位左移寄存器。

图 5-46a 的输出 Z 是电路状态的函数 $Z=Q_A Q_B Q_C Q_D$，与输入 X 无直接关系，是 **Moore 型输出**。这类电路的特点是，使用的存储器件比 Mealy 型多，由于输入信号都要存储后才能影响输出，使电路响应稍慢，但输出信号稳定，不易受输入信号中的噪声影响。

图 5-46b 的输出 Z 既是电路状态、也是输入信号的函数 $Z=Q_A Q_B Q_C X$，是 **Mealy 型输出**。Mealy 型电路使用的存储器件比 Moore 型少，输入信号直接作用于输出，电路响应快，但输出信号容易受到输入信号中噪声的干扰。

图 5-46 中的两个电路都是**可重叠序列检测器**，不能用于不可重叠的序列检测。

图 5-47 所示电路是不可重叠的 1101 序列检测器。移位寄存器设置为左移模式，数据 X

从左移串行输入端 D_L 输入。当 $Q_AQ_BQ_CQ_D$ 为 1101 时，输出 Z=1，表明电路此时检测到数据 X 中连续的 1101 序列。此时，S_1S_0 为 11，74194 工作在同步置数（同步并入）模式。下一个时钟脉冲作用下执行数据并行输入操作，并行输入端 000 清除已有检测序列，序列的下一位输入经并入端 D 送到 Q_D（与经 D_L 移入 Q_D 效果相同），保证序列输入不间断。电路进入新状态后，Z=0，电路回到左移模式（$S_1S_0=10$），继续在时钟脉冲作用下输入后续各位进行检测。该电路的工作要点是，一旦检测到 1101，就执行寄存器清除操作，重新开始检测新序列。

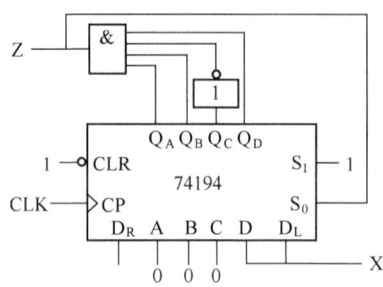

图 5-47　74194 构成不可重叠"1101"序列检测器

5.6.4　序列发生器

序列发生器是一种能够在时钟脉冲作用下产生周期性序列输出的数字电路。利用计数器的状态循环特性和数据选择器（或者译码器、逻辑门），可以方便地实现序列发生器。

一个用计数器 74163 和数据选择器 74151 构成的"11100100"序列发生器电路如图 5-48 所示。在这种电路中，计数器的模等于序列的周期，计数器的状态输出作为数据选择器的地址码，数据选择器的数据输入端预置需要产生的序列，数据选择器周期性输出指定序列。因为序列的周期为 8，所以 74163 应设计为模 8 计数器，对于 4 位二进制计数器 74163 来说，$Q_CQ_BQ_A$ 就是 3 位二进制计数器。当 74163 的 $Q_CQ_BQ_A$ 在 000~111 间循环时，74151 将依次选择 $D_0 \sim D_7$ 作为输出，从而在输出端 Z 周期性地产生 11100100 序列。

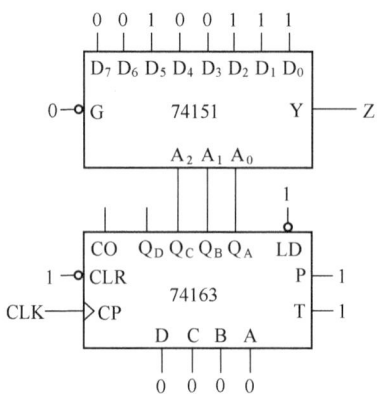

图 5-48　"11100100"序列产生器

图 5-48 所示电路也可作为将 8 位并行数据转换为串行数据的数据并/串转换电路，8 位并行数据从 74151 的 8 个数据端输入，从 Z 端串行输出。

用移位寄存器实现序列发生器时，可以采用计数器设计序列产生器的思路，即用移位寄存器产生一个包含 n 个状态的循环（可以看作模 n 计数器），然后在数据选择器上用这 n 个状态依次选择序列的各位输出。

移位寄存器实现序列发生器，也可以直接利用其移位特性，根据要产生的序列码，结合外部组合电路的输入，设计实现 n 个状态循环的序列发生器。本节介绍其中一种典型的序列发生器——**m 序列发生器**。

m 序列发生器是一种伪随机序列发生器，伪随机序列的统计特性具有较好的随机性，但它本身是确定的，并非随机序列。图 5-49a 是由 74194 构成的周期（长度）是 15 的 m 序列发生器。电路中 74194 接成右移寄存器，输入信号 $D_R = Q_C \oplus Q_D$，序列由 Q_D 输出（由于移位特性，Z 可以由 D_R、$Q_A \sim Q_D$ 的任何位置输出）。移位寄存器电路的分析比较简单，根据 D_R 表达式和移位特性可以直接确定电路每个状态的次态，电路的全状态图如图 5-49b 所示，电路输出的 m 序列为 000100110101111（起点任选），循环输出。

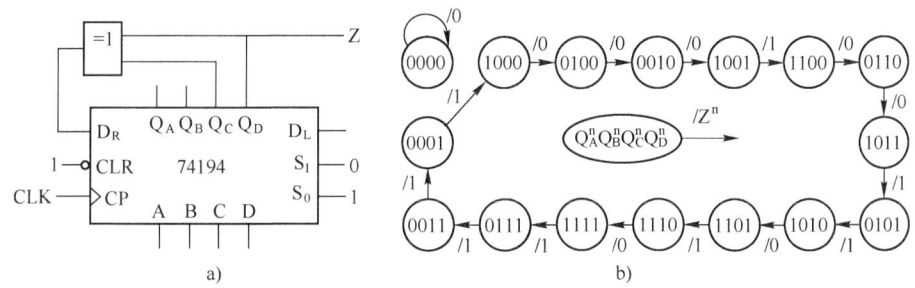

图 5-49 74194 构成 m 序列发生器
a) 电路图　b) 全状态图

一般地，n 级移位寄存器可以产生周期为 (2^n-1) 的 m 序列，表 5-32 给出了 n 级移位寄存器构成 m 序列发生器时反馈函数 D_R 的构成方法，其中右移寄存器最左边是 Q_1，由表可见，某些长度的 m 序列可以有不同的实现结构。

表 5-32　m 序列发生器反馈函数表

n	2^n-1	反馈函数
3	7	$Q_1 \oplus Q_3$，$Q_2 \oplus Q_3$
4	15	$Q_1 \oplus Q_4$，$Q_3 \oplus Q_4$
5	31	$Q_2 \oplus Q_5$，$Q_3 \oplus Q_5$
6	63	$Q_1 \oplus Q_6$
7	127	$Q_1 \oplus Q_7$，$Q_3 \oplus Q_7$
8	255	$Q_1 \oplus Q_2 \oplus Q_3 \oplus Q_8$

由全状态图可知，状态 0000 构成自循环，若电路处于状态 0000，就会一直处于该状态，无法进入有效循环，也就无法输出序列。时序电路只能有一个状态循环，即有效工作状态构成的状态循环，若时序电路的无效（多余）状态也构成了循环，则称电路存在**无效循环**（也称为死循环），此时电路不能自启动。

图 5-50 是在保留图 5-49a 电路连接关系的基础上通过增加自启动电路实现的两种能够自启动的 m 序列发生器。

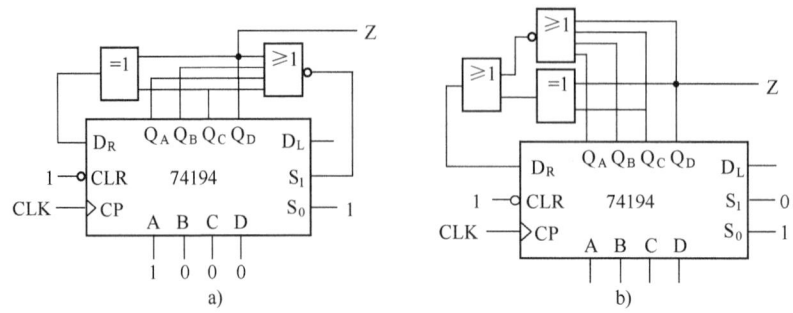

图 5-50 能自启动的 m 序列发生器
a) 自启动电路一 b) 自启动电路二

图 5-50a 采用同步预置法实现自启动：增加或非门自启动电路。一旦 $Q_A Q_B Q_C Q_D$ 为 0000，或非门输出 1，$S_1 S_0$ 由同步右移模式（01）转换为同步置数模式（11）。预置数可以选择有效循环中的任一状态。当电路进入有效循环后，或非门输出 0，$S_1 S_0$=01，74194 工作在右移模式，正常输出周期性序列。该方法和计数器中同步预置法变模思路相同。

图 5-50b 通过改变移位寄存器输入信号实现自启动：增加或非门构成自启动电路。或非门状态检测输出和原反馈信号合并后送右移输入端。$Q_A Q_B Q_C Q_D$ 为 0000 状态时，或非门输出为 1，使 D_R=1，电路的下一个状态是 1000，脱离 0000 状态，进入有效循环。在有效循环中，或非门输出总是 0，不会影响原电路的 D_R。

自启动电路设计补充说明

① 对自启动电路的一般要求是：在某个（某些）无效状态起作用，能使电路进入有效状态；当电路工作在有效循环时，自启动电路无效，不会影响电路的正常工作。

② 自启动电路设计的几种思路：
- 利用复位端或置数端对电路初始化。
- 设计无效状态检测电路，通过复位或置数跳出无效循环，进入有效循环状态圈。
- 通过电路的优化设计，使电路只有有效循环圈，消除无效循环状态圈。

5.6.5 移位型计数器

采用移位寄存器结合反馈，可以实现计数器功能，称为移位型计数器。移位型计数器的常见类型一般包括环形计数器、扭环形计数器和变形扭环形计数器。

环形计数器的基本结构如图 5-51a 所示，74194 被设置为 4 级右移寄存器，末级输出回送到右移输入端，形成了环形移位结构。该电路的全状态图如图 5-51b 所示，通常用只包含一个 1（或一个 0）的状态循环作为计数循环，这是一个模 4 计数器。环形计数器的优点是结构简单，容易实现；无须状态译码，只要看状态输出端就可以知道当前的计数值，如 Q_A 为 1 表示计数值为 0，Q_B 为 1 表示计数值为 1 等。该电路存在的问题是无效状态多，不能自启动。

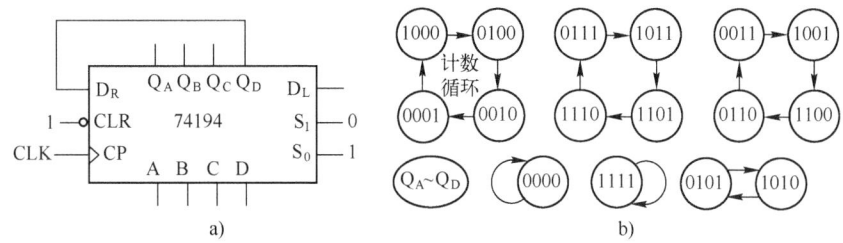

图 5-51　74194 构成模 4 环形计数器
a）电路图　b）全状态图

环形计数器的上述结论可以推广到一般情况：将 n 级移位寄存器的串行输出端末级反馈连接到串行输入端，构成模 n 环形计数器。模 n 环形计数器有 (2^n-n) 个无效状态，存在无效循环，需要采取措施实现电路的自启动。若改变电路连接，令 $D_R = \overline{Q_1+Q_2+Q_3}$，就能在保留原有计数循环功能的同时，跳出所有无效循环，实现电路的自启动。因此，能够自启动的模 n 环形计数器的串行输入信号一般连接为 $D_R = \overline{Q_1+Q_2+\cdots+Q_{n-1}}$，即前 $(n-1)$ 级 Q 端输出信号**或非**后作为串行输入信号。请读者自行画出电路图和全状态图，验证该方案。

从状态的有效利用方面看，n 级移位寄存器构成模 n 环形计数器，存在 (2^n-n) 个无效状态，环形计数器的有效状态太少。

扭环形计数器的基本结构如图 5-52a 所示，其全状态图如图 5-52b 所示，计数循环中有 8 个状态，是模 8 计数器，比环形计数器的模扩大了一倍。扭环形计数器已经失去了环形计数器可以直接读出计数值，无须状态译码的优点（但其译码电路仍比二进制计数器的译码电路简单）。该电路也存在不能自启动的问题。

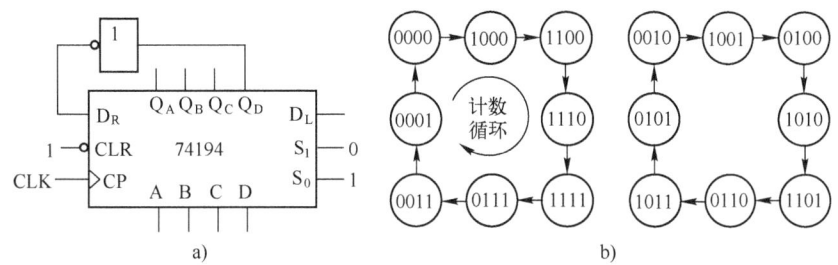

图 5-52　74194 构成模 8 扭环形计数器
a）电路图　b）全状态图

扭环形计数器的结构特征是：将 n 级移位寄存器的末级输出取反后连接到串行数据输入端，构成模 2n 扭环形计数器。电路有 (2^n-2n) 个无效状态，存在不能自启动问题。

由图 5-52 所示的扭环形计数器状态循环中包含状态 0000，可以采用异步复位法（与计数器异步复位变模的原理相同）实现电路自启动。在无效循环中任意选取一个状态，如 0010，设计门电路检测该状态，检测结果输入异步复位 CLR 端。一旦出现 0010 状态，门电路立即输出有效低电平，控制 74194 进行异步复位，状态转为 0000，进入有效循环圈内。

图 5-53 描述的能够自启动的扭环形计数器即是根据这样的思路。当电路运行在无效循环中，到达状态 0010 时，异步复位电路起作用，74194 立即复位，电路进入 0000 状态，实现自启动。

从有效循环状态的数量特点看，n 级移位寄存器构成的扭环形计数器的模为 $2n$，只能实现偶数模计数器。

变形扭环形计数器的基本结构如图 5-54 所示，由 4 级移位寄存器构成模 7 变形扭环形计数器。该计数器具有自启动能力，请读者自行画出其全状态图。

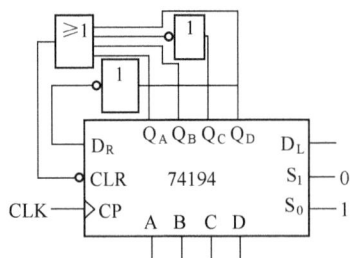

图 5-53 能自启动的模 8 扭环形计数器　　图 5-54 74194 构成模 7 变形扭环形计数器

变形扭环形计数器的结构的结构特点是：将 n 级移位寄存器的最后两级输出信号与非后连接到串行数据输入端，可以构成模为 $(2n-1)$ 的变形扭环形计数器，这种计数器为奇数模移位型计数器，可以自启动。

—— 本 章 小 结 ——

时序电路和组合电路结构不同，因而具有不同的描述方式、功能特点、分析方法和设计方法。时序电路的核心器件是存储器件，用于存储数字电路工作中的数据信息。触发器是最基本的存储器件，也是构成计数器、移位寄存器等时序器件的基本单元。基于触发器、计数器、移位寄存器的电路众多，介绍难以完全覆盖，本章主要通过常见时序电路的介绍，学习时序电路的基本概念、分析方法和设计方法。

—— 本 章 习 题 ——

5.1　时序逻辑电路有什么特点？它和组合逻辑电路的主要区别是什么？

5.2　试述同步时序电路和异步时序电路的区别。

5.3　试述 Mealy 型和 Moore 型时序逻辑电路的区别。

5.4　某时序电路的状态图如题图 5-1 所示，试列出它的状态表，并说明电路的输出是 Mealy 型还是 Moore 型。若电路的初始状态是 A，输入序列是 1011101，试求对应的状态序列和输出序列。最后一位输入后，电路处于什么状态？

5.5　触发器构成电路如题图 5-2 所示，写出 Q_0、Q_1 的次态表达式，说明电路功能。

5.6　上升沿触发的 D 触发器的输入波形如题图 5-3 所示，画出对应的 Q 端波形（设初态 $Q=0$）。

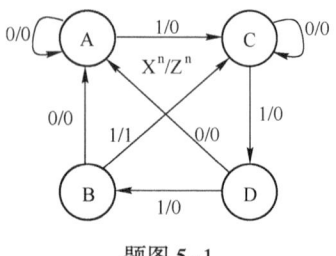

题图 5-1

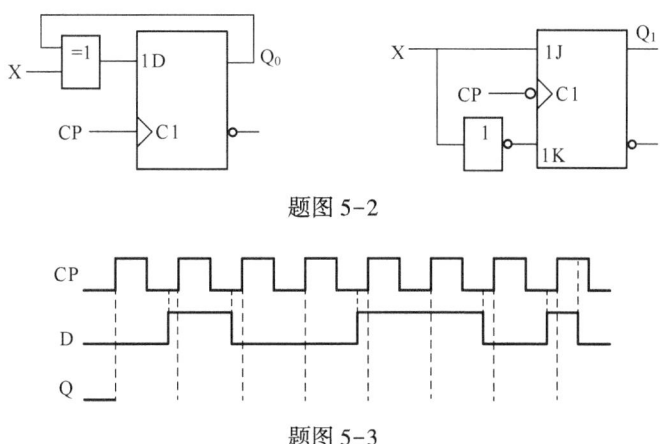

题图 5-2

题图 5-3

5.7 题图 5-4 所示为带异步控制端的上升沿触发 D 触发器,将图所示信号送入 D 触发器,试画出 Q 的波形图。

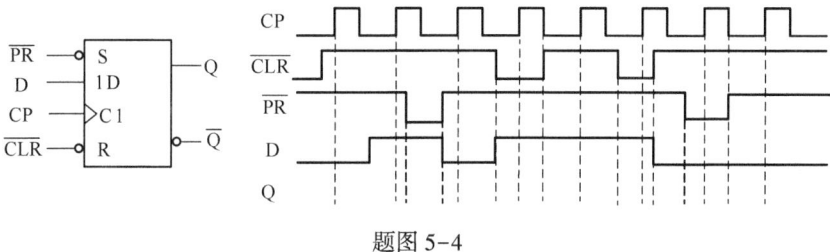

题图 5-4

5.8 T 触发器构成题图 5-5 所示电路。试写出电路的次态方程,列出状态表,完成波形图(设初态 $Q=0$)。

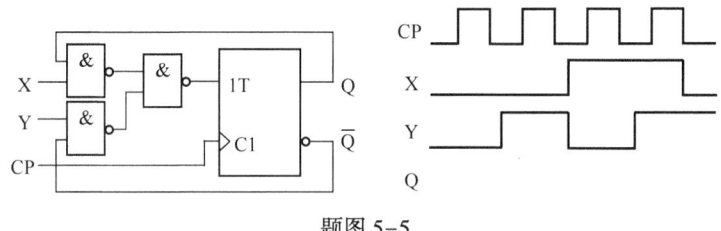

题图 5-5

5.9 分析题图 5-6 所示同步时序电路。试写出触发器 Q_3、Q_2 和 Q_1 的次态表达式,列出电路的状态表,说明电路功能。

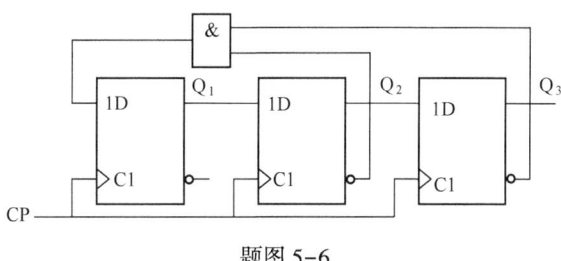

题图 5-6

5.10 分析题图5-7所示同步时序电路。试写出触发器的次态表达式，求出电路的状态表（图），指出电路的逻辑功能。

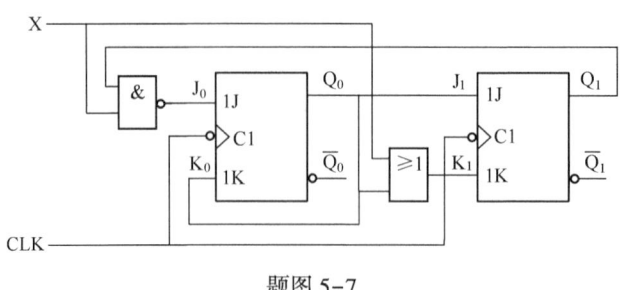

题图 5-7

5.11 用上升沿触发的 T 触发器构成四进制异步加法计数器。画出电路图和电路全状态图。

5.12 用下降沿触发的 JK 触发器构成八进制同步加法计数器。画出电路图和电路全状态图。

5.13 用上升沿触发的 D 触发器构成五进制加法计数器。要求采用异步加法计数器变模，画出电路图和电路全状态图，指出状态图中的有效状态和无效状态。

5.14 用下降沿触发的 JK 触发器构成四进制可逆计数器。当控制信号输入 0 时，执行四进制加法计数；当控制信号输入 1 时，执行四进制减法计数。阐明设计过程，画出电路图；搭建 Multisim 仿真电路，验证电路功能，并结合仿真结果，解释电路的工作原理。

5.15 用下降沿触发的 JK 触发器构成 3 级左移移位寄存器，要求采用尽量少的逻辑门。

5.16 用上升沿触发的 D 触发器构成 3 级双向可控移位寄存器。阐明设计过程，画出电路图，搭建 Multisim 仿真电路，验证电路功能，并结合仿真结果，解释电路的工作原理。

5.17 用 4 位二进制加法计数器芯片 74163 构成的电路如题图 5-17 所示。试分析电路中计数器芯片 74163 的工作模式，画出电路的主循环状态图，并说明该电路的功能。

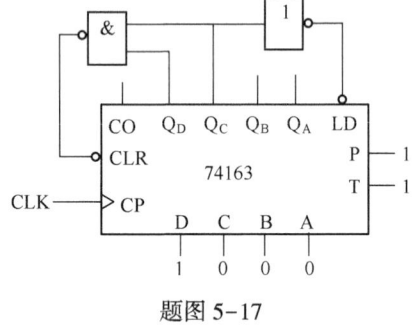

题图 5-17

5.18 分析题图 5-18 所示电路。写出置数输入信号 $\overline{LD}$（LD 端输入信号）和输出信号 Z 的逻辑函数表达式，分析电路中计数器芯片 74161 的工作模式，画出电路的全状态图，说明电路的逻辑功能。

5.19 题图 5-19 所示电路是 4 位二进制加法计数器 74161 和数值比较器 7485 组成的计数分频电路。试画出电路的全状态图，指出该计数器的模值。并分析若将非门输出改接 CLR 端（输入复位信号 $\overline{CLR}$，低电平有效），电路为多少分频？

5.20 分析题图 5-20 所示电路，画出电路全状态图，判断该电路中 74163 构成计数器的模值；列出计数状态 $Q_D Q_C Q_B Q_A$ 的各有效循环状态与八选一数据选择器 74151 输出端 Y 之间的取值关系（列真值表）；并根据 Y 的取值规律，分析发光二极管 LED 亮、灭的变化规律。

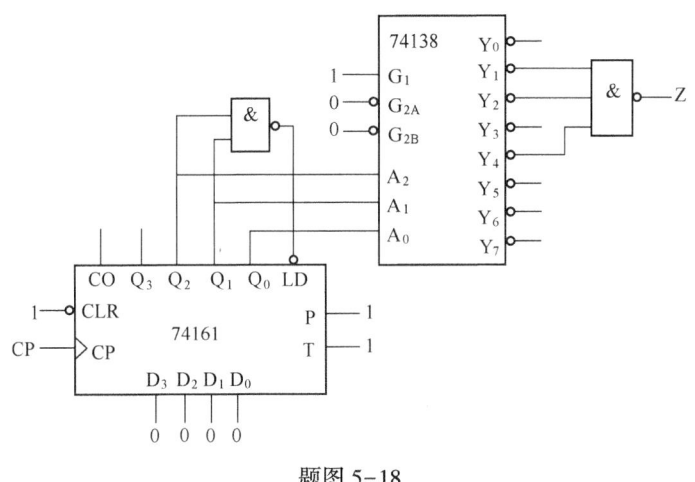

题图 5-18

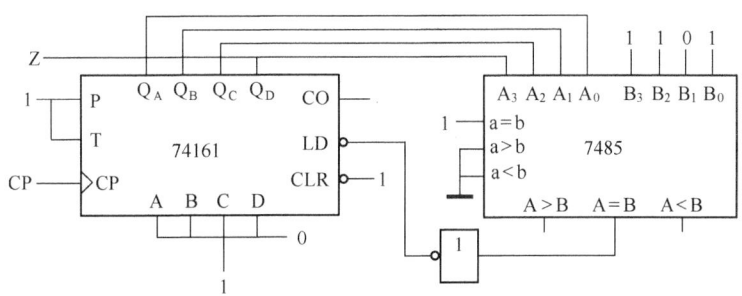

题图 5-19

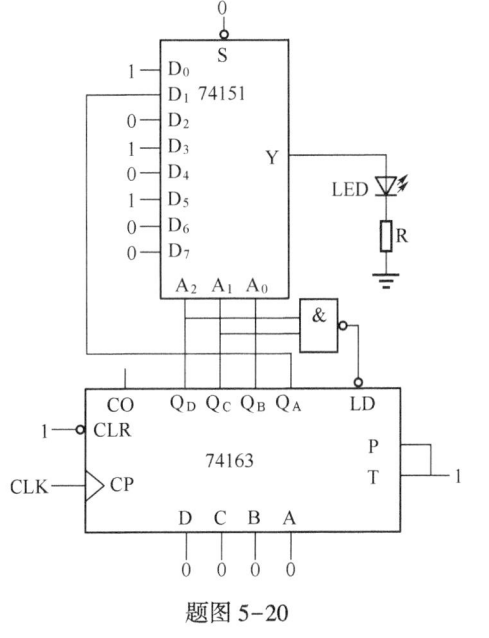

题图 5-20

5.21 分析题图 5-21 所示电路，画出 $Q_A \sim Q_D$ 的全状态图，说明电路功能，判断电路能否自启动。

5.22 分析题图 5-22 所示电路，说明电路功能，指出电路类型（Mealy 型或 Moore 型），以及 X 同时接到左移串行输入端 D_L 和置数端 D 的作用。

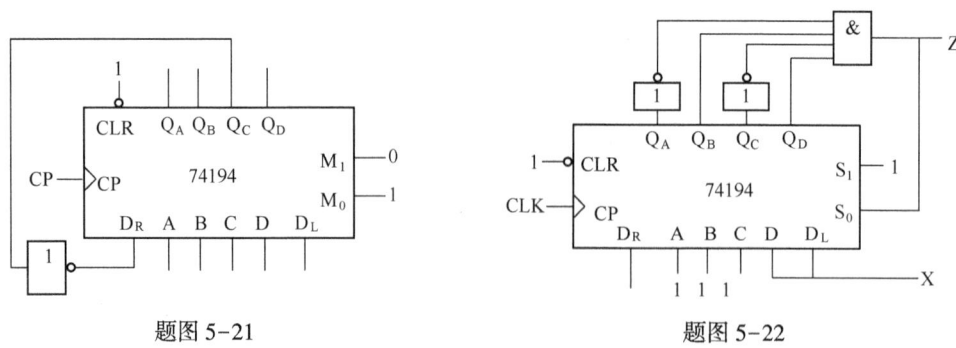

题图 5-21　　　　　　　　　　　题图 5-22

5.23 用 4 位二进制加法计数器 74163 和四选一数据选择器构成 1110010010 序列产生器；将四选一数据选择器改为译码器 74138 或逻辑门重复该序列产生器的电路设计。搭建 Multisim 仿真电路，验证电路功能，观察仿真结果。

5.24 分别用 74163 分别设计十二进制、8421BCD、5421BCD 码计数器。搭建 Multisim 仿真电路，验证电路功能，观察仿真结果。

5.25 分别用四位双向移位寄存器 74194 设计 Mealy 型和 Moore 型序列检测器，检测序列为 1010，允许序列码重叠。

5.26 用 74194 与合适的组合逻辑器件（自由选择）设计 "00011101" 周期序列产生器。搭建 Multisim 仿真电路，验证电路功能，观察仿真结果。

——— 本 章 自 测 ———

一、填空题

1. 数字电路按照结构和工作原理可分为（　　　）和（　　　）。描述时序逻辑电路的三组方程是指（　　　）方程、（　　　）方程和（　　　）方程。

2. JK 触发器的特征方程为（　　　）。已知 JK 触发器的初态 $Q^n = 1$，若要使其次态 $Q^{n+1} = 0$，则 JK 为（　　　）。

3. T 触发器的状态为 0，若要使其次态为 1，激励输入 T 应为（　　　）。

4. 电路如题图 5-13 所示，已知 $X^n = 1$，$Q^n = 0$，则其次态 Q^{n+1} 是（　　　），$Z^n =$（　　　）。

5. 电路状态图如题图 5-14 所示，则该电路的功能是（　　　）。

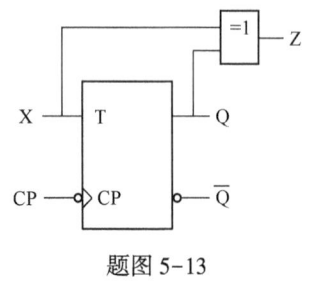
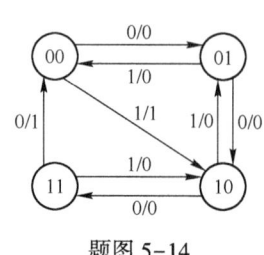

题图 5-13　　　　　　　　　題图 5-14

6. 采用 n 个触发器构成计数器，最大计数长度为（   ）。

7. 一个 5 位二进制加法计数器，初始状态为 00000，经过 109 个输入脉冲后，此计数器的状态为（   ）。

8. 用频率 10kHz 的方波作时钟，经过 8421BCD 码计数器后，最高位输出信号的周期为（   ）、占空比为（   ）。

9. 设计模 61 的自然二进制码计数器、十进制计数器和余 3 BCD 码计数器分别需要（   ）级、（   ）级和（   ）级触发器。

10. 分析题图 5-15 所示电路。说明题图 5-15a 中计数器的模为（   ），电路功能为（   ）；题图 5-15b 中计数器的模为（   ），用频率 10 kHz 的方波做时钟，最高位 Q_D 输出信号的频率为（   ），占空比为（   ）。

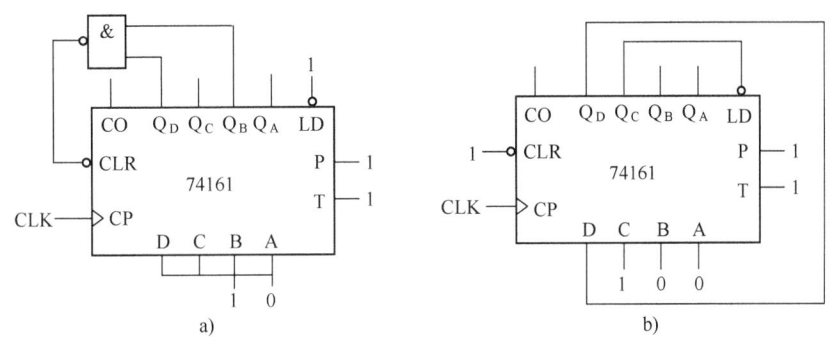

题图 5-15

二、选择题

1. 已知与非门构成题图 5-16 所示基本 RS 触发器，R、S 是输入端，则约束条件为（   ）。

A. RS=0 B. RS=1 C. R+S=0 D. R+S=1

2. 题图 5-17 所示电路中，JK 触发器的次态 Q^{n+1} 表达式为（   ）。

A. $X^n \oplus Y^n$ B. $(X^n \oplus Y^n)\overline{Q^n}$
C. $(X^n \oplus Y^n)+Q^n$ D. $(X^n \oplus Y^n)+\overline{Q^n}$

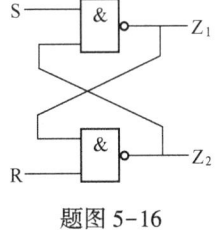 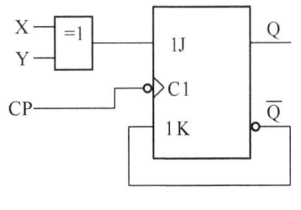

题图 5-16　　　　　　　　题图 5-17

3. 利用 JK、D、T 等触发器分别实现 T′功能，则可能的连接方式为（   ）

A. $J^n=K^n=1$，$D^n=1$，$T^n=1$ B. $J^n=\overline{Q^n}$，$K^n=Q^n$，$D^n=\overline{Q^n}$，$T^n=Q^n$
C. $J^n=K^n=1$，$D^n=\overline{Q^n}$，$T^n=1$ D. $J^n=\overline{Q^n}$，$K^n=Q^n$，$D^n=\overline{Q^n}$，$T^n=Q^n$

4. 下列说法正确的是（   ）。

A. 触发器能存储二值信号，是构成时序逻辑电路基本单元电路

B. 时序逻辑电路必包含存储电路，但输出未必与电路状态相关
C. 计数器的模是指构成计数器的触发器的个数
D. 异步时序电路的各级触发器类型不同

5. 题图 5-18 所示电路中，只有（　　）不能实现 $Q^{n+1}=\overline{Q^n}$。

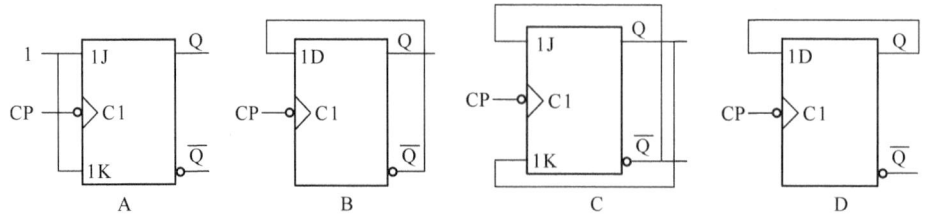

题图 5-18

6. 用周期为 10 μs 的时钟信号，产生周期为 100 μs、且波形对称的方波，则应采用（　　）计数器。
   A. 模 5　　　　　B. 8421BCD　　　C. 4 位二进制　　　D. 5421BCD

7. 下列说法正确的是（　　）。
   A. 同步计数器的电路比异步计数器复杂，实际应用中较少使用同步计数器
   B. 把一个五进制计数器与一个十进制计数器串联可得到十五进制计数器
   C. 两位十进制数 BCD 计数器需要 8 个触发器
   D. 当时序电路存在无效循环时，该电路也能自启动。

8. 若要设计一个 "1101001110" 序列发生器，应选用（　　）个触发器。
   A. 2　　　　　　B. 3　　　　　　C. 4　　　　　　D. 10

9. 下列说法中，错误的是（　　）。
   A. 将 D 触发器的 $\overline{Q}$ 输出端反馈连接到 D 输入端可构成 T′ 触发器
   B. 采用 5421BCD 码的模 10 计数器最高位可输出对称方波
   C. 2 位十进制数 BCD 计数器需要 7 个触发器
   D. 4 位二进制计数器也是一个 16 分频电路

10. 74163 工作在加法计数模式下，其最高位输出为时钟脉冲的（　　）分频。
    A. 2　　　　　　B. 4　　　　　　C. 8　　　　　　D. 16

11. 下列说法中，正确的是（　　）。
    A. 双向移位寄存器可以同时执行左移和右移功能
    B. 环形计数器在每个时钟脉冲 CP 作用时，仅有一位触发器发生状态更新
    C. 环形计数器如果不作自启动修改，总有孤立状态存在
    D. 扭环形计数器具有自启动特性

12. 可以用来实现并/串转换和串/并转换的器件是（　　）。
    A. 加法器　　　B. 译码器　　　C. 移位寄存器　　　D. 计数器

13. 题图 5-19 所示电路功能是（　　）。
    A. 模 5 扭环形计数器　　　　　B. 模 7 变形扭环形计数器
    C. 序列检测器　　　　　　　　D. 序列发生器

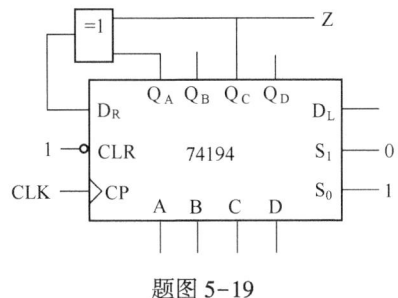

题图 5-19

三、分析设计题

1. 下降沿触发的 JK 触发的输入波形如题图 5-20 所示，画出对应的 Q 端波形（设初态 Q=0）。

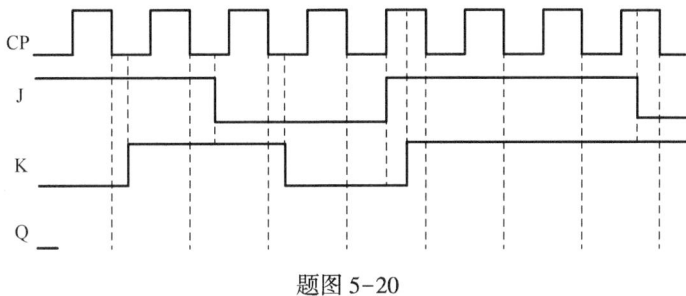

题图 5-20

2. 用 JK 触发器设计一个 7 进制同步加法计数器。试画出电路状态图，列出状态表，得出触发器方程组，画出设计电路。

3. 试用 74163 构成模 11 计数器，画出电路图和全状态图。

4. 由 4 位双向二进制移位寄存器 74194 和四选一选择器等构成的时序电路如题图 5-21 所示。已知 D_L 为 74194 的左移串行输入端，$S_1S_0 = 10$ 时 74194 左移。

（1）写出四选一选择器输出 Y 的表达式。

（2）如果 74194 的初始状态为 0000，画出电路 $Q_AQ_BQ_CQ_D$ 的主循环状态图。

（3）如果用 Z 去驱动 LED，试说明输出 Z 的一个输出周期循环内 LED 的亮、灭变化规律。假设 Z 高电平时 LED 亮。

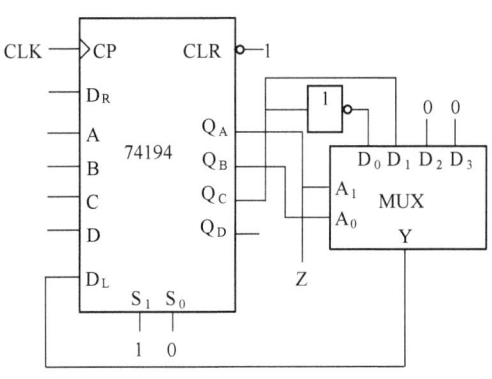

题图 5-21

5. 74LS163 是 4 位二进制同步加法计数器，构成题图 5-22 所示电路，Q_D 是计数值的高位。

（1）画出电路的全状态图，说明该计数器的模和编码方式，该计数器能否自启动？

（2）利用 74LS163 设计分频电路，实现对输入时钟信号 12 分频的功能，分频输出为 Z。要求写明设计思路，画出状态转换图、时钟和输出之间的分频波形图和电路。（如果需要，可增加辅助逻辑门）。

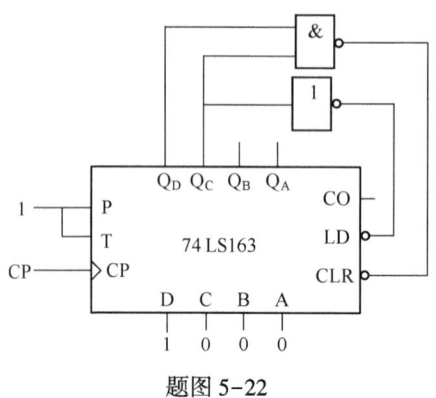

题图 5-22

第6章 半导体存储器与可编程逻辑器件

—— 内容提要 ——

半导体存储器是能够存储二进制信息的大规模集成电路，可编程逻辑器件（PLD）的逻辑功能可按照用户对器件的编程来确定。这两类器件因具有某种相关特性，因而常被放在一起学习讨论。本章将系统介绍半导体存储器和可编程逻辑器件的电路结构、基本原理、主要技术指标和使用方法。

—— 知 识 图 谱 ——

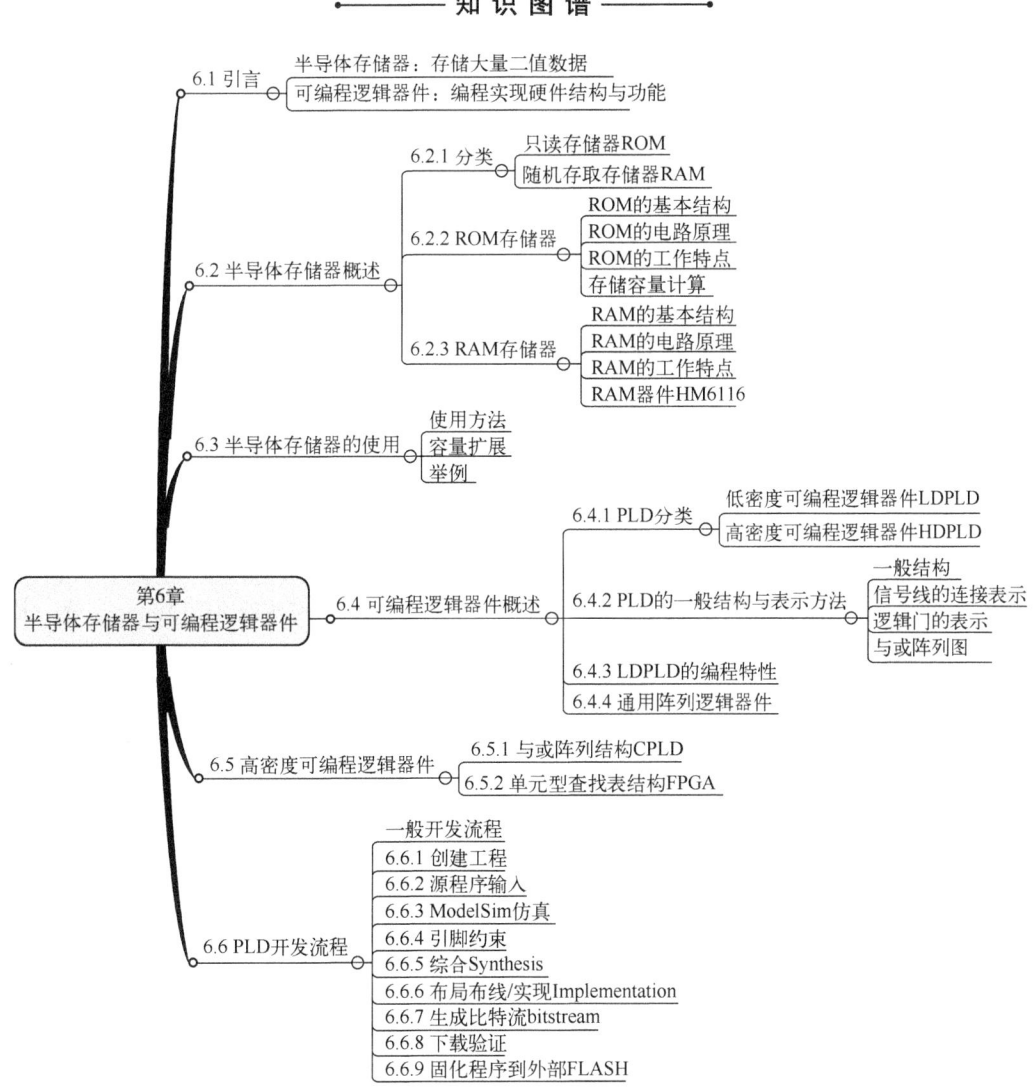

6.1 引言

半导体存储器是一种能够存储大量二进制数据的存储器件，它的最常见用途是在计算机系统中实现程序存储器和数据存储器。可编程逻辑器件是一种可由用户通过"编程"设置芯片内部硬件结构与功能的逻辑器件，与 74 系列功能确定的标准器件相比，便于功能修改和大规模集成。随着可编程逻辑器件的不断发展，在单个芯片上就可以实现复杂的数字系统，可编程逻辑器件已经进入片上系统 SOC（System On Chip）时代。

从功能上看，半导体存储器和可编程逻辑器件是两个不同类型的器件。但很有意思的是，最早的可编程逻辑器件 PROM 恰恰就是存储器的一种，只不过它只能实现组合逻辑功能，而不能实现时序逻辑电路。存储器的主要功能是存储数据，而触发器作为时序电路中的存储器件，主要功能是记忆电路的状态。

本章介绍半导体存储器和可编程逻辑器件的基本概念、电路结构原理及使用方法。

6.2 半导体存储器概述

存储器是现代电子系统不可或缺的重要组成部分，软盘、光盘、U 盘、固态硬盘 SSD 等是人们司空见惯的几类存储器件。本节仅介绍半导体存储器。

6.2.1 半导体存储器的分类

根据信息的存取方式不同，可以将半导体存储器（Semiconductor Memory）分为只读存储器（Read-Only Memory，ROM）和随机存取存储器（Random Access Memory，RAM）两大类。正常工作状态下，ROM 只能读出信息而不能修改或重新写入信息，断电后信息不会丢失，是非易失性存储器件，适合于存储固定数据的场合，如在计算机中用作程序存储器和常数表存储器。RAM 既能读又能写，但断电后会丢失信息，是易失性存储器件，用于需要频繁修改存储单元内容的场合，如在计算机中用作数据存储器（内存）。

ROM 可以进一步分为掩模 ROM、PROM、EPROM、EEPROM 和 Flash Memory 等。掩模 ROM 的存储内容在厂家生产芯片时通过"掩膜"工艺植入，用户无法更改；PROM（Programmable ROM）具有一次性可编程特性；EPROM（Erasable PROM）可以用紫外线擦除存储的信息，从而可以再次写入信息、反复编程；EEPROM（Electrically Erasable PROM）则可以电擦除，反复编程使用；Flash Memory（闪存）存储容量更大、集成度更高，在 EEPROM 基础上改进了存储结构，提高读写速度。

RAM 分为静态 RAM（Static RAM，SRAM）和动态 RAM（Dynamic RAM，DRAM）。SRAM 以双稳态结构（类似于触发器）存储信息，只要不断电，信息就可以保存；DRAM 则以 MOS 管栅、源极间寄生电容存储信息，因电容器存在漏电现象，DRAM 必须每隔一定时间重新写入存储的信息，防止信息丢失，称为刷新。DRAM 结构简单，集成度高，但存取速度不如 SRAM 快，且需要刷新电路。DRAM 通常用作大容量数据存储器，如计算机内存；而 SRAM 适合用于容量较小、快速存取的场合，如 CPU 中的缓存。

半导体存储器的详细分类如图 6-1 所示。

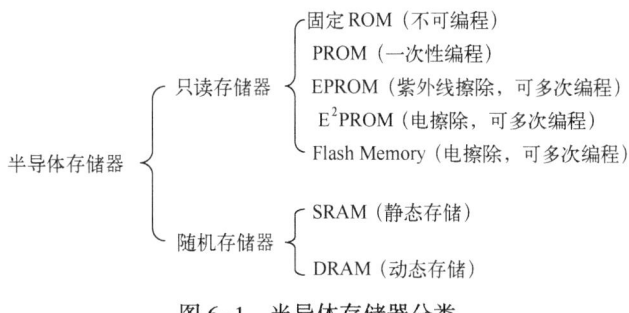

图 6-1 半导体存储器分类

6.2.2 ROM 存储器

ROM 的基本结构如图 6-2 所示，通常由存储矩阵、地址译码器和输出缓冲器三个部分组成。

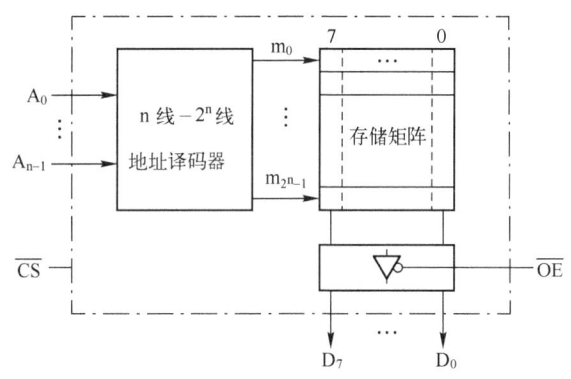

图 6-2 ROM 的基本结构

存储矩阵由多个存储单元排列而成，每个存储单元中能存放 8 位二进制信息（0 或 1）。为了便于读写操作，每个存储单元都分配了唯一的地址码（Address），输入不同的地址码，就可以选中不同的存储单元。地址译码器将输入的地址码译成相应的控制信号，利用这个控制信号从存储矩阵中选出指定的存储单元，并将其中的数据送到输出缓冲器。输出缓冲器一般都包含三态缓冲器，一方面可以提高存储器的带负载能力，另一方面可实现对输出状态的三态控制，以便与系统的数据总线连接。

ROM 中的数据通常按单元寻址，每个地址对应一个单元，图 6-2 中为 8 比特字长。地址译码器有 n 条地址线 $A_{n-1} \sim A_0$（n 位地址码），通过全译码产生 2^n 个译码输出信号，即实现 n 个输入变量 $A_{n-1} \sim A_0$ 的全部 2^n 个最小项，可以寻址 2^n 个单元。8 条数据线 $D_7 \sim D_0$ 每次输出一字节数据。ROM 通常还有一个片选输入端 $\overline{CS}$（Chip Select）和一个数据三态输出的使能端 $\overline{OE}$（Output Enable），用来实现对输出的三态控制。

通常用存储单元的个数（即字数）与字长的乘积来表示存储器的容量，也可用符号 C 表示，存储器的容量越大说明能存储的数据越多。n 位地址码、m 位字长的存储器的存储容量（单位：位）可用下式计算：

$$C = 2^n \times m \tag{6-1}$$

在计算机中，常将 $2^{10} = 1024$ 称为 1 K，$2^{20} = 1048576$ 称为 1 M，2^{30} 称为 1 G，2^{40} 称为 1 T。

6.2.3 RAM 存储器

RAM 是另一类存储器，可以随时从任何一个指定地址的存储单元中读出数据，也可以随时将数据写入任何一个指定地址的存储单元中。RAM 的最大优点是读、写方便，使用起来更加灵活。但是，RAM 是易失性存储器件，断电后所存储的数据会丢失。RAM 的基本结构如图 6-3 所示。

与 ROM 不同的是，RAM 在外观上多了一条写控制线 $\overline{WE}$，有的 RAM 芯片的读写控制共用一个信号 $R/\overline{W}$，当 $R/\overline{W}$ 为高电平时执行读操作，$R/\overline{W}$ 为低电平时执行写操作。与 ROM 一样，存储矩阵和地址译码器也是 RAM 的基本组成部分，利用地址译码器对输入地址码进行译码，从而对存储矩阵中相应的存储单元进行读或写操作；为了减小芯片的面积，大容量的 RAM 芯片通常采用行地址和列地址二维译码，即只有同时被行地址译码器和列地址译码器选中的存储单元，才能进行读写操作。

一种典型的 SRAM 芯片 HM6116 的器件符号如图 6-4 所示。它有 11 条地址线和 8 条数据线，说明它有 $2^{11} = 2048 = 2$ K 个存储单元；每个单元的位数或字长为 8，存储容量为 $2^{11} \times 8 = 2048 \times 8 = 2$ K×8 位，也可以说存储容量为 2 K 字或 16 K 位或 16 K 位。当片选端（信号为 $\overline{CS}$）和读使能端 OE（信号为 $\overline{OE}$）同时为低电平时，由地址线 $A_{10} \sim A_0$ 选中单元的数据将被读出到数据线 $D_7 \sim D_0$ 上；当 $\overline{CS}$ 和写使能端 WE（信号为 $\overline{WE}$）同时为低电平时，放置在数据线 $D_7 \sim D_0$ 上的数据将被写入到由地址线 $A_{10} \sim A_0$ 选中的存储单元中。

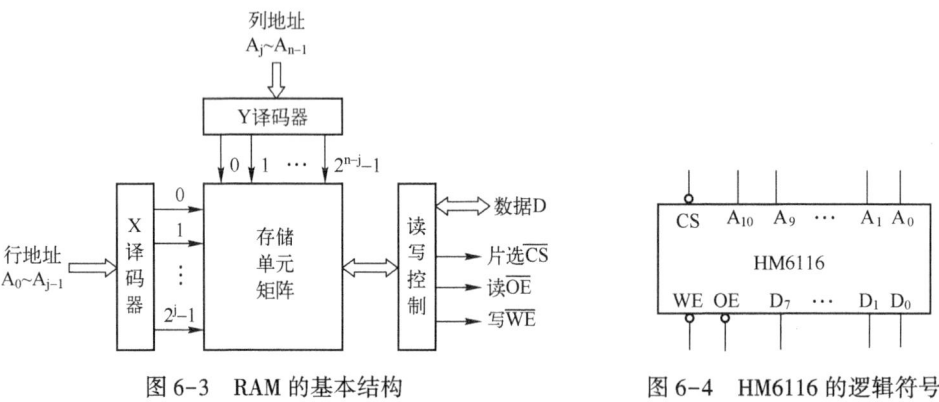

图 6-3 RAM 的基本结构　　　　　图 6-4 HM6116 的逻辑符号

6.3 半导体存储器的使用

尽管目前已有各种容量非常丰富的存储器件产品，但实际使用时，单片存储器件仍然很难满足存储容量的要求，需要对存储器的容量进行扩展。当存储器的数据位数（字长）不够时，需要扩展存储器的数据位数，称为位扩展；当存储器的单元数（字数）不够时，需要扩展存储器的单元数，称为字扩展。当存储器的数据位数和单元数都不够用时，就需要同时采用位扩展和字扩展方法。下面通过一个具体实例介绍存储器的一般扩展和使用方法。

例 6-1 某计算机系统的 CPU 有 16 位地址总线和 16 位数据总线，试用 HM6116 为该系统构造存储容量为 2K×16 位的数据存储器，要求地址范围为 8000H~87FFH。

解 HM6116 的存储容量为 2K×8 位。要求构造存储器容量为 2K×16 位的数据存储器，只需进行位扩展。电路连接时，HM6116-1 芯片的数据线接 CPU 数据总线的低 8 位（$D_7 \sim D_0$），HM6116-2 芯片的数据线接 CPU 数据总线的高 8 位（$D_{15} \sim D_8$）。HM6116-1 和 HM6116-2 的 11 条地址线全部接 CPU 地址总线的低 11 位（$A_{10} \sim A_0$），以便片内译码选中某个存储单元；读、写使能控制信号 $\overline{OE}$ 和 $\overline{WE}$ 分别与 CPU 的读、写使能信号 $\overline{RD}$、$\overline{WR}$ 相连，以便 CPU 对存储器进行读写操作控制；HM6116-1 和 HM6116-2 的片选线 $\overline{CS}$ 并联共用，且两片芯片的片选信号由 CPU 的剩余地址线译码产生。16 位地址总线决定了两片存储器的地址范围。

存储器的地址译码如表 6-1 所示。设计要求 HM6116-1 和 HM6116-2 的地址范围为 8000~87FFH。当 CPU 输出地址在指定范围内时，74138 的 $A_2 A_1 A_0 = 000$，$\overline{Y}_0 = 0$，因此，HM6116-1 和 HM6116-2 芯片的片选信号 $\overline{CS}$ 应该接 74138 的 $\overline{Y}_0$。为了保证 CPU 输出地址在 8000H~87FFH 范围时 74138 工作，74138 的使能端 G_1 应该接 CPU 的 A_{15} 信号，$\overline{G}_{2A}$ 和 $\overline{G}_{2B}$ 应该一个接 CPU 的 A_{14} 信号，一个接地。

表 6-1 存储器的地址译码

HM6116	地址范围	片外译码		片内译码
		74138 连接		HM6116 连接
		$G_1 \ \overline{G}_{2A} \ \overline{G}_{2B}$	$A_2 \ A_1 \ A_0$	$A_{10} \ A_9 \ A_8 \ A_7 \ A_6 \ A_5 \ A_4 \ A_3 \ A_2 \ A_1 \ A_0$
	CPU 地址总线	$A_{15} \ A_{14}$	$A_{13} \ A_{12} \ A_{11}$	$A_{10} \ A_9 \ A_8 \ A_7 \ A_6 \ A_5 \ A_4 \ A_3 \ A_2 \ A_1 \ A_0$
2K×16 位	8000H ~ 87FFH	1 0	0 0 0 ($\overline{CS}_0 = \overline{Y}_0$)	00000000000 ~
		1 0	0 0 0	11111111111

HM6116-1 和 HM6116-2 构成 2K×16 位数据存储器与 CPU 的电路连接如图 6-5 所示。容易判断，当两片 HM6116 的片选端 $\overline{CS}$ 同时改接 74138 的 $\overline{Y}_1$ 时，存储器的地址范围将变更为 8800H~8FFFH。

例 6-2 某计算机系统的 CPU 有 16 位地址总线和 16 位数据总线，试用 HM6116 为该系统构造存储容量为 4K×16 位的数据存储器，要求地址范围为 8000H~8FFFH。

解 例 6-1 是一个位扩展的例子，本题则是既有位扩展，又有字扩展。

可以先进行存储器的位扩展，方法跟例 6-1 完全一样。采用两片 HM6116 芯片，其中 HM6116-2 处理高 8 位数据，HM6116-1 处理低 8 位数据。两个芯片的地址线 $A_{10} \sim A_0$、数据线 $D_7 \sim D_0$、读信号 $\overline{OE}$、写信号 $\overline{WE}$、片选线 $\overline{CS}$ 全部并联使用。

然后进行字扩展。再增加两片 HM6116 并进行存储器的位扩展，其中 HM6116-4 处理高 8 位数据，HM6116-3 处理低 8 位数据。将 HM6116-2、HM6116-1 合并后看成一个处理 16

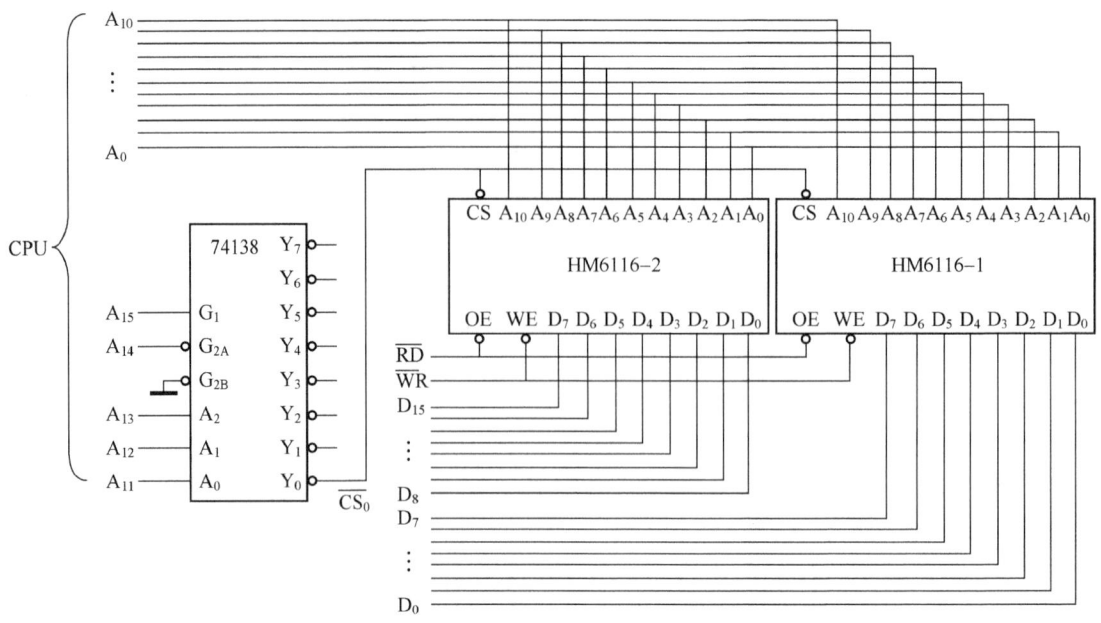

图 6-5 用 2 片 HM6116 构成 2K×16 位的数据存储器

位数据的存储器,寻址空间为 8000H~87FFH;将 HM6116-4、HM6116-3 合并后也看成一个处理 16 位数据的存储器,寻址空间为 8700H~8FFFH。对于两个 16 位数据的存储器的地址范围划分,只需将 HM6116-2 和 HM6116-1 的片选接 74138 的 Y_0 输出;将 HM6116-4 和 HM6116-3 的片选接 74138 的 Y_1 输出。

存储器的地址译码如表 6-2 所示。HM6116-1 和 HM6116-2 芯片的片选信号 $\overline{CS}$ 接 74138 的 $\overline{Y}_0$,HM6116-3 和 HM6116-4 芯片的片选信号 $\overline{CS}$ 接 74138 的 $\overline{Y}_1$。

表 6-2 存储器的地址译码

HM6116 芯片	地址范围	片外译码			片内译码
		74138 连接			HM6116 连接
		G_1 $\overline{G}_{2A}$ $\overline{G}_{2B}$	A_2 A_1 A_0		A_{10} A_9 A_8 A_7 A_6 A_5 A_4 A_3 A_2 A_1 A_0
	CPU 地址总线	A_{15} A_{14}	A_{13} A_{12} A_{11}		A_{10} A_9 A_8 A_7 A_6 A_5 A_4 A_3 A_2 A_1 A_0
低 2K×16 位	8000H~87FFH	1 0	0 0 0 ($\overline{CS}=\overline{Y}_0$) 1 0		0 0 0 0 0 0 0 0 0 0 0 ~ 1 1 1 1 1 1 1 1 1 1 1
			0 0 0		
高 2K×16 位	8800H~8FFFH	1 0	0 0 1 ($\overline{CS}=\overline{Y}_1$) 1 0		0 0 0 0 0 0 0 0 0 0 0 ~ 1 1 1 1 1 1 1 1 1 1 1
			0 0 1		

4 片 HM6116 构成的 4K×16 位数据存储器,以及与 CPU 之间的电路连接如图 6-6 所示。

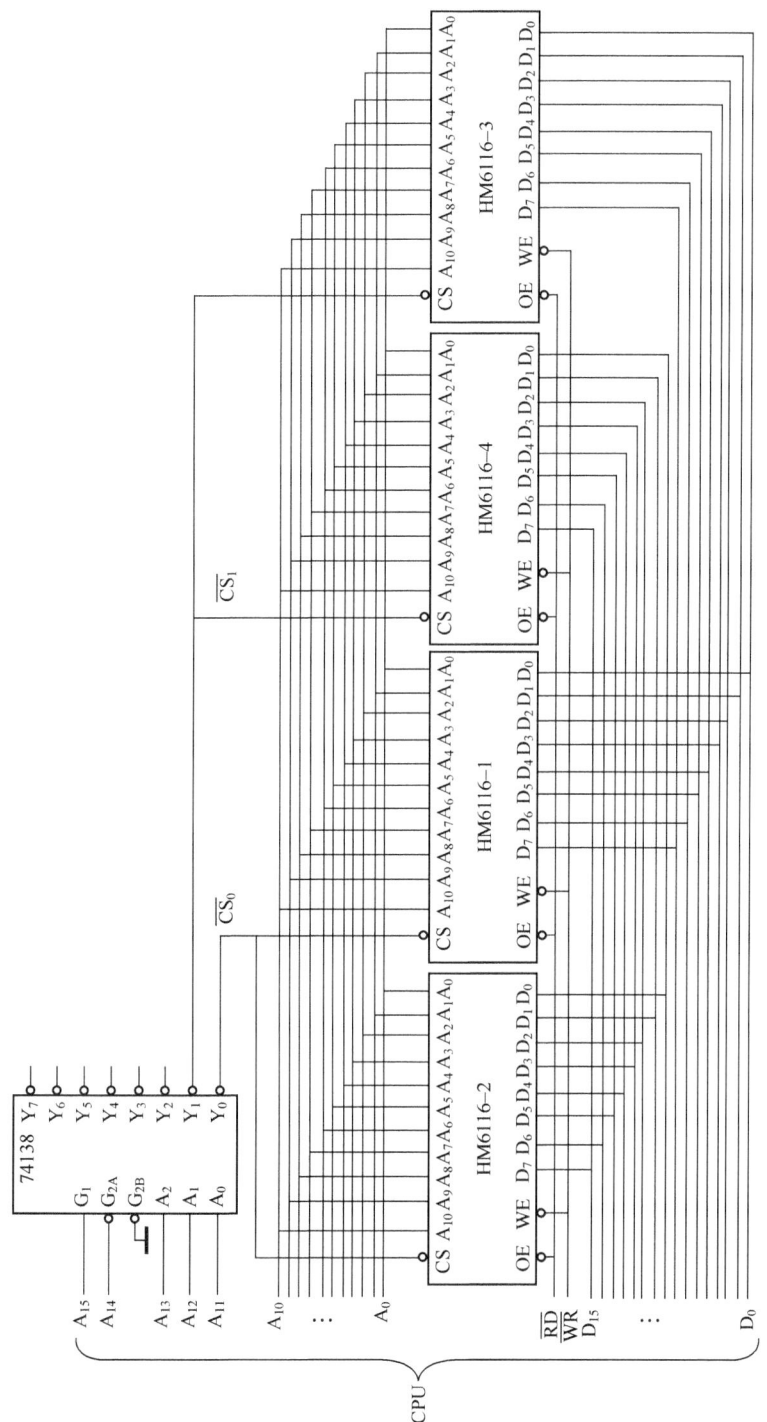

图6-6 用4片HM6116构成4K×16位的数据存储器

6.4 可编程逻辑器件概述

可编程逻辑器件（Programmable Logic Device，PLD）是 20 世纪后期迅速发展起来的新型半导体集成电路。PLD 中集成了大量的逻辑门、连线、存储单元等电路资源，用户可通过计算机编程使用这些电路资源，实现所需要的逻辑功能，具有逻辑功能实现灵活、集成度高等优点。

6.4.1 PLD 的分类

PLD 从 20 世纪 70 年代发展到现在，已经出现了众多的产品系列，形成了多种结构并存的局面，其集成度从几百门到上千万门。按照 PLD 的集成度，可以分为千门以下的低密度可编程逻辑器件（Low Density PLD，LDPLD）和规模更大的高密度可编程逻辑器件（High Density PLD，HDPLD）。LDPLD 可进一步细分为 PROM（Programmable ROM）、可编程逻辑阵列（Programmable Logic Array，PLA）、可编程阵列逻辑（Programmable Array Logic，PAL）和通用阵列逻辑（Generic Array Logic，GAL）等。HDPLD 可进一步分为复杂可编程逻辑器件（Complex PLD，CPLD）和现场可编程门阵列（Field Programmable Gate Array，FPGA）两大类。

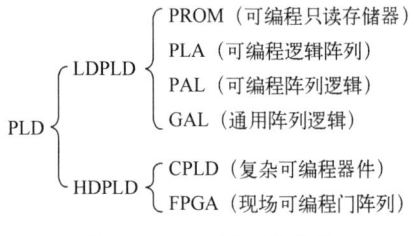

图 6-7 PLD 的一般分类

PLD 的一般分类如图 6-7 所示。

6.4.2 PLD 的一般结构与表示方法

PLD 的一般结构框图如图 6-8 所示，由输入/输出缓冲电路、与阵列和或阵列组成。与阵列和或阵列是 PLD 的主体，任何逻辑函数都可以写成与或表达式的形式。因此，使用 PLD 可以实现任何函数功能。

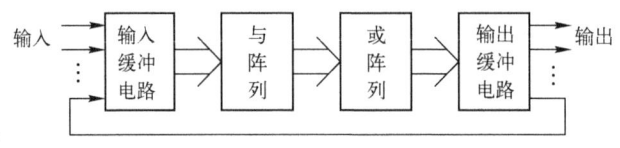

图 6-8 PLD 的一般结构

PLD 的基本工作原理：输入信号变量（如 A 和 B）经过输入缓冲电路，可以产生互补的输入信号（A、$\overline{A}$ 和 B、$\overline{B}$），送入与阵列得到所需的乘积项，经或阵列后形成所需乘积项的或运算，从而产生具有与或运算形式的逻辑函数输出。输出缓冲电路往往带有三态门，通过三态门控制数据直接输出，或是反馈到输入端。通过对 PLD 的与、或两种逻辑阵列进行编程，能够实现所需要的逻辑功能。

为清晰准确地表示 PLD 中与—或阵列的电路连接，以及编程的逻辑关系，通常采用以下特殊画法。

1. PLD 中信号线连接的表示方法

图 6-9 是 PLD 中两条信号线之间的三种连接表示方法。图 6-9a 中的圆点表示两条信号

线是连通的,但不可以编程改变,是固定连接;图 6-9b 中的两条信号线是连通的,但是依靠用户编程实现"连通";图 6-9c 中的两条信号线是断开的,即两条信号线没有连通。

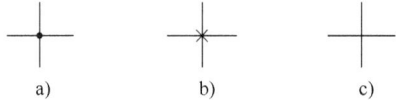

图 6-9 PLD 中连接的表示方法

a) 固定连接 b) 编程连接 c) 不连接

2. PLD 中基本逻辑门的表示方法

基本逻辑门的 PLD 表示法如图 6-10 所示。

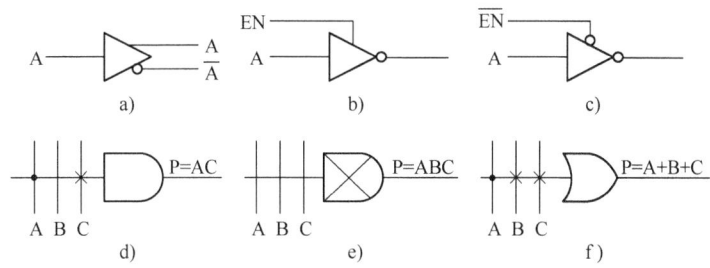

图 6-10 基本逻辑门的 PLD 表示法

a) 互补输出缓冲器 b) 高电平使能的三态非门 c) 低电平使能的三态非门
d) 与门 e) 与门 f) 或门

图 6-10a 为互补的输入缓冲电路,变量输入时产生原变量和反变量输出,供与阵列选择使用;同时可以增强电路的负载能力,用于 PLD 的输入缓冲电路和反馈输入缓冲电路中。输出缓冲电路主要用于 PLD 输出电路,通常采用三态输出结构,高电平使能和低电平使能的三态反相缓冲器(非门)分别如图 6-10b、c 所示。图 6-10d~f 表示 PLD 中与门和或门的画法,三个逻辑门都有 3 个输入端 A、B、C,其中给出了固定连接、编程连接和不连接的示例。图 6-10e 是与门所有输入端都编程连接的一种表示方法。

3. PLD 中的与-或阵列图

PLD 中的多个与门构成与阵列,多个或门构成或阵列,与门输出的乘积项在或阵列中进行或运算,从而得到与或式。图 6-11 是一个用与—或阵列表示的电路图。

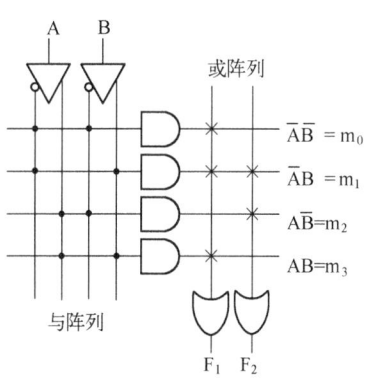

其中与阵列固定连接,不可编程。与阵列中包含 4 个与门,每个与门都有 4 个输入端,4 个与门实现 A、B 两个变量的 4 个最小项输出;或阵列是可编程的,包含 2 个 4 输入或门。根据图中的编程连接情况,函数 F_1 和 F_2 的表达式为

$$F_1(A,B) = \overline{A}\,\overline{B} + \overline{A}B + AB = \sum m(0,1,3)$$

$$F_2(A,B) = \overline{A}B + A\overline{B} = \sum m(1,2)$$

图 6-11 与—或阵列图

当与—或阵列很庞大时,图 6-11 中的与门和或门符号可以省略,进一步简化阵列图。

6.4.3 LDPLD的编程特性

最早被用作可编程逻辑器件的是PROM。图6-11实际上也是一个具有两位地址线、两位数据线的PROM。PROM的与阵列固定，或阵列可编程。PROM通过与阵列产生输入变量的全部最小项，因此PROM实现的是最小项表达式形式的逻辑函数。但是，由于逻辑函数只使用部分最小项，芯片的利用率不高；而且，当PROM的输入变量个数增加时，与阵列的规模成倍增加。因此，PROM很少作为PLD器件使用。

PLA就是为了解决PROM实现函数时资源利用率不高的问题而设计的。PLA最大的优点就是与阵列、或阵列均可编程，使得乘积项不必是最小项。因此，PLA可以实现最简逻辑函数，提高芯片的利用率。由于器件制造中的困难和相关应用软件的开发没有跟上，PLA很快被随后出现的PAL取代。PAL是20世纪70年代后期美国的MIM公司推出的一种PLD器件，集成了PLA的优点，同时兼顾了软件的改进。PAL采用可编程的与阵列、固定的或阵列，相对于74、4000等中、小规模标准逻辑系列，PAL使用更灵活，具有很强的替代性。

PROM、PLA和PAL都是一次性编程器件，使用成本比较高。GAL是PAL改进的结果，可以多次编程。PROM、PLA、PAL、GAL等4种LDPLD的编程特性及其实现函数的形式如表6-3所示。

表6-3 LDPLD的编程特性

器件类型	与 阵 列	或 阵 列	实现函数	输出电路
PROM	固定	可编程	标准与或式	固定
PLA	可编程	可编程	最简与或式	固定
PAL	可编程	固定	最简与或式	固定
GAL	可编程	固定	最简与或式	可编程

*6.4.4 通用阵列逻辑器件

通用阵列逻辑器件（GAL）是20世纪80年代中期发展起来的，能够电擦除可编程的逻辑器件。GAL继承了PAL器件的与-或阵列结构，与阵列可以编程，或阵列不能编程，但功能比PAL更强。GAL器件的输出端采用了输出逻辑宏单元OLMC（Out Logic MacroCell），用户可以根据需要编程，对OLMC内部电路进行不同的组态。GAL的输出更加灵活，通用性强，是真正获得广泛应用的简单可编程逻辑器件SPLD（Simple PLD）。

GAL器件的品种不是很多，常用的有GAL16V8、GAL20V8和GAL22V10等。

GAL22V10型号中，V表示输出方式可组态，22表示最多有22个引脚作为输入端，10表示器件内部含10个OLMC，最多可有10个输出端。下面以GAL22V10为例，简单介绍GAL的电路结构和工作原理。

1. GAL22V10的电路结构

GAL22V10的电路结构图如图6-12所示，主要由以下5部分组成。

1）1个可编程与阵列。

2）12个输入缓冲器的输入端（引脚1~11，13为专用输入端，只能作输入引脚使用）。

3) 10 个三态输出缓冲器（引脚 14~23 为输出缓冲器的输出端），引脚 14~23 既可以设置为输出引脚也可以设置为输入引脚。因此，GAL22V10 最多可以有 22 个输入端。

4) 10 个输出逻辑宏单元（OLMC，内部包含或门阵列）。

5) 10 个输出反馈/输入缓冲器。

除了以上 5 部分外，该器件还有 1 个电源端和 1 个接地端（引脚 24 和引脚 12，图中未画）。用作时序电路时，引脚 1 为时钟输入端，时钟同时送到 10 个 OLMC 中的 D 触发器 CP 端。各个 D 触发器使用统一的异步复位信号和同步置位信号，且均由与阵列的乘积项产生。图 6-12 中各个 OLMC 间相连的 3 条竖线从左至右就分别是异步复位信号（AR）、时钟信号（CLK）和同步置位信号（SP），异步复位信号和时钟信号由上方输入，同步置位信号由下面输入。

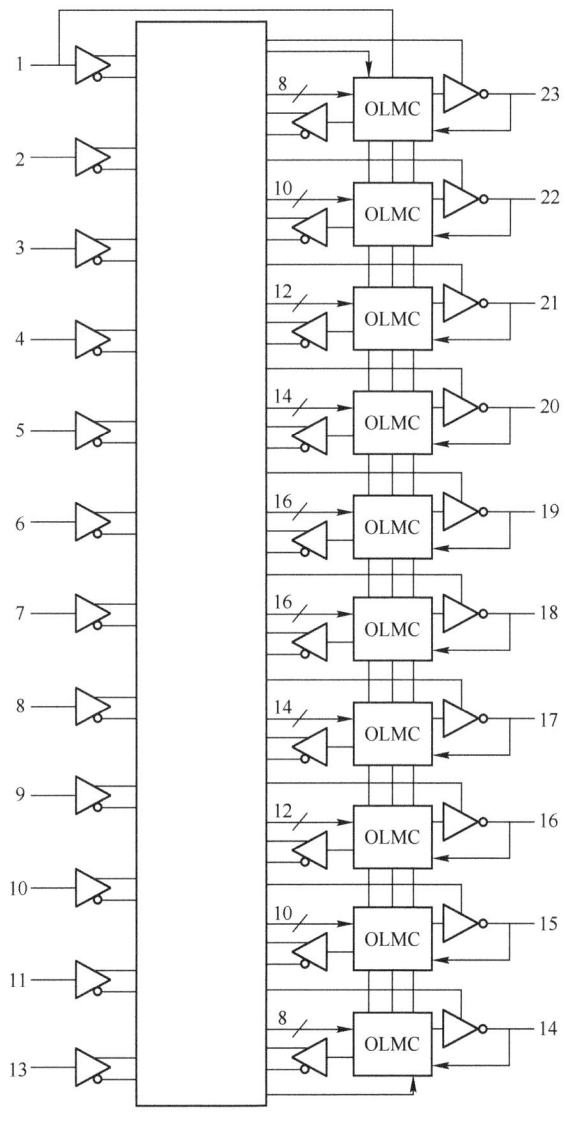

图 6-12 GAL22V10 的结构框图

2. 输出逻辑宏单元 OLMC

GAL22V10 的 OLMC 的结构框图如图 6-13 所示，主要由以下 4 部分组成。

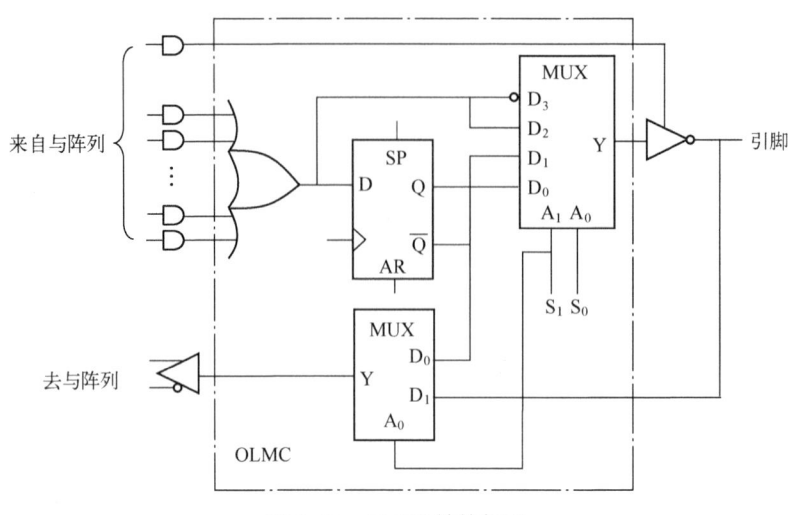

图 6-13 OLMC 结构框图

1) 1 个或门。其输入为来自与阵列的 8~16 个乘积项，其输出为各个乘积项之和。GAL22V10 有 10 个 OLMC，10 个或门构成了 GAL22V10 的或阵列。由于或门是固定连接，因此或阵列不可编程。

2) 1 个 D 触发器。上升沿触发，用于寄存或门的输出信号，使 GAL 器件能够用于时序电路。注意，它的复位端 AR 是异步的，置位端 SP 是同步的，均为高电平有效。

3) 1 个四选一数据选择器。用于选择输出方式，受内部编程信息 S_1S_0 控制。$S_1=0$ 时，OLMC 为时序输出，引脚输出为 $\overline{Q}$（$S_0=0$，低有效）或 Q（$S_0=1$，高有效）；$S_1=1$ 时，OLMC 为组合输出，引脚输出为低有效（$S_0=0$）或高有效（$S_0=1$）。低有效是指输出为与或运算的结果，高有效是指输出为与或非运算的结果。

4) 1 个二选一数据选择器。用于选择反馈缓冲器送到与阵列的信号，受内部编程信息 S_1 控制。$S_1=0$ 时，选择 $\overline{Q}$ 反馈至与阵列；$S_1=1$ 时，选择引脚信号反馈至与阵列（如果引脚定义为输入，即将该引脚的输入信号馈送至与阵列）。

GAL22V10 每个 OLMC 根据内部编程信息 S_1S_0 不同有 4 种工作模式，如图 6-14 所示。

3. GAL 器件的特点

GAL 器件输入阻抗高，正常情况下，输入端漏电流不超过 10 μA，其输入缓冲电路还具有滤除噪声和静电防护作用。GAL 器件的输出端是三态缓冲，除了具有驱动较大负载、隔离以及输出三态控制外，还有两个突出特点：

1) 输出级采用单一类型 MOS 管，而不是采用互补 CMOS 结构，不会发生 CMOS 电路的锁定效应。

2) 输出具有"软开关特性"，当负载电流较大时，能有效降低公共电源线上的电流变化率，即减小因电流变化在电源线和地线寄生电感上产生的噪声电压。

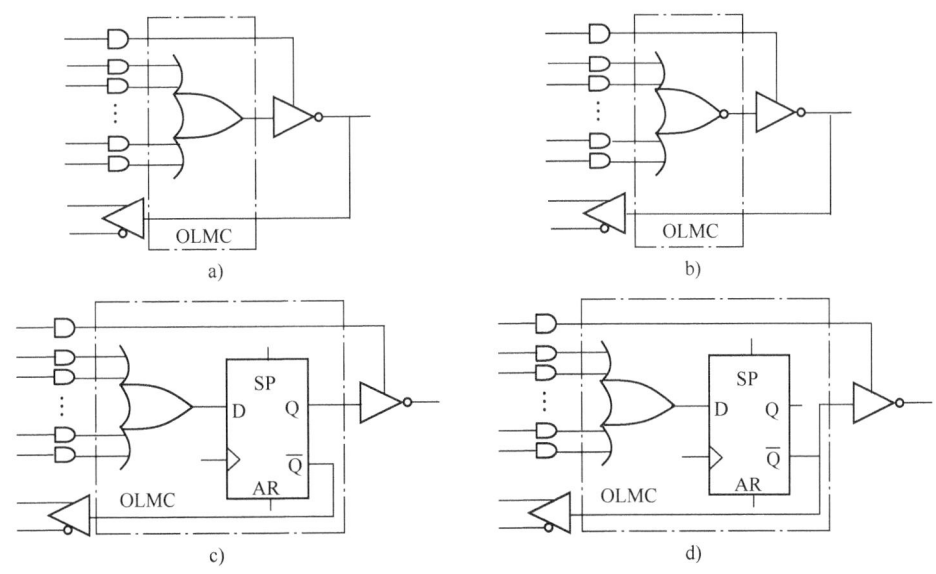

图 6-14 OLMC 的 4 种组态
a) 低有效组合输出（$S_1S_0=10$） b) 高有效组合输出（$S_1S_0=11$）
c) 低有效时序输出（$S_1S_0=00$） d) 高有效时序输出（$S_1S_0=01$）

6.5 高密度可编程逻辑器件

GAL 和 PROM、PLA、PAL 都是简单可编程逻辑器件（SPLD）。随着微电子技术的发展和应用上的需求，集成度更高、功能更强的复杂可编程逻辑器件（CPLD）迅速发展起来。新型 CPLD 普遍具有在系统可编程能力（In-System Programmability，ISP）。**在系统可编程**是指器件可以先装配在印制电路板上，再使用计算机通过编程电缆直接对电路板上的 ISP 器件进行编程，打破了先编程后装配的传统做法，便于系统的使用、维护和重构。

6.5.1 与或阵列结构 CPLD

阵列扩展型 CPLD 是在 GAL 的与—或结构基础上扩展而成的，多个 GAL 经可编程互连结构进一步集成，CPLD 的一般结构如图 6-15 所示。

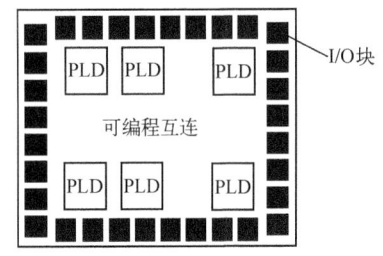

图 6-15 阵列扩展型 CPLD 的一般结构

CPLD 大多采用确定型连线结构，确定型连线结构器件内部采用同样长度的连线，信号通过器件的路径长度和时延是固定的，且可预知，连线结构比较简单，但布线不够灵活。

CPLD 产品众多，如 XILINX（赛灵思）公司的 XC9500 系列 CPLD 器件，其结构框图如图 6-16 所示。器件内部包含 I/O 块（IOB）、功能块（函数块）（FB）、快速连接开关矩阵（FCSM）、ISP 控制和 JTAG 控制等部分。I/O 块（IOB）提供器件输入、输出缓冲；功能块（FB）提供器件的可编程逻辑能力，1 个功能块相当于 1 个内部 PLD；快速连接开关矩阵（FCSM）用于 I/O 块、功能块和 I/O 引脚的编程连接；ISP 控制用于 CPLD 的在系统编程；

147

JTAG 控制用于 CPLD 芯片的边界扫描测试。

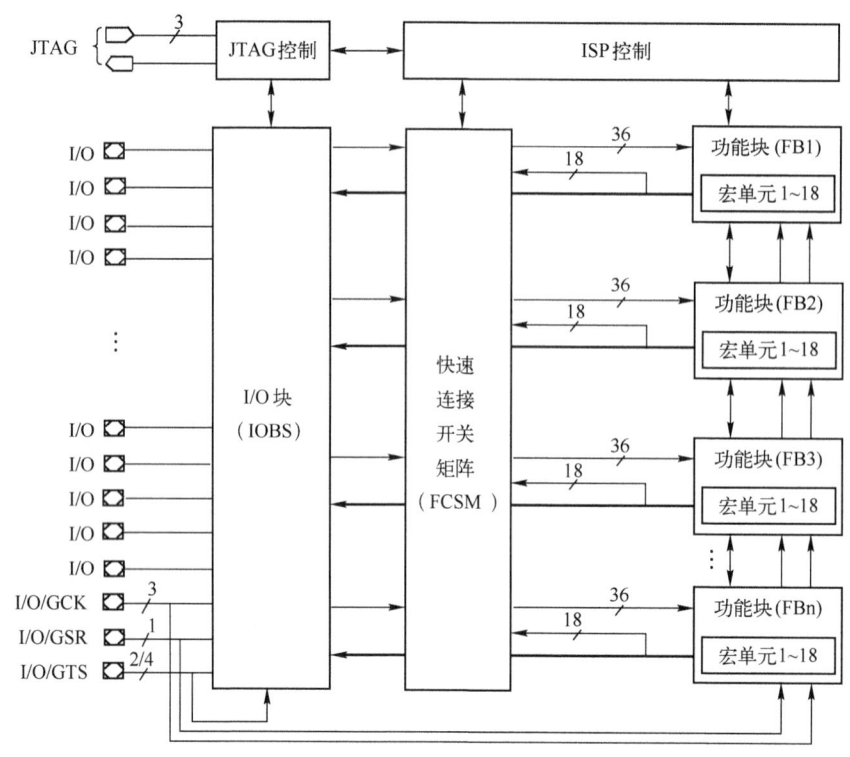

图 6-16 XC9500 系列 CPLD 器件的结构框图

关于 XC9500 系列 CPLD 器件的更详细资料可参见器件手册（从 XILINX 官网、技术论坛或器件供应商等获得），此处不再详述。

6.5.2 单元型查找表结构 FPGA

单元型结构不是 GAL 的扩展，而是由许多非"与—或"结构的基本逻辑单元组成，即查找表（Look-up Table, LUT）结构。由于单元型结构类似于早期门阵列，因而被称为现场可编程门阵列（Field Programmable Gate Array, FPGA）。

FPGA 的一般结构如图 6-17 所示。FPGA 采用统计型连线结构，器件内部包含长度不等的连线，信号通过器件的路径长度和时延是非固定且不可预知的，连线结构复杂，但布线非常灵活。

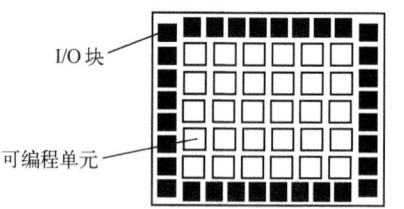

图 6-17 FPGA 的一般结构

FLEX10K 系列 FPGA 是 ALTERA 公司的典型产品，采用 SRAM 编程工艺和 ICR 编程技术，有电源电压+5 V、+3.3 V 和+2.5 V 等多种产品。此处介绍其+5 V 的基本系列，包括 EPF10K10~EPF10K100 等 7 种型号，EPF10K 后的数字为片内等效门的千门数。FLEX10K 的结构如图 6-18 所示。

FLEX10K 主要包括逻辑阵列块（Logic Array Block, LAB）、嵌入式阵列块（Embedded Array Block, EAB）、I/O 单元（I/O Element, IOE）和快速通道互连（Fast Track Interconnect，

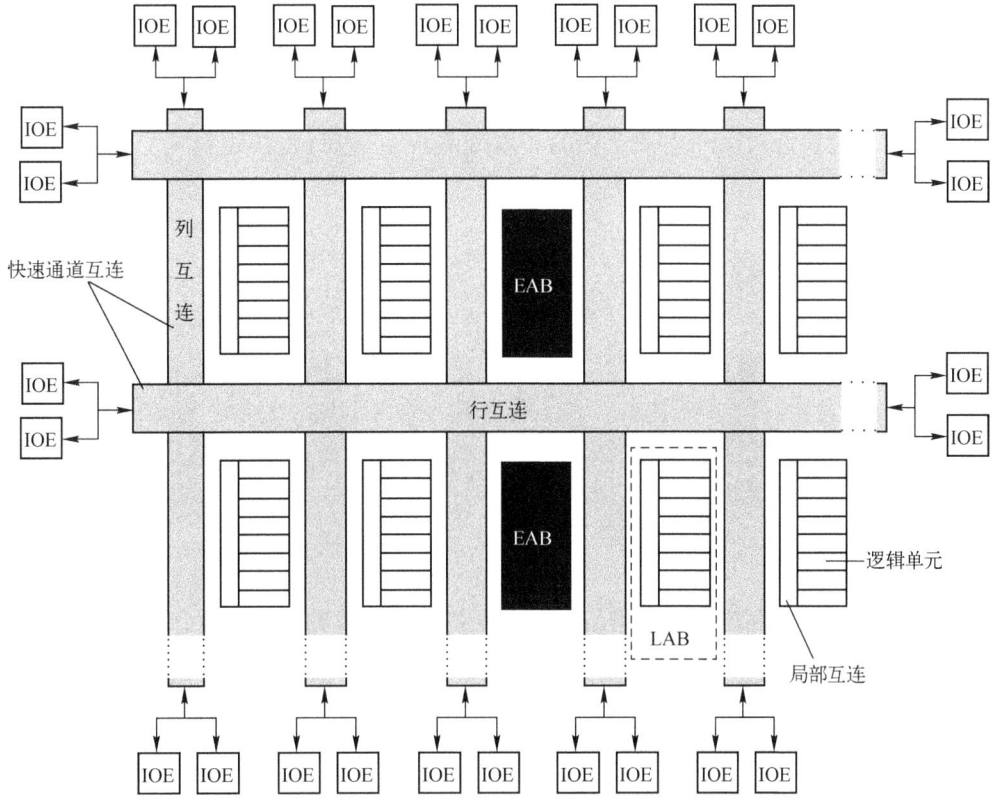

图 6-18 FLEX10K 的结构框图

FTI) 四部分。逻辑阵列块 (LAB) 用于实现一般逻辑功能，嵌入式阵列块 (EAB) 用于实现 RAM、ROM、FIFO 等存储器功能，I/O 单元 (IOE) 用于实现输入、输出功能，快速通道互连 (FTI) 用于实现各个单元的快速互连。JTAG 边界扫描测试部分没有画出来。有关 FLEX10K 系列 FPGA 器件的详细资料请参见器件手册。

尽管 CPLD 和 FPGA 的品种很多，但对于用户而言，使用方法相同。CPLD 和 FPGA 不仅具有 AISC（Application Specific Integrated Circuit，专用集成电路）的大规模、高集成度、高可靠性的优点，而且克服了普通 ASIC 设计周期长、投资大、灵活性差的缺点。

由于结构上存在差异，CPLD 和 FPGA 存在下列不同之处：

1）FPGA 的集成度比 CPLD 高，具有更复杂的布线结构和逻辑实现。

2）CPLD 逻辑寄存器少，适合完成各种算法和组合逻辑；FPGA 逻辑弱而寄存器多，适合完成时序逻辑。因此，CPLD 更适合于触发器有限而乘积项丰富的结构；FPGA 更适合于触发器丰富的结构。

3）CPLD 的速度比 FPGA 快，并且具有较大的时间可预测性。

4）CPLD 比 FPGA 使用起来更方便。CPLD 的编程采用 E^2PROM 或 FastFlash 技术，无须外部存储器芯片；而 FPGA 的编程信息存放在外部存储器上，使用方法复杂。

5）在编程方式上，CPLD 主要是基于 E^2PROM 或 Flash 存储器编程，编程次数可达 1 万次，系统断电时编程信息也不丢失。CPLD 又可分为在编程器上编程和在系统编程两类。FPGA 大部分是基于 SRAM 编程，编程信息在系统断电时丢失，每次上电时，需从器件外部将编程数据重新写入 SRAM 中。其优点是可在工作中快速编程,从而实现板级和系统级的动态配置。

6)在编程上 FPGA 比 CPLD 更灵活。CPLD 通过修改具有固定内连电路的逻辑功能来编程,而 FPGA 则主要通过改变内部连线的布线来编程;CPLD 是在逻辑块下编程,而 FPGA 可在逻辑门下编程。

6.6 PLD 开发流程

与标准器件买来就能使用不同,PLD 器件只有经过编程后才具备一定的功能。目前,市面上的 PLD 开发软件包品种很多,用得最普遍的是 XILINX 公司的 Vivado 和 ALTERA 公司的 Quartus II,它们一般都支持本公司的 PLD 产品开发,支持原理图、波形图、HDL 语言等多种输入方式,使用灵活。

使用 PLD 器件一般需要经过以下开发过程。

(1) 设计输入

将待设计的电路或逻辑功能以开发软件认可的某种形式输入计算机。通常有原理图输入和 HDL 输入两种方式。

原理图是最直接的一种设计描述方式。设计者直接从开发软件提供的元器件库中调出需要的元器件,并根据逻辑关系将所有的器件连接成为原理图。这种方法的优点是易于实现逻辑电路图的仿真分析,方便观察电路内部的节点信号。

HDL 就是编程,主要有 VHDL 和 Verilog HDL 两种硬件描述语言。VHDL(VHSIC Hardware Description Language)是 20 世纪 80 年代美国国防部提出的超高速集成电路计划(Very High Speed Integrated Circuit,VHSIC)的产物。大约在同一时期,Gateway Design Automation 公司开发出 Verilog。VHDL 和 Verilog 都是 IEEE 标准,功能强大,使用广泛。

(2) 编译与仿真

用 PLD 开发软件包中的编译器对输入文件进行编译,排除语法错误后进行仿真,验证逻辑功能;然后进行器件适配,包括逻辑综合与优化、布局布线等,器件适配后再进行时序仿真;最后产生可下载到器件的编程文件,称为目标文件。PLD 器件的目标文件通常为 JEDEC(Joint Electronic Device Engineering Council)文件。

(3) 器件编程

由计算机或编程器将目标文件装入 PLD 器件,也称下载(DownLoad)。下载完成后,PLD 器件就具有了特定的逻辑功能。

(4) 器件测试

验证 PLD 器件的逻辑功能。

本节以 Xilinx 的 Vivado 软件流程为例加以详细说明。

6.6.1 创建工程

下面开始介绍 Vivado 开发环境的使用流程,首先用 Verilog HDL 描述一个四选一的组合逻辑电路,使用的硬件平台是依元素的 EGO1 开发板。

(1) 安装并启动 Vivado

Vivado 软件的启动界面如图 6-19 所示。

图 6-19　Vivado 启动界面

(2) 利用向导，建立一个新项目

1) 在 File 菜单下选择 Project→New 选项，或者单击 Quick Start 下的 Creat Project 启动项目向导。

2) 如图 6-20 所示，填写新建的工程名为 Mux4to1，存放路径 C:/Workspace/Mux4to1，然后单击 Next 按钮。

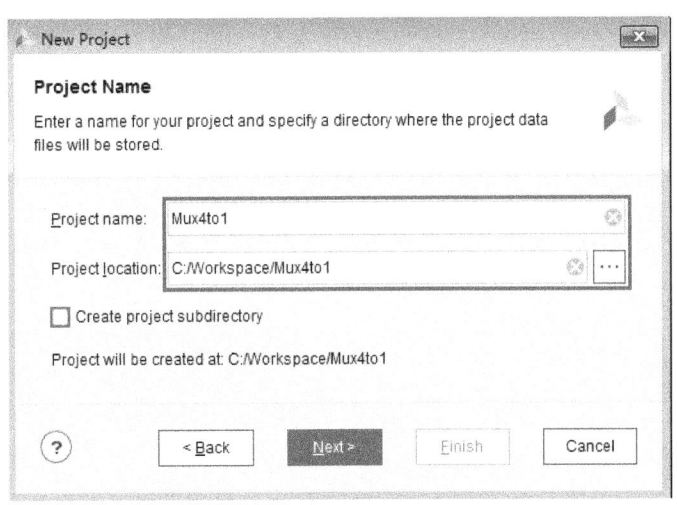

图 6-20　Vivado 项目名称、路径设定窗口

3) 在 File 选择项目类型，如图 6-21 所示。由于是新建工程，暂时没有可以添加的源文件，因此请勾选"Do not specify sources at this time"（此刻不指定源文件）。

4) 单击 Next 按钮选择器件。器件的选择是和实验平台的硬件相关的，EGO1 实验开发板使用的是 xc7a35tcsg324-1。找到相应的器件，如图 6-22 所示。

151

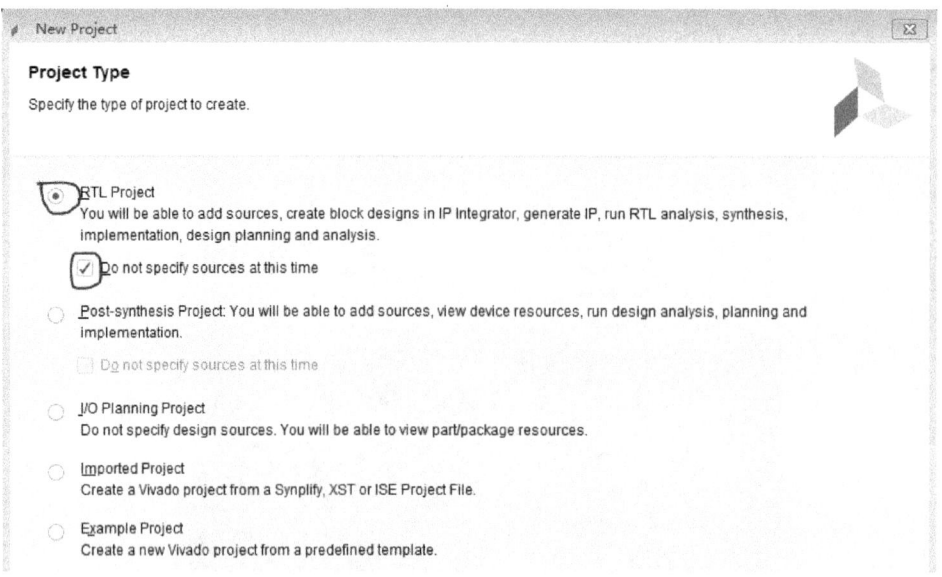

图 6-21 项目类型

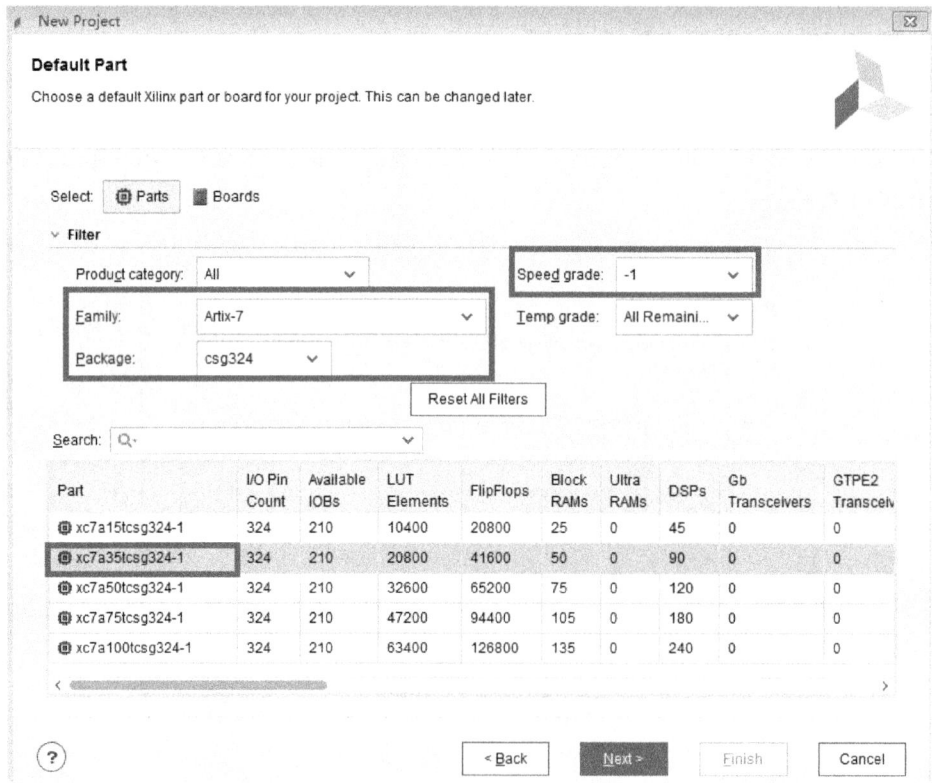

图 6-22 器件选择

5）单击 Next 按钮，再单击 Finish 按钮，完成新工程的建立。如图 6-23 所示为 Vivado 软件布局。

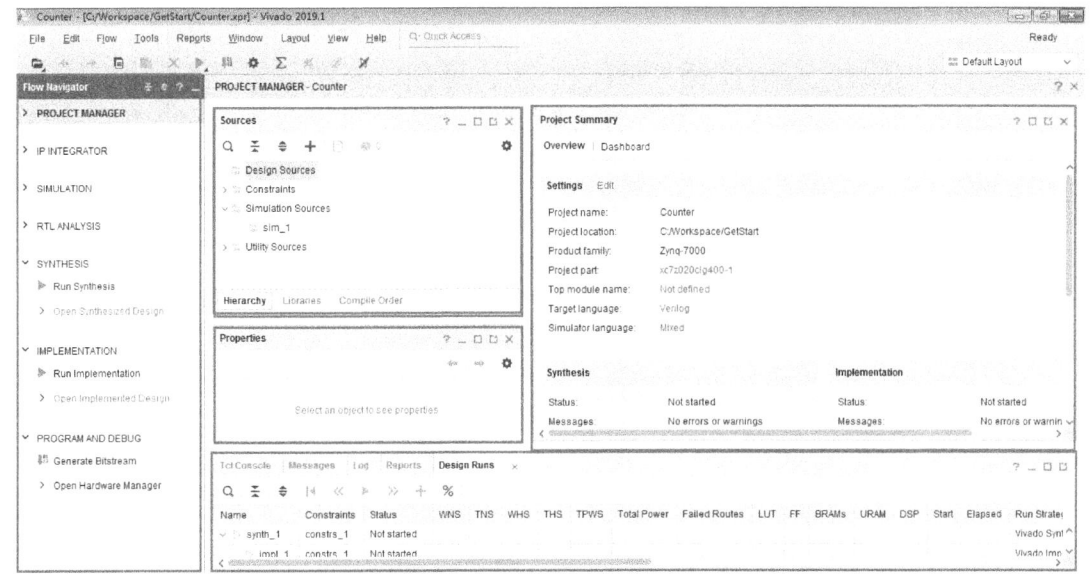

图 6-23　Vivado 软件布局

6.6.2　源程序输入

1）目前的工程是空的，下面为工程新建一个 Verilog HDL 源文件。可以通过右击 Design sourse 选择 Add Sourse，如图 6-24 所示。

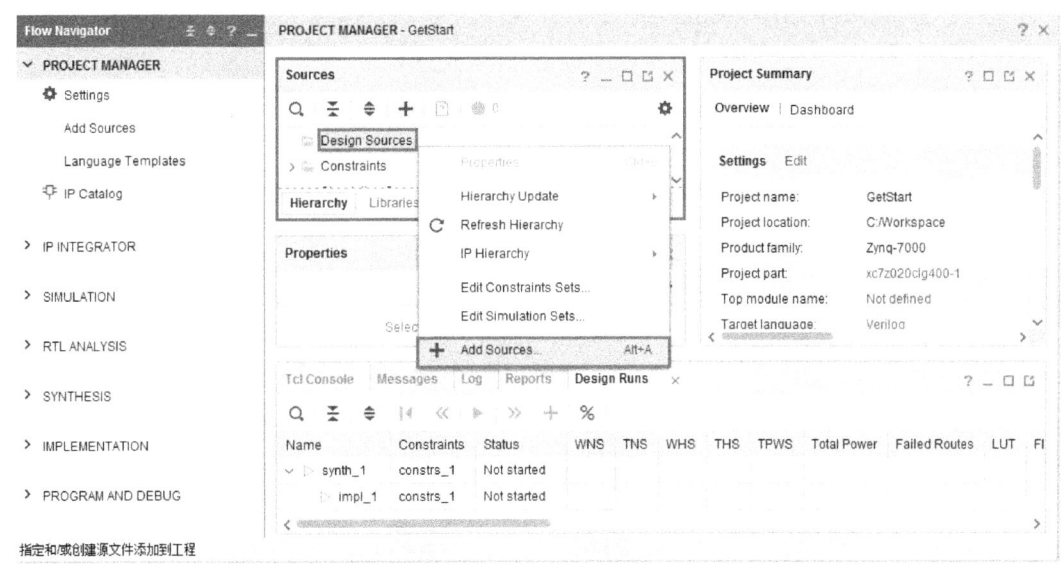

图 6-24　添加源文件

2）如图 6-25 所示，选择 Add or create design sources，再单击 Next 按钮。

3）单击 Create File，并在弹出的窗口中选择文件类型为 Verilog，文件名为 Mux4to1，如图 6-26 所示。

4）如图 6-27 所示，单击 Finish 按钮完成 Verilog HDL 新文件的创建。

153

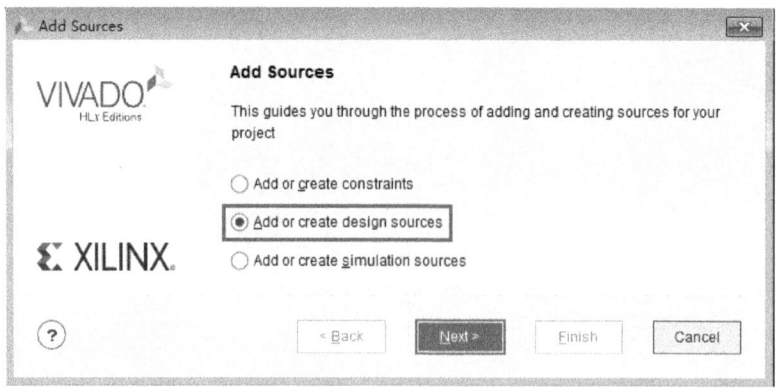

图 6-25 为工程添加源文件

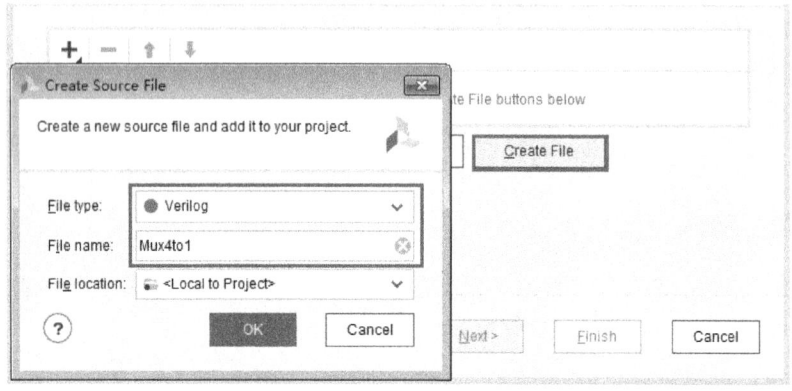

图 6-26 创建 VHDL 源文件

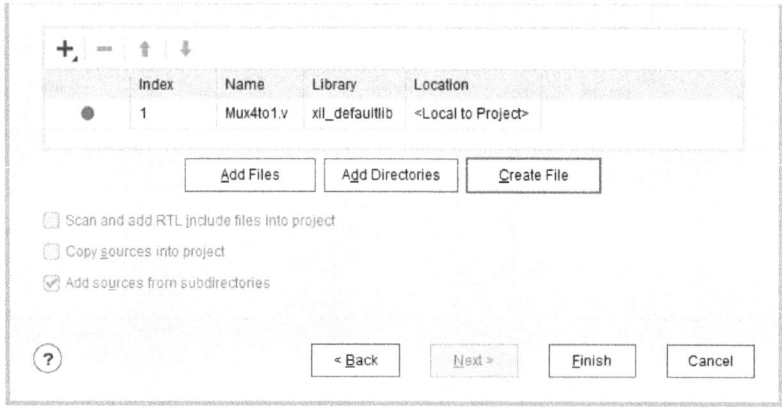

图 6-27 完成 Verilog HDL 文件的创建

5) 填写各端口名与输入输出属性, 如图 6-28 所示。软件会自动根据这些信息生成 Verilog HDL 文件的模板, 后期只需要完善程序代码即可。

需说明的是, 前面在添加源文件的时候, 选择的是 Creat File。如果已经编写好 Verilog HDL 源文件, 就可以选择 Add Files 将这些文件添加到工程中。也无须手工填写端口名、端口方向和数字宽度等信息了。

154

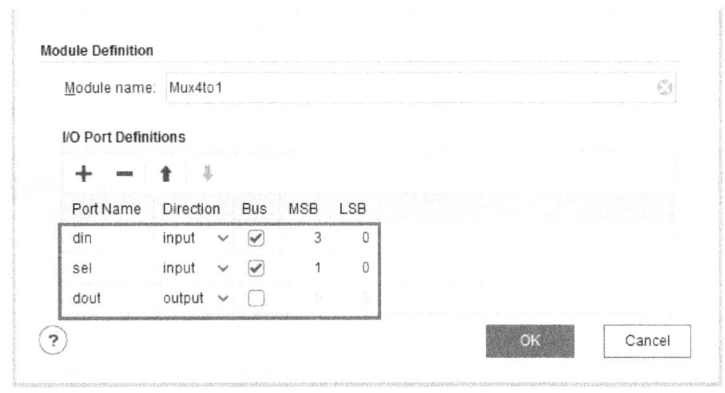

图 6-28 定义模块窗口

6) 如图 6-29 所示，首先双击 Design Sources 下的 Mux4to1.v 源文件，接着在右边弹出的工作区里输入源程序。

图 6-29 编辑源程序

源程序删除了模板里的注释部分，程序用 case 语句描述了一个四选一的数据选择器。

6.6.3 ModelSim 仿真

下面对程序进行功能仿真。功能仿真可以不依赖于开发板，更不需要电路的加电，可以在程序设计的前期阶段及时发现错误。

1. 仿真方式一：不使用 Test Bench 激励文件，设置 Force Clock/Force Constant

1) 如图 6-30 所示，在工程中单击 Run Simulation，选择 Run Behavioral Simulation 开启行为级仿真。

2) 可以看到 objects 栏显示出了所有的输入信号（din[3:0]，sel[1:0]和输出信号 dout。仿真的时候首先需要给输入信号添加激励。

需要注意的是，仿真的时候需要将所有的输入组合都考虑到，这样才能确保仿真的结果是完备和可信的。对于本例而言，至少要保证充分考虑到 sel[1:0]和 din[3:0]的各种取值。

3) 如图 6-31 所示，在 objects 下右键单击 din[3]设置一个时钟，前沿（leading edge）值为 0，后沿（trailing edge）值为 1，周期为 15 ns。

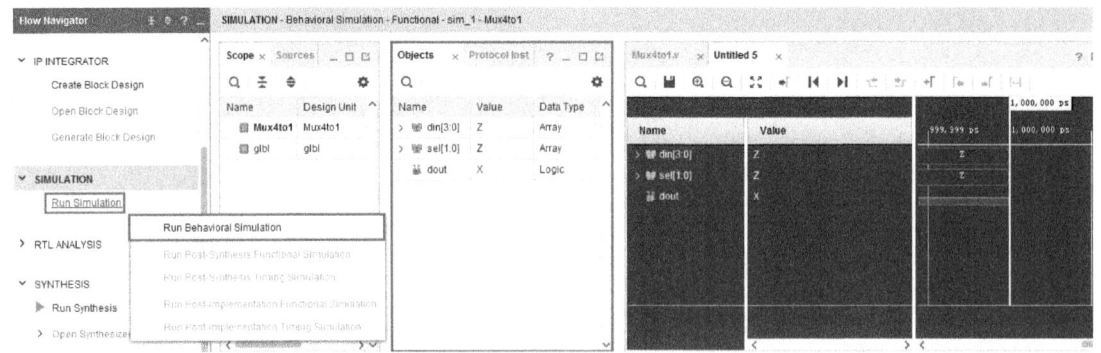

图 6-30 行为级仿真

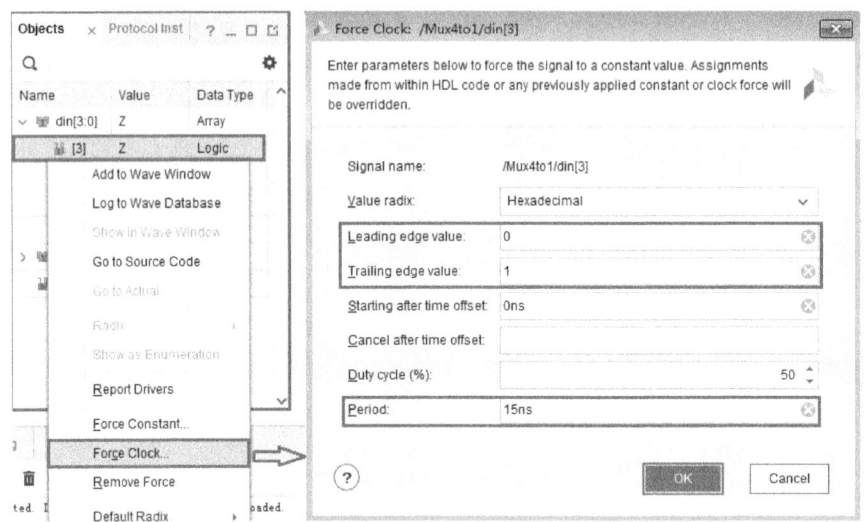

图 6-31 设置 din[3]

4）仿照信号 din[3]，给 din[2]、din[1]、din[0]、sel[1] 和 sel[0] 分别设置时钟，前沿值均为 0，后沿值均为 1，周期分别为 25 ns、35 ns、45 ns、100 ns 和 50 ns。sel[1] 的周期是 sel[0] 的两倍，这样可以在 200 ns 内观看到 sel 的取值从 00,01,10,11 变化。设置 din[3]、din[2]、din[1] 和 din[0] 的周期都比 A 小，同时又不是整数倍关系，主要目的是便于观察波形。

5）如图 6-32 所示，同时选中 din[3:0] 和 sel[1:0]，然后单击右键，在弹出菜单里选择 Add to Wave Window，将设置的激励信号加到波形仿真器的激励中。

提示：可以将打开仿真软件时未初始化的 din[3:0] 和 sel[1:0] 信号删除掉，否则波形窗口会多出两组信号，仿真的时候是没有波形的。

6）如图 6-33 所示，设置仿真的时长为 200 ns，然后单击 200 ns 左边的图标，仿真 200 ns。这个时长已经足够测试出数据选择器的功能。仿真完毕，首先将波形窗口最大化，然后将波形放大或者缩小，直到显示出全部的波形。

从以上的仿真过程可以看出，当输入信号比较多的时候，这种直接在波形图中加激励的方法操作起来很不方便。而且这种方法只能设置时钟和常量两种信号，如果是非周期信号则很难实现。下面我们学习如何编写 TestBench 测试文件。

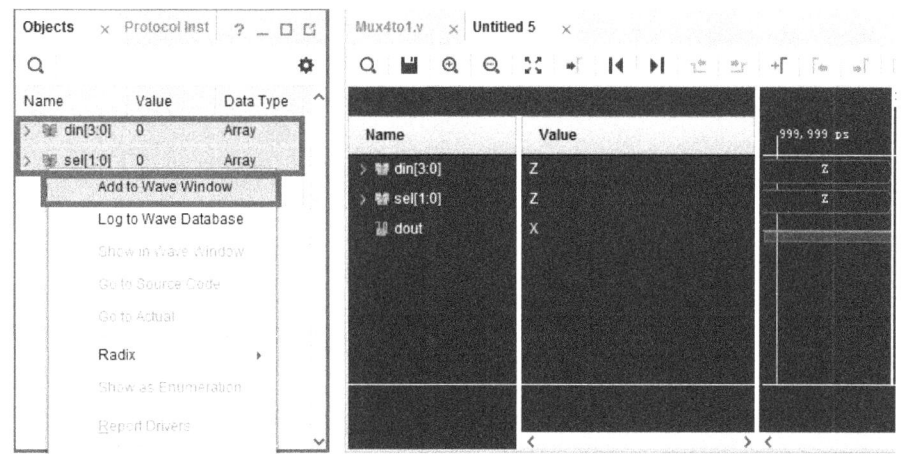

图 6-32 添加波形

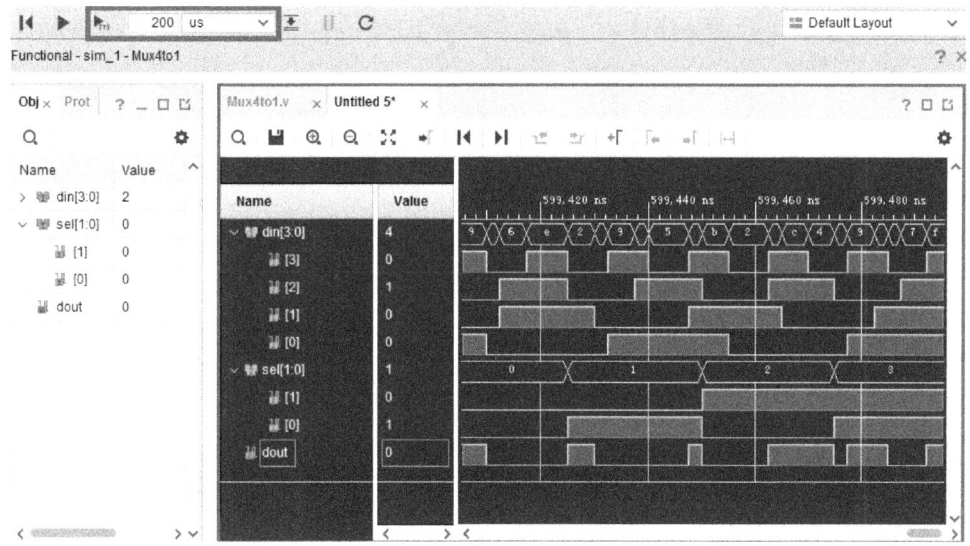

图 6-33 仿真 200 ns

2. 仿真方式二：编写 Test Bench 激励文件

1）如图 6-34 所示，在 Project Manager 中单击 Add Sources，在弹出的窗口中选择 Add or create simulation sources。

2）在接下来的窗口中单击 Create File 按钮，然后如图 6-35 所示，选择使用 Verilog HDL 语言，并将激励文件命名为 tb_mux4to1，单击 OK 按钮进入 Define Module 界面。测试激励是不需要任何输入输出的，因此直接单击 OK 按钮结束文件的创建。

3）下面打开 tb_mux4to1.v，开始编写测试激励。

```
module tb_Mux4to1( );
    reg[3:0] din;
    reg[1:0] sel;
    wire dout;
```

```
initial begin din=4'b00;sel=2'b00;end      //初始化
always
    #15 din[3]=!din[3];
always
    #25 din[2]=!din[2];
always
    #35 din[1]=!din[1];
always
    #45 din[0]=!din[0];
always
    #50 sel=sel+1;
Mux4to1 u1(din,sel,dout);                   //实例化
endmodule
```

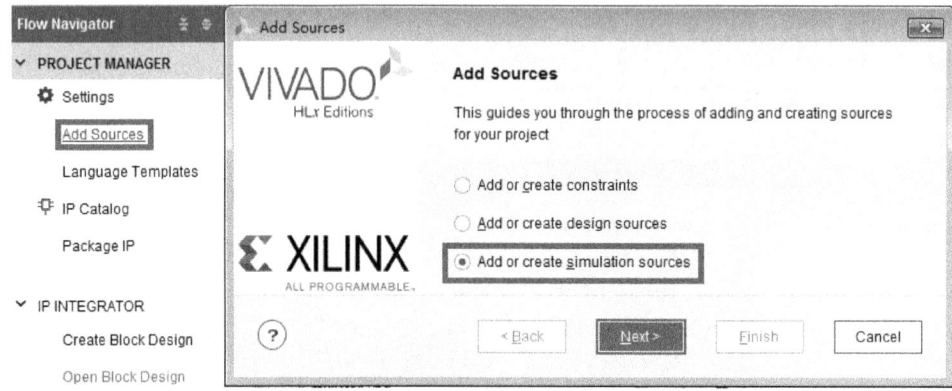

图 6-34　创建仿真激励文件

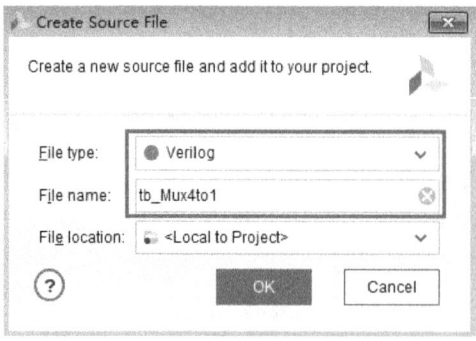

图 6-35　选择语言类型及命名文件

4）如果一切按照操作流程的话，仿真的层次结构应如图 6-36 所示。顶层 tb_Mux4to1.v 就是激励文件，mux4to1.v 则是被例化的文件。也可如图 6-37 所示，在 settings 里面设置仿真的顶层文件。

5）参考图 6-37，在 PROJECT MANAGER 下单击 Simulation，然后选择 Run Behavioral Simulation 开启行为级仿真。仿真波形如图 6-38 所示。

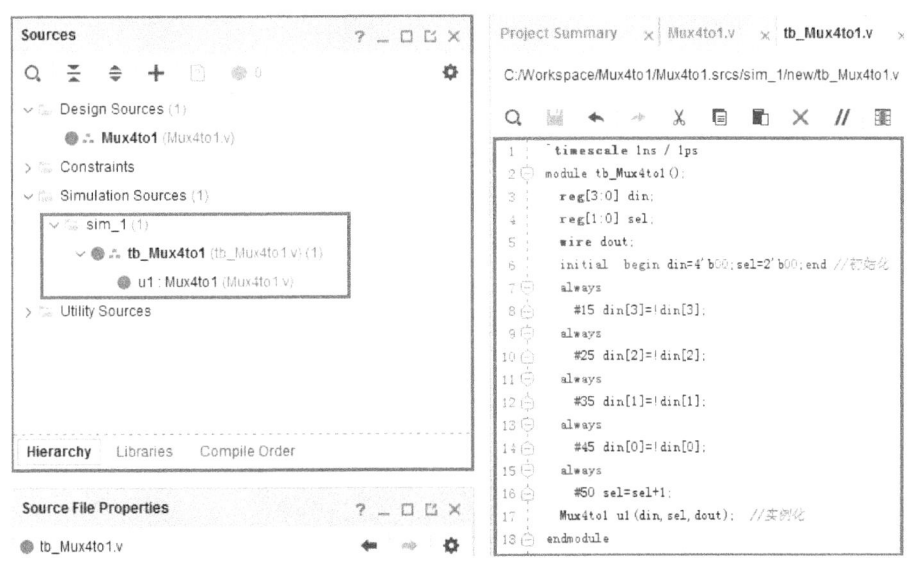

图 6-36 仿真的层次结构

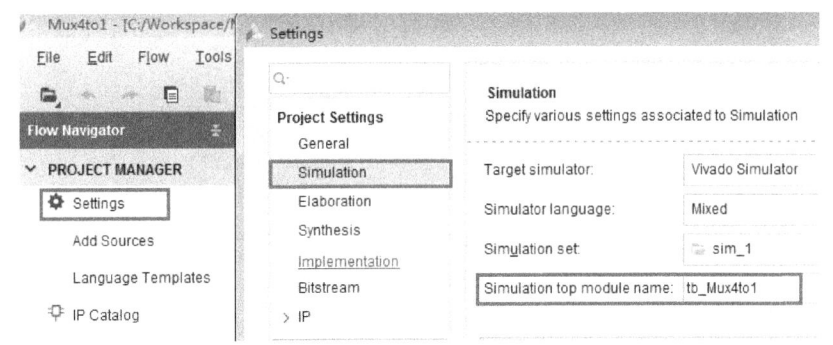

图 6-37 设定仿真的顶层文件

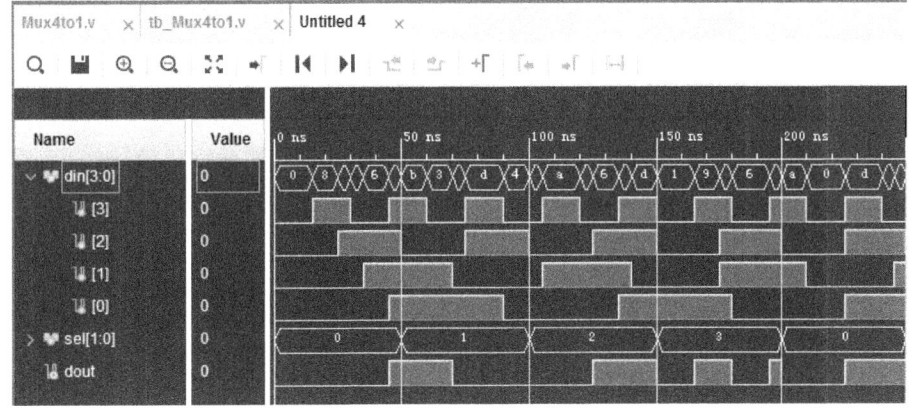

图 6-38 仿真波形

通过对比，当输入信号比较少的时候，可以考虑用仿真方式一来设置激励，比如在只有一个时钟输入的计数器时用这种方法就很方便。大多时候，我们建议还是用仿真方式二来设置激励。特别是当激励信号既不是周期信号（可以用 force clock 来设置激励），也不是固定的高电平或者低电平（可以用 force constant 来设置激励）的时候，用编写激励文件的方法来实现更为有效。

6.6.4 引脚约束

所谓"引脚约束"，就是把 FPGA 开发板上的实际元件与你的电路图连起来。本例有 din[3:0]和 sel[1:0]共 6 个输入，一个输出 dout。引脚约束的任务就是将这 7 个引脚连到 EGO1 板合适的 FPGA 引脚上。

图 6-39 所示为 EGO1 FPGA 开发板，下面我们将 din[3:0]连到 4 个按键上，sel[1..0]连到 2 个开关上，dout 连到 1 个 LED 灯上。

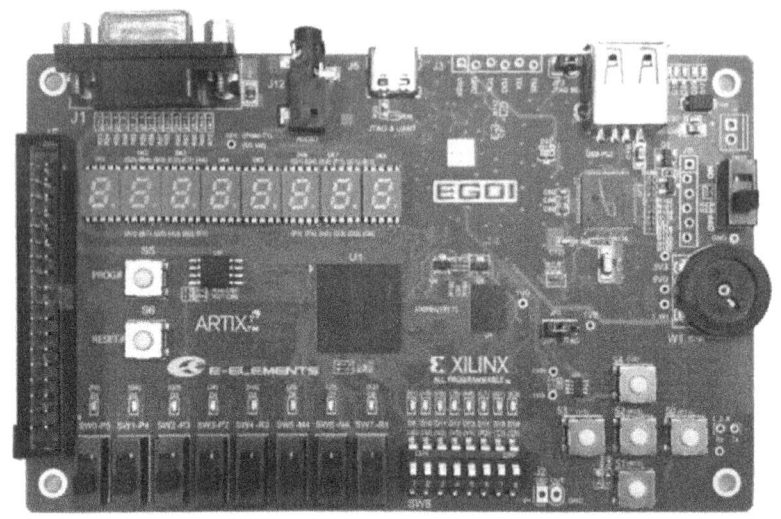

图 6-39　EGO1 FPGA 开发板实物图

1）鼠标右键单击约束子目录下文件夹，选择 Add Sources，如图 6-40 所示。

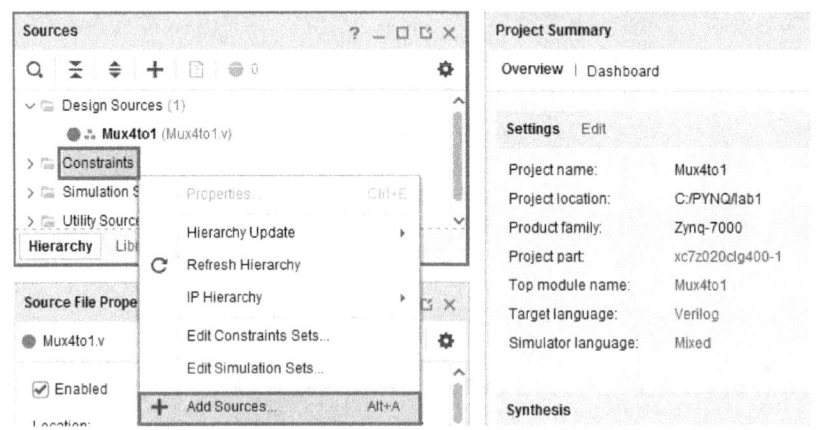

图 6-40　添加约束文件

2）选择第一项 Add or create constraints，单击 Next 按钮。
3）选择 Create File…，弹出如图 6-41 所示的窗口，约束文件名为 Mux4to1。

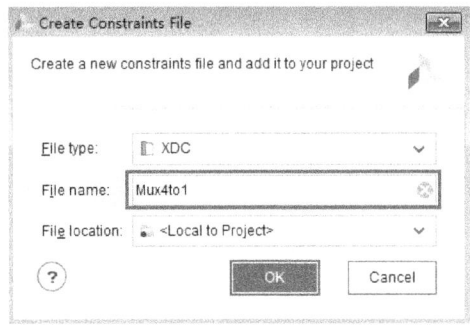

图 6-41 创建约束文件

4) 单击 Finish 按钮后,双击 count16.xdc,并编辑该文件,如图 6-42 所示。

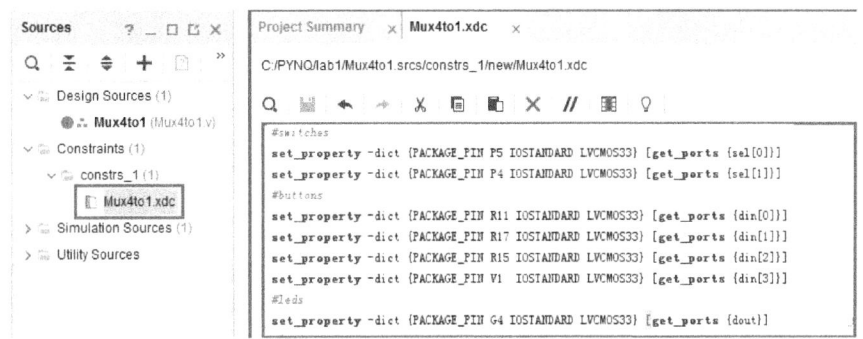

图 6-42 编辑约束文件以绑定引脚

6.6.5 综合 Synthesis

1) 如图 6-43 所示,单击 Run Synthesis 开始综合。综合是将前面编写的 Verilog HDL 文件编译生成电路网表。

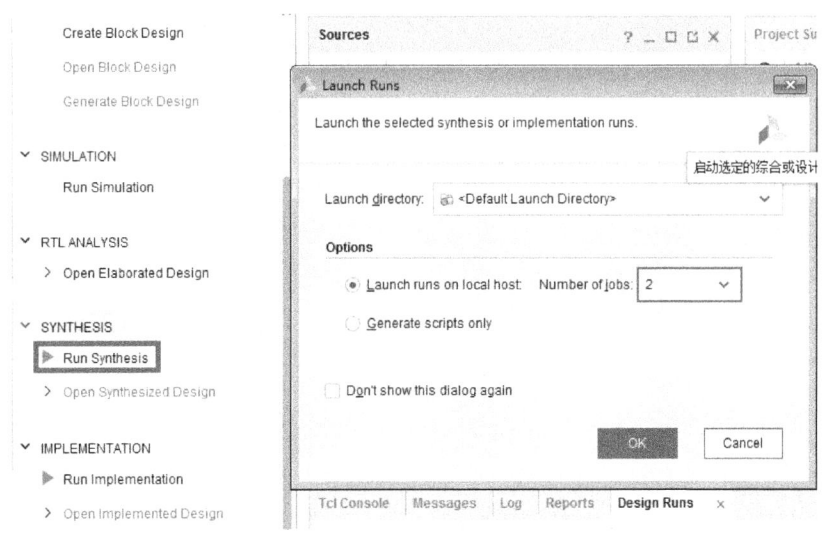

图 6-43 Synthesize 综合编译

2）编译结束后会弹出如图 6-44 所示的窗口，提示综合已经完成，可以继续做实现（布局布线），或者打开综合后的设计，或者察看报告。编译成功后双击 Open Synthesized Design 下的 Schematic 可以查看 RTL 级电路图。如果不想看到这个提示，可以勾选最后一项，以后将不再看到这个对话框。

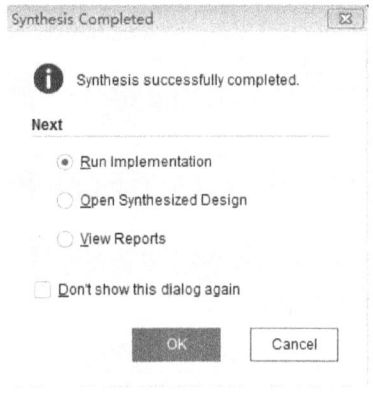

图 6-44　综合编译完成

6.6.6　布局布线/实现 Implementation

Implementation 的功能是针对具体的 FPGA 器件进行布局布线。

1）如图 6-45 所示，单击 Run Implementation，在弹出的窗口中单击 OK 按钮。

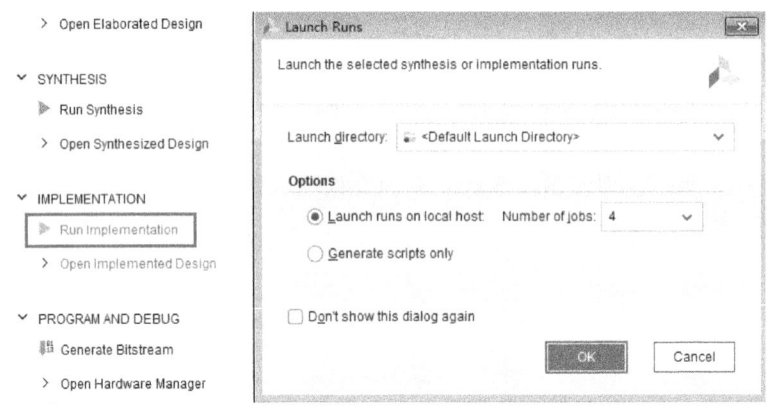

图 6-45　Implementation（实现）

2）运行完成后，弹出如图 6-46 所示窗口。可以选中 Generate Bitstream 产生二进制比特流文件，而如果需要在生成 bitstream 的同时，产生可烧写到 FLASH 的 BIN 文件，可以单击 Cancel 按钮取消。

6.6.7　生成比特流 bitstream

生成比特流的时候，输出文件默认只有 bit 文件，这个文件可以下载到 FPGA 芯片中来验证程序的功能。由于后面烧写 FLASH 时需要用到 bin 文件，因此我们需要设置生成比

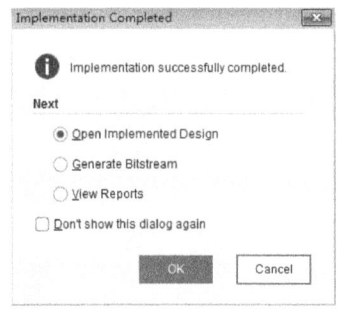

图 6-46　完成布局布线

特流时同时生成 BIN 文件。

1）如图 6-47 所示，单击左侧 PROJECT MANAGER 下的 Settings，出现右侧的 Settings 窗口。单击 Project Settings 下面的 Bitstream 选项，然后在右侧的-bin_file 上打勾，单击 OK 按钮结束设置。

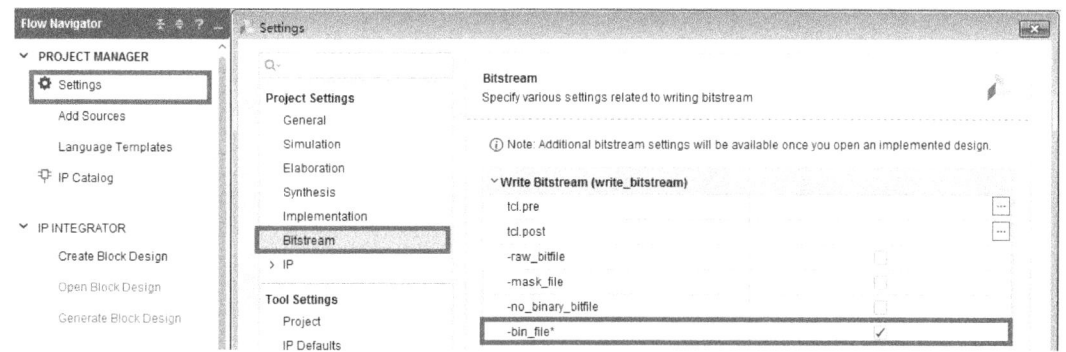

图 6-47　设置 Bitstream 的输出格式

2）如图 6-48 所示，单击左侧 PROGRAM AND DEBUG 下的 Generate Bitstream，在右侧弹出的窗口中单击 OK 按钮。

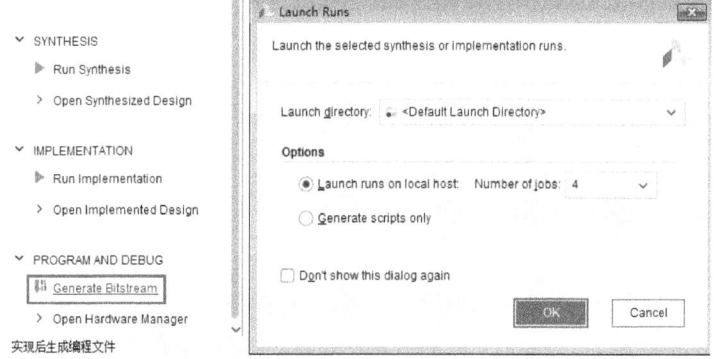

图 6-48　生成 Bitstream

3）比特流产生完成后，出现如图 6-49 所示的窗口。

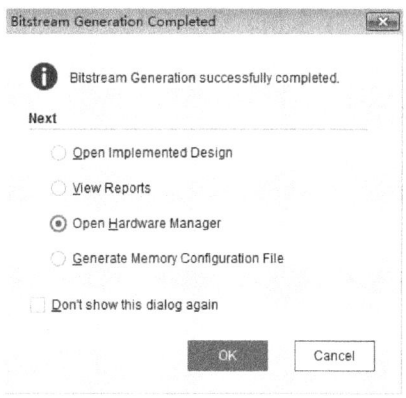

图 6-49　完成比特流生成

6.6.8 下载验证

1) 将实验板通过 USB 连接至电脑,并打开 EGO1 的电源开关。选择 Open Hardware Manager,单击 OK 按钮。然后单击 Open target,再选择 Auto Connect,如图 6-50 所示。

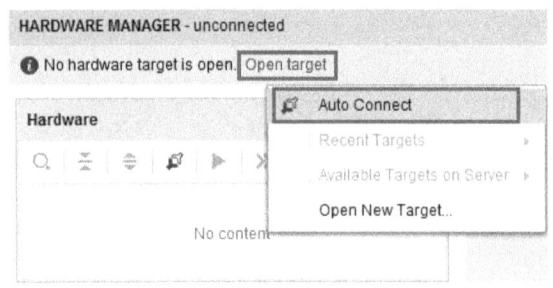

图 6-50 连接目标板

2) 如图 6-51 所示,连接成功后,单击 Program Device,在弹出的窗口中单击 Program 按钮。

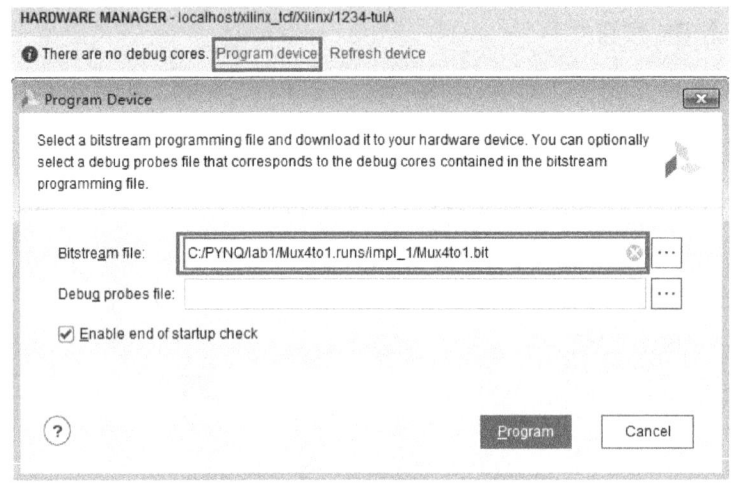

图 6-51 烧写程序

下载完成,程序就可以在 EGO1 上演示了。SW1&SW0 为 00 时 LED 受 BTN0 控制,为 01 时受 BTN1 控制,为 10 时受 BTN2 控制,为 11 时受 BTN3 控制。

6.6.9 固化程序到外部 FLASH

刚才的下载验证,是把程序下载到 FPGA 芯片上的。但是由于 FPGA 采用的是 SRAM 工艺,这个程序在断电后就丢失了,下次开机还需要重新下载才能让 FPGA 程序工作起来。

很显然,在产品中是不允许每次加电都要重新下载程序的。可以将 FPGA 程序固化到板载的 FLASH 里,板子在加电时会自动将 FLASH 中的程序加载到 FPGA 中。

接下来介绍如何将程序烧录到 FLASH 里,这样程序就能掉电不丢失。

1) 如图 6-52 所示,右击 FPGA 芯片选择 Add Configuration Memory Device。

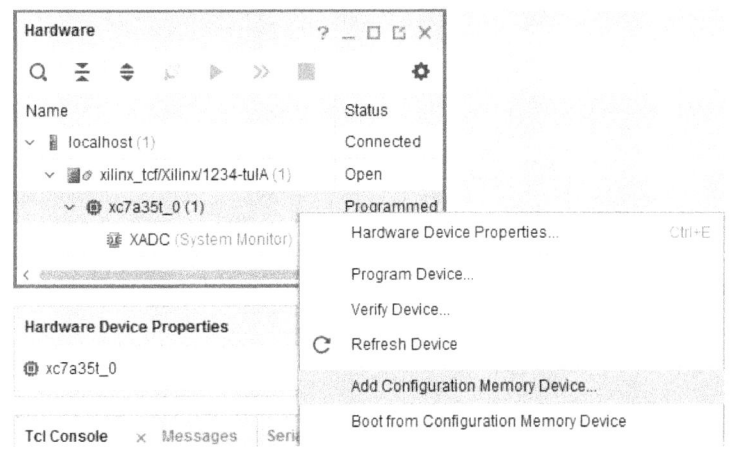

图 6-52 添加配置存储器

2) 选择 FLASH 芯片型号，如图 6-53 所示。FLASH 的型号必须与 EGO1 板上的 FLASH 芯号 N25Q64-3.3 V 一致。（注意：确认自己板子的 FLASH 芯号）

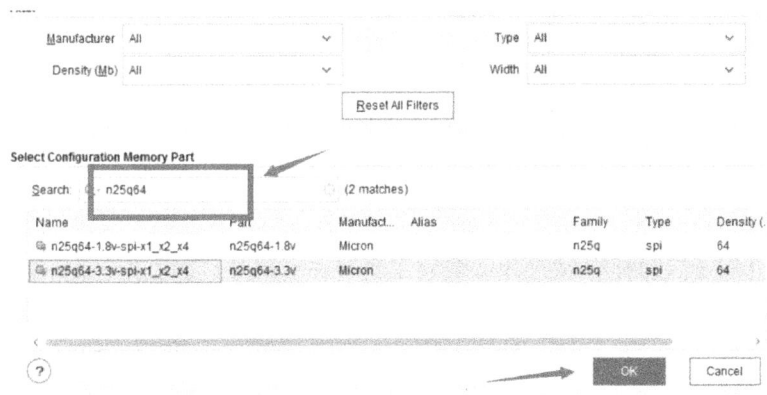

图 6-53 选择 FLASH 芯片型号

3) 单击 OK 按钮进入图 6-54 所示窗口。

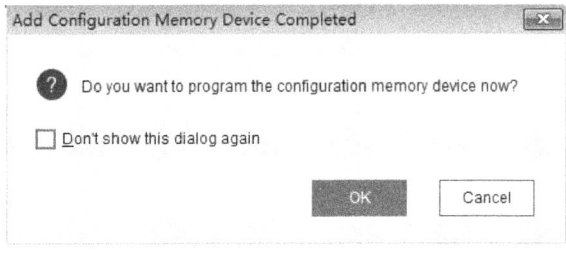

图 6-54 添加配置存储器

4) 再单击 OK 按钮进入图 6-55 所示窗口，选择已生成的 BIN 文件。
5) 单击 OK 按钮，等待二进制代码烧入到 FLASH 中。
6) 烧写完成后，关电再重新给板子加电，等待一会儿就可以看到固化的程序加载到 FPGA 后开始运行。

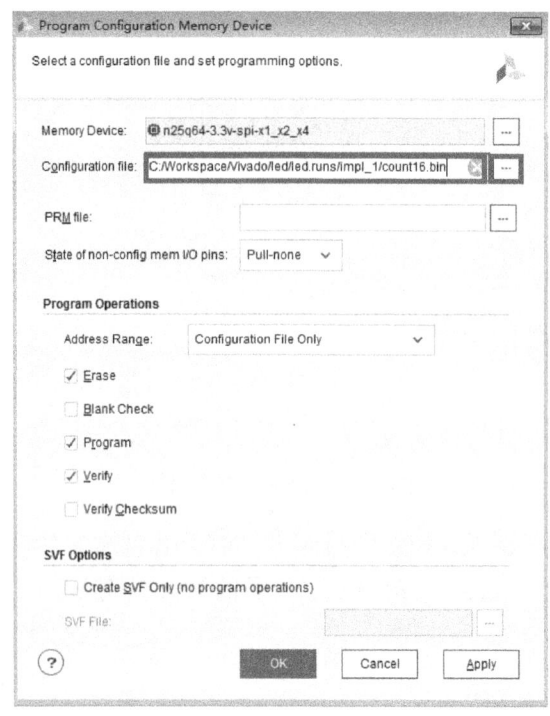

图 6-55 选择 bin 文件

●───── 本 章 小 结 ─────●

本章主要介绍了半导体存储器和可编程逻辑器件（PLD）的基本概念、基本原理以及应用方法，掌握这些知识就能够正确选择和使用这两类器件。半导体存储器因为具有集成度高、体积小、可靠性高、价格低、外围电路简单且易于接口、便于自动化批量生产等特点，广泛应用于计算机等数字系统中，能够存放程序、数据、资料等。PLD 的内部集成了大量功能独立、未连线的分立元件，如逻辑门等，设计者可以基于 Vivado 等开发环境，通过计算机编程确定电路功能。编程语言主要为面向硬件编程的 VHDL 和 Verilog HDL。PLD 的集成度通常很高，能够满足一般数字电路与系统的需要。

●───── 本 章 习 题 ─────●

6.1 在存储器结构中，什么是"字"，什么是"字长"？如何表示存储器的容量？

6.2 试述 ROM 和 RAM 的区别，并阐述 ROM 的主要类型和各自特点。

6.3 什么是 SRAM？什么是 DRAM？试述两者的区别，以及在实际中，它们各自的用途。

6.4 指出下列 ROM 存储系统各具有多少个存储单元，应有地址线、数据线各多少根。
(1) 256×4 位　(2) 64K×4 位　(3) 256K×4 位　(4) 1024K×8 位

6.5 当字数和位数都不够用时，应该怎样扩展存储器的存储容量？

6.6 已知由两片 SRAM2112（256×4）组成的扩展电路如题图 6-1 所示。其中，2 线—4 线译码器功能表如表 6-1 所示。写出该电路内存的容量及内存地址的范围。

6.7 分析题图 6-2 中构成的存储系统采用了什么扩展方式，计算该存储系统的容量。

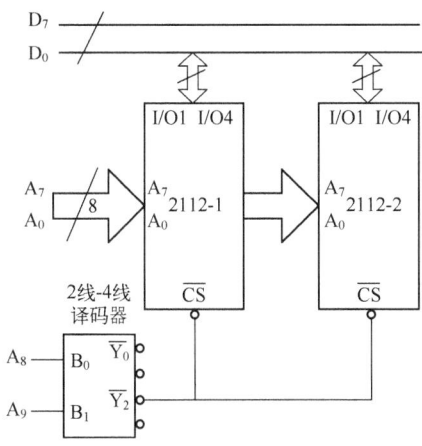

题表 6-1					
B_1	B_0	$\overline{Y}_0$	$\overline{Y}_1$	$\overline{Y}_2$	$\overline{Y}_3$
0	0	0	1	1	1
0	1	1	0	1	1
1	0	1	1	0	1
1	1	1	1	1	0

题图 6-1

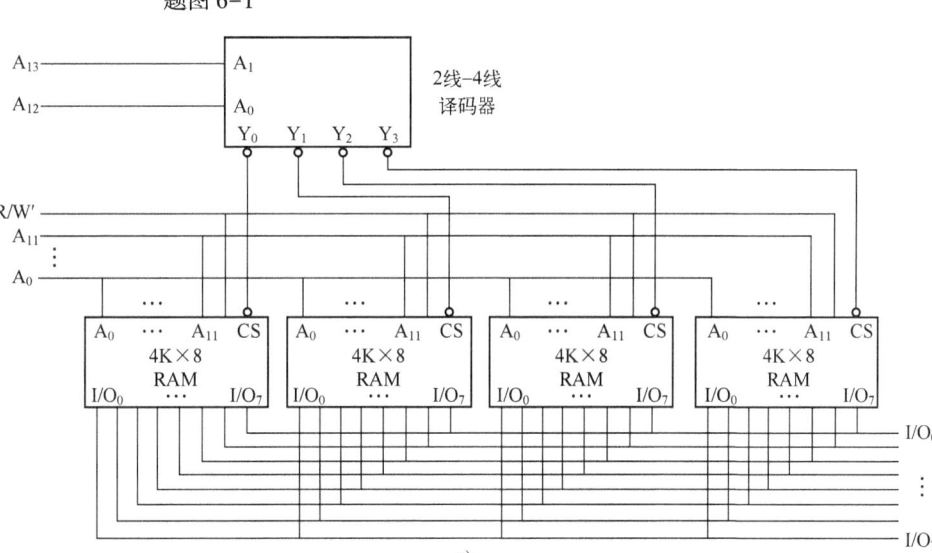

a)

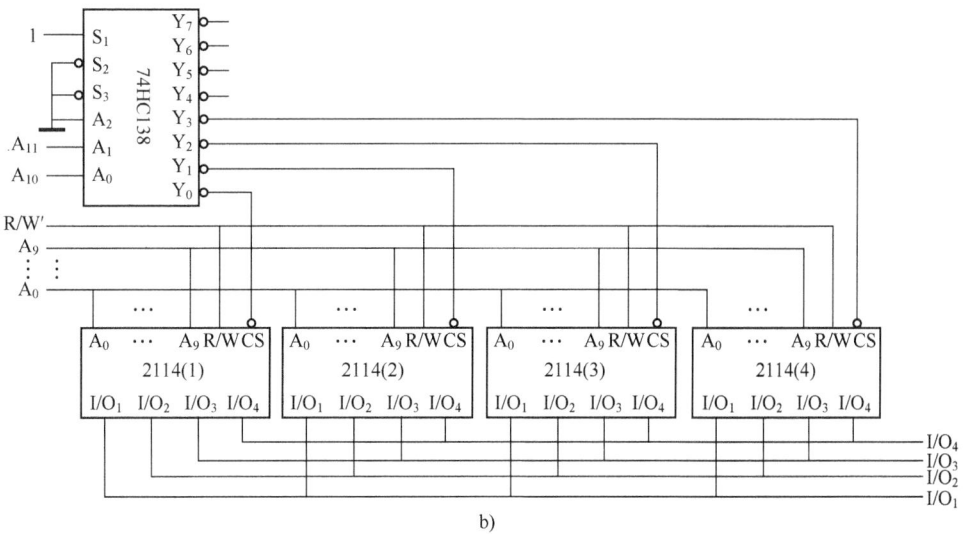

b)

题图 6-2

6.8　试用位扩展方法，将 2 片 256×4 位的 RAM 组成一个 256×8 位的 RAM，画出电路图。

6.9　试用 RAM 芯片 2114（1K×4 位），构成 2K×8 的静态存储器，画出电路图。

6.10　设某计算机系统的 CPU 有 16 位地址总线和 16 位数据总线，试用 HM6116（2K×8 位）为该系统构造存储容量为 4K×16 位的数据存储器，要求地址范围为 8000H~8FFFH。

6.11　可编程逻辑器件主要有哪几种？

6.12　器件 PAL 和 PROM 的区别是什么？

6.13　分析题图 6-3 所示电路的逻辑功能。

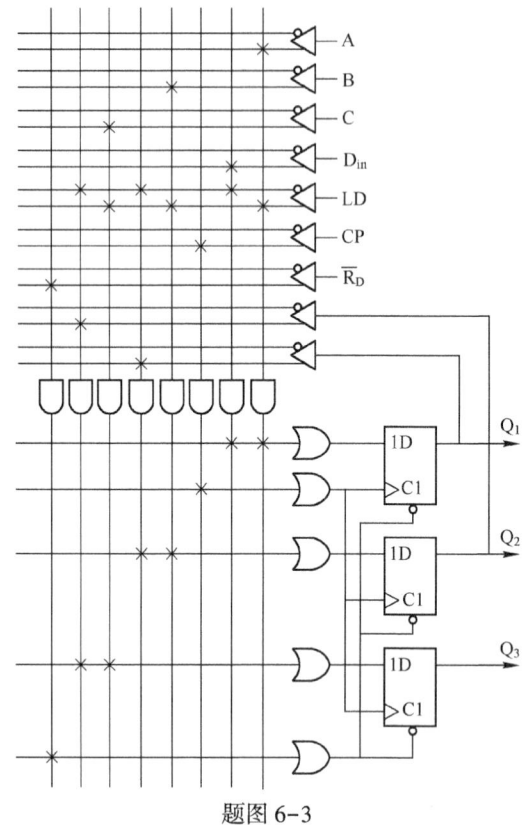

题图 6-3

6.14　分析题图 6-4 所示电路的逻辑功能。

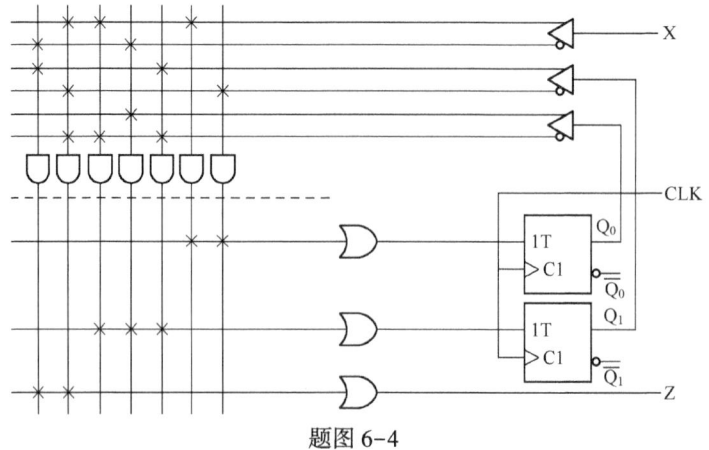

题图 6-4

本 章 自 测

一、填空题

1. 半导体存储器按存取功能分为（　　　）存储器和（　　　）存储器。
2. 某 SRAM 芯片有 13 条地址线和 8 条数据线，其存储容量为（　　　）。
3. 1024×4 位的 RAM 芯片有（　　　）条地址线、（　　　）条数据线。
4. PLD 的中文名称是（　　　）。
5. 两类大规模可编程逻辑器件分别是（　　　）和（　　　）。
6. FPGA 的中文名称是（　　　）。

二、选择题

1. 当 ROM 断电后，它存储的数据将（　　　）。
   A. 全变成 0　　　　　　　　B. 全变成 1
   C. 保持原样　　　　　　　　D. 变得无法预测
2. 为构成 1024×8 位的 RAM 存储体，需要（　　　）片 256×4 的 RAM。
   A. 6　　　　　　　　　　　B. 7
   C. 8　　　　　　　　　　　D. 9
3. PROM 实现函数的形式（　　　）。
   A. 最简与或式　　　　　　　B. 最简或与式
   C. 标准与或式　　　　　　　D. 标准或与式
4. PLA 最适用于实现函数的（　　　）
   A. 最简与或式　　　　　　　B. 最简或与式
   C. 标准与或式　　　　　　　D. 标准或与式
5. 题图 6-5 所示电路的名称是（　　　）。
   A. PLA　　　　　　　　　　B. PAL
   C. PROM　　　　　　　　　D. X/Y 译码器

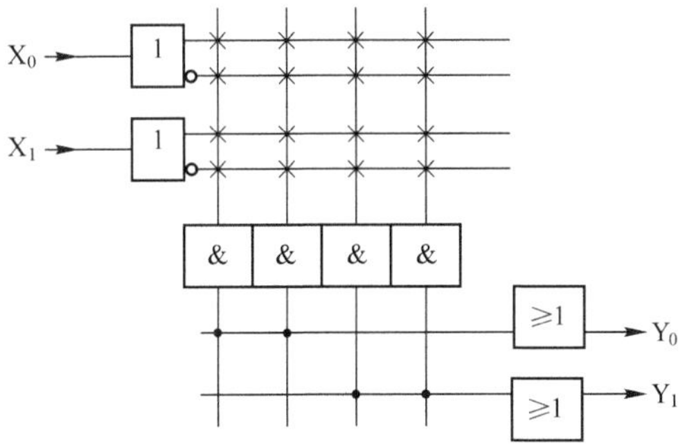

题图 6-5

三、分析题

1. 某单片机应用系统如题图 6-6 所示，试确定两片 6116 RAM 芯的地址范围。
2. 某一功能电路的 PLA 阵列图如题图 6-7 所示，写出 F_1、F_2、F_3 的函数表达式，列出真值表，指出该电路的逻辑功能。

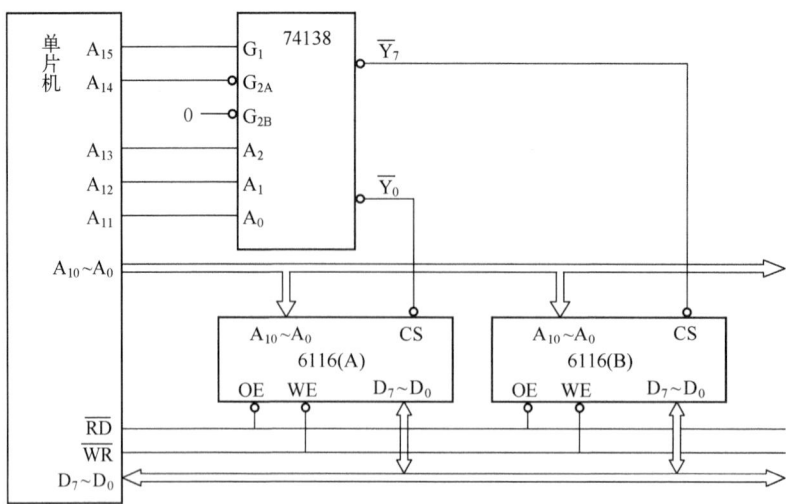

题图 6-6

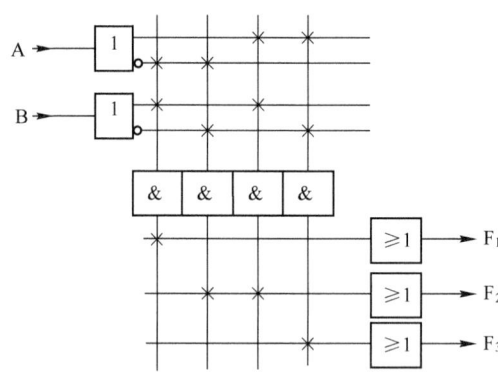

题图 6-7

第7章 数/模和模/数转换电路

● —— 内 容 提 要 —— ●

本章主要介绍数/模（D/A）和模/数（A/D）转换的基本概念、基本原理、常用电路结构和主要技术指标。数/模转换电路常用结构包括权电阻网络型和R/2R倒T形，模/数转换电路则主要是并行比较型、逐次逼近型和双积分型电路。

● —— 知 识 图 谱 —— ●

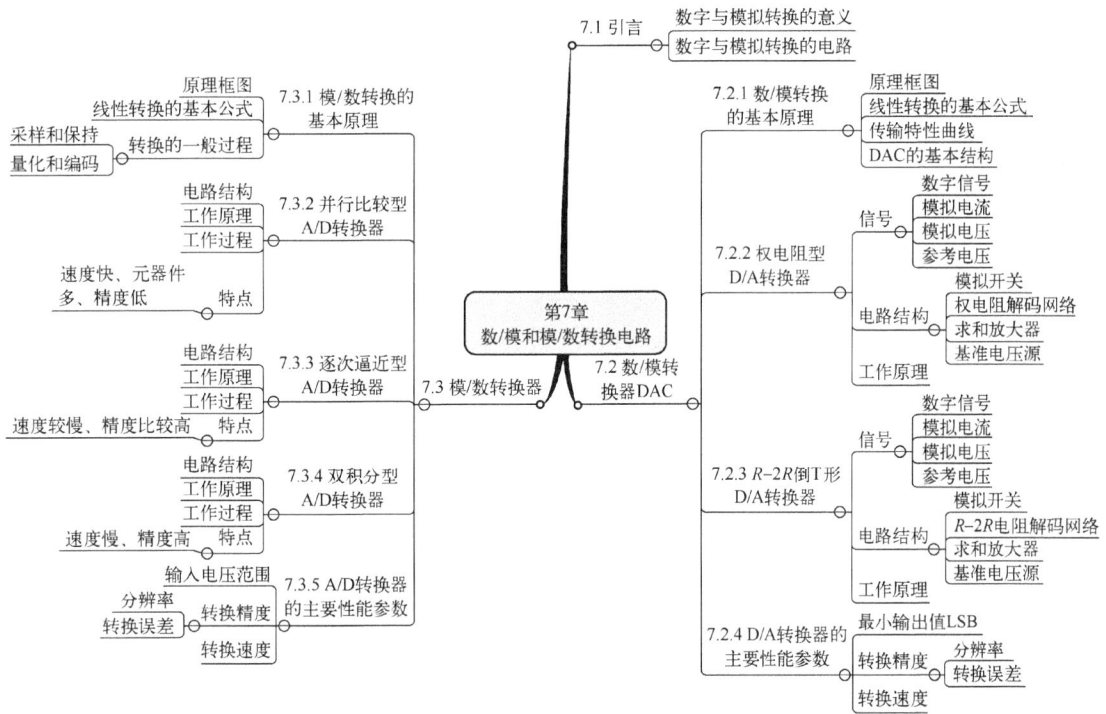

7.1 引言

众所周知，自然界的物理信号一般是模拟信号，如声音、图像、温度、压力、位移等，要利用数字计算机对这些信号进行处理，常常希望先将输入到电子系统中的模拟信号转换成数字信号，采取模/数转换（Analog to Digital，A/D），然后再进行处理。必要时还要求把经过处理的数字信号再转换成模拟信号，经过数/模转换（Digital to Analog，D/A），作为电子系统的输出。这样，在模拟电路与数字电路之间，或者说在模拟信号与数字信号之间，就需要有一个接口电路——A/D转换器和D/A转换器。

A/D 转换器是指能够实现 A/D 转换的电路，简称为 ADC（Analog to Digital Converter）；D/A 转换器是指能够实现 D/A 转换的电路，简称为 DAC（Digital to Analog Converter）。随着集成电路技术的发展，目前市场上单片集成的 DAC 和 ADC 芯片有几百种之多，而且性能指标也越来越先进，可以适应不同应用场合的需要。因此，A/D 和 D/A 转换器是数字系统和模拟系统之间信号转换的关键电路，图 7-1 所示为计算机实时控制系统的原理框图。

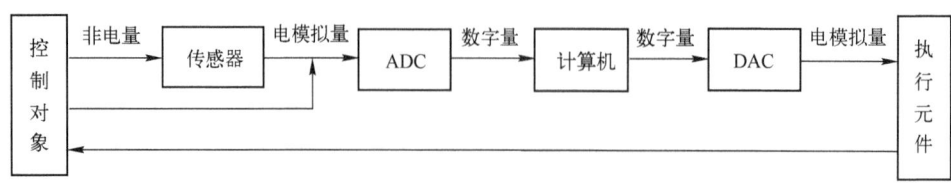

图 7-1 计算机实时控制系统的原理框图

7.2 数/模转换器

7.2.1 数/模转换的基本原理

1. DAC 的原理框图及其转换关系

DAC 原理框图如图 7-2 所示。其中，D 为输入 n 位二进制数字量（$D_{n-1}D_{n-2}\cdots D_1D_0$），$U_A$ 为数/模转换后输出的模拟电压信号，U_{REF} 为实现数/模转换所必需的参考电压（也称为基准电压）。

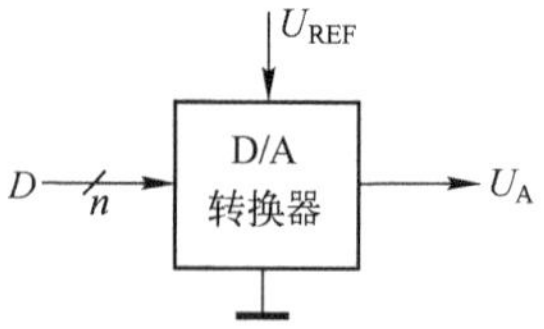

理想情况下，DAC 的输出模拟电压信号 U_A 与输入数字信号 D 成正比，可以描述为

$$U_A = kDU_{REF} \quad (7-1)$$

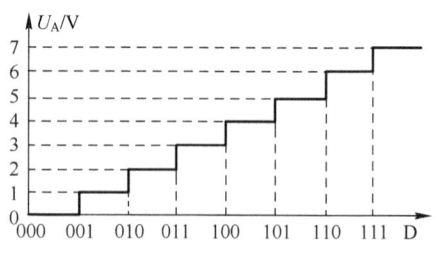

图 7-2 DAC 原理框图

k 为电路比例系数，由转换电路决定。当 D 为 n 位无符号二进制数时，式 7-1 可写为

$$U_A = kU_{REF}\sum_{i=0}^{n-1}D_i \times 2^i \quad (7-2)$$

由式（7-2）可知，DAC 输出的模拟信号与输入的数字量在幅度上成正比，而两者极性之间的关系则取决于比例系数的正负和参考电压的极性。另外必须注意，n 位二进制代码只有 2^n 种不同的组合，每个组合对应于一个模拟电压（或电流）值。所以，严格意义上 DAC 的输出并非真正的模拟信号，而是时间连续、幅度离散的信号，如图 7-3 所示。不过，只要对 DAC 的输出信号进行合适的低通滤波，滤除其高频分量，就可得到真正的模拟信号。

图 7-3 一个 3 位 DAC 的传输特性曲线

例 7-1 已知某 8 位二进制 DAC，输入的数字量 D 为无符号二进制数。当 $D=(10000000)_2$ 时，输出模拟电压 $U_A=3.2\text{V}$。求：$D=(10101000)_2$ 时的输出模拟电压 U_A。

解 由式（7-2）可知，该 8 位 DAC 的输出模拟电压与输入数字量成正比。由于 $(10000000)_2 = 128$，$(10101000)_2 = 168$，因此

$$3.2 : 128 = U_A : 168$$

解得

$$U_A = (3.2\,\text{V}/128) \times 168 = 4.2\,\text{V}$$

2. DAC 的电路结构

用于实现 D/A 转换的电路有很多种，它们的大体结构是相似的，主要由输入数码寄存器、数控模拟开关、解码网络、求和电路、参考电压和逻辑控制电路构成，如图 7-4 所示。数码寄存器用于存储输入的数字信号，寄存器并行输出的每一位数字量控制一个模拟开关，使解码网络将每一位数码"翻译"成相应大小的模拟量，并送给求和电路；求和电路将每一位数码所代表的模拟量相加，从而得到与数字量相对应的模拟量。

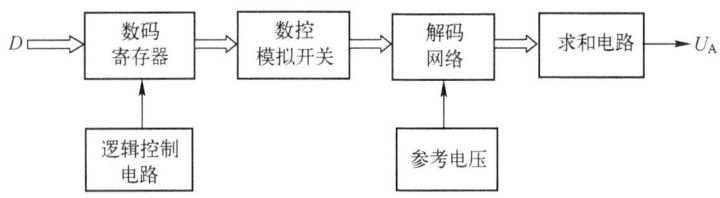

图 7-4　D/A 转换器的结构框图

7.2.2　权电阻型 D/A 转换器

图 7-5 所示是一个 4 位权电阻网络 DAC 电路，该电路由以下 4 个部分构成：

1. 权电阻解码网络

该电阻解码网络由 4 个电阻构成，它们的阻值分别与输入的 4 位二进制数一一对应，满足以下关系：

$$R_i = 2^{n-1-i} R \tag{7-3}$$

式中，n 为输入二进制数的位数，R_i 是与二进制数 D_i 位相对应的电阻值，而 2^i 则是 D_i 位的权值。不难看出，二进制数的每一位所对应的电阻的大小都与该位的权值成反比，这就是权电阻网络名称的由来。

2. 模拟开关

每一个电阻都有一个单刀双掷的模拟开关与其串联，4 个模拟开关的状态分别由 4 位二

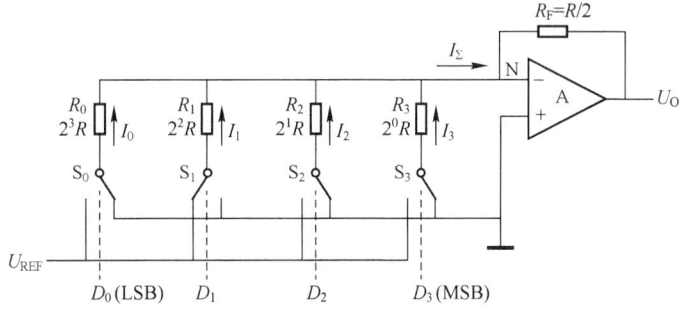

图 7-5　权电阻网络 DAC 电路原理图

进制数码控制。当 $D_i=0$ 时，开关 S_i 打到右边，使电阻 R_i 接地；当 $D_i=1$ 时，开关 S_i 打到左边，使电阻 R_i 接基准电压 U_{REF}。

3. 基准电压源 U_{REF}

作为 A/D 转换的参考值，要求其准确度高、稳定性好。

4. 求和放大器

通常由运算放大器构成，并接成反相放大器的形式。

为了简化电路分析，在本章中将运算放大器近似看成是理想的放大器，即它的开环放大倍数为无穷大，输入电流为零（输入电阻无穷大），输出电阻为零。由于 N 点为虚地，当 $D_i=0$ 时，相应的电阻 R_i 上没有电流；当 $D_i=1$ 时，电阻 R_i 上有电流流过，大小为 $I_i = U_{REF}/R_i$。根据叠加原理，对于输入的一个任意二进制数 $(D_3D_2D_1D_0)_2$，应有

$$I_\Sigma = D_3 I_3 + D_2 I_2 + D_1 I_1 + D_0 I_0$$

$$= D_3 \frac{U_{REF}}{R_3} + D_2 \frac{U_{REF}}{R_2} + D_1 \frac{U_{REF}}{R_1} + D_0 \frac{U_{REF}}{R_0}$$

$$= D_3 \frac{U_{REF}}{2^{3-3}R} + D_2 \frac{U_{REF}}{2^{3-2}R} + D_1 \frac{U_{REF}}{2^{3-1}R} + D_0 \frac{U_{REF}}{2^{3-0}R} \tag{7-4}$$

$$= \frac{U_{REF}}{2^3 R} \sum_{i=0}^{3} D_i \times 2^i$$

求和放大器的反馈电阻 $R_F = R/2$，则输出电压 U_O 为

$$U_O = -I_\Sigma R_{REF} = -\frac{U_{REF}}{2^4} \sum_{i=0}^{3} D_i \times 2^i \tag{7-5}$$

推广到 n 位权电阻网络 DAC 电路，可得

$$U_O = -\frac{U_{REF}}{2^n} \sum_{i=0}^{n-1} D_i \times 2^i \tag{7-6}$$

由式 7-4 和式 7-5 可以看出，权电阻网络 DAC 电路的输出电压和输入数字量之间的关系与式 7-1 的描述完全一致，这里的比例常数 $K=-1/2^n$。

权电阻网络 DAC 电路的优点是结构简单，所用解码电阻的个数等于 DAC 输入数字量的位数，相对比较少；它的缺点是解码电阻的取值范围太大，这个问题在输入数字量的位数较多时尤其显得突出，例如：当输入数字量的位数为 12 位时，最大电阻与最小电阻之间的比例高达 2048∶1，要在如此大的范围内保证电阻的精度，对于集成 DAC 的制造是十分困难的。

7.2.3 $R-2R$ 倒 T 形 D/A 转换器

图 7-6 所示为一个 4 位倒 T 形电阻网络 DAC 电路，它也包括 4 个部分：$R-2R$ 电阻解码网络、单刀双掷模拟开关（S_0、S_1、S_2 和 S_3）、基准电压 U_{REF} 和求和放大器。

4 个模拟开关由 4 位二进制数码分别控制，当 $D_i=0$ 时，开关 S_i 打到左边，使与之相串联的 2R 电阻接地；当 $D_i=1$ 时，开关 S_i 打到右边，使 2R 电阻接虚地。

$R-2R$ 电阻解码网络中只有 R 和 $2R$ 两种阻值的电阻，呈倒 T 形分布。不难看出：无论模拟开关的状态如何，从任何一个节点（P_0、P_1、P_2、P_3）向上或向左看去的等效电阻均

为 $2R$。由此可以计算出基准电压源 U_{REF} 的输出电流 $I=U_{REF}/R$，并且该电流每流到一个节点时就向上和向左产生 1/2 分流，则各支路的电流分别为：$I_0=I/2^4$，$I_1=I/2^3$，$I_2=I/2^2$，$I_3=I/2^1$。

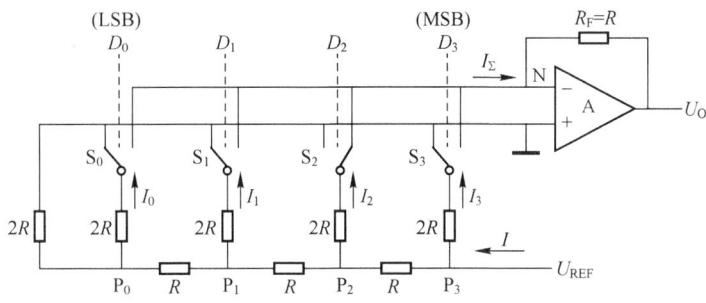

图 7-6 倒 T 形电阻网络 DAC 电路原理图

根据叠加原理，对于输入的一个任意二进制数 $(D_3D_2D_1D_0)_2$，流向求和放大器的电流 I_Σ 应为

$$I_\Sigma = I_0 + I_1 + I_2 + I_3$$
$$= \frac{1}{2^4}\frac{U_{REF}}{R}(D_0 \times 2^0 + D_1 \times 2^1 + D_2 \times 2^2 + D_3 \times 2^3) \quad (7\text{-}7)$$
$$= \frac{1}{2^4}\frac{U_{REF}}{R}\sum_{i=0}^{3} D_i \times 2^i$$

求和放大器的反馈电阻 $R_F = R$，则输出电压 U_O 为

$$U_O = -I_\Sigma R_{REF} = -\frac{U_{REF}}{2^4}\sum_{i=0}^{3} D_i \times 2^i \quad (7\text{-}8)$$

推广到 n 位倒 T 形电阻网络 DAC 电路，可得

$$U_O = -\frac{U_{REF}}{2^n}\sum_{i=0}^{n-1} D_i \times 2^i \quad (7\text{-}9)$$

倒 T 形电阻网络 DAC 电路的突出优点在于，无论输入信号如何变化，流过基准电压源、模拟开关以及各电阻支路的电流均保持恒定，电路中各节点的电压也保持不变，这有利于提高 DAC 的转换速度；另外，在倒 T 形电阻解码网络中，虽然电阻的数量比权电阻解码网络增加了一倍，但只有两种阻值的电阻，这有利于保证电阻的精度。因此，倒 T 形电阻网络 D/A 转换电路已经成为目前集成 DAC 中采用最多的转换电路。

7.2.4 D/A 转换器的主要性能参数

目前，国内外市场上的集成 DAC 产品有数百种之多，性能各不相同，可以满足不同要求的应用场合。因此，要选择一款合适的 DAC 芯片，就必须了解集成 DAC 的性能指标。

1. 最小输出值 LSB、输出量程 FSR

最小输出值 LSB 可分为最小输出电压 U_{LSB} 和最小输出电流 I_{LSB}，是指输入数字量只有最低有效位（Least Significant Bit，LSB）为 1 时，DAC 所输出的模拟电压（电流）的幅度。或者说，就是当输入数字量的最低有效位的状态发生变化时（由 0 变成 1，或由 1 变成 0），

所引起的输出模拟电压（电流）的变化量。对于 n 位 DAC 电路，最小输出电压 U_{LSB} 为

$$U_{LSB} = \frac{|U_{REF}|}{2^n} \tag{7-10}$$

输出量程 FSR 的定义是：DAC 输出模拟电压（电流）的最大变化范围（Full Scale Range，FSR），可分别表示为电压输出量程 U_{FSR} 和电流输出量程 I_{FSR}。对于 n 位电压输出的 DAC，有

$$U_{FSR} = \frac{2^n - 1}{2^n} |U_{REF}| \tag{7-11}$$

2. 转换精度和转换速度

转换精度和转换速度是衡量 D/A 转换器性能优劣的主要指标。

（1）转换精度

集成 DAC 的转换精度通常用分辨率和转换误差两个指标来描述。

① 分辨率

分辨率指 DAC 能够分辨的最小电压 U_{LSB}（输入的数字量只有最低有效位为 1，其余各位都是 0 时，DAC 输出的模拟电压）与最大输出电压（也称输出量程或满刻度输出）U_{FSR}（输入数字量各位都为 1 时，DAC 输出的模拟电压）之比，它是 DAC 在理论上所能达到的精度。n 位二进制 DAC 的 U_{LSB} 和 U_{FSR} 分别为

$$U_{LSB} = \frac{|U_{REF}|}{2^n} \tag{7-12}$$

$$U_{FSR} = \frac{2^n - 1}{2^n} |U_{REF}| \tag{7-13}$$

因此，n 位二进制 DAC 的分辨率 D_R 为

$$D_R = \frac{U_{LSB}}{U_{FSR}} = \frac{1}{2^n - 1} \tag{7-14}$$

显然，DAC 的分辨率只与输入数字量位数有关，位数越多，分辨率越高。实际使用中，人们也将 U_{LSB} 称为 DAC 的分辨率，甚至直接用位数 n 来代表分辨率。

DAC0832 为 8 位二进制 DAC，因此既可以说它的分辨率 $D_R = 1/255$，也可以说它的分辨率为 U_{LSB} 或 8 位。当 $U_{REF} = -5 \text{ V}$ 时，DAC0832 能分辨的最小输出电压 $U_{LSB} \approx 19.53 \text{ mV}$，满量程输出电压 $U_{FSR} \approx 4.98 \text{ V}$。

② 转换误差

因为 DAC 的各个环节在参数和性能上与理论值之间不可避免地存在着差异，如参考电压 U_{REF} 的波动、运算放大器的零点漂移、模拟开关的导通内阻和导通电压降、电阻解码网络中电阻阻值的偏差等，因此其在实际工作中并不能达到理论上的精度。转换误差就是用来描述 DAC 输出模拟信号的理论值和实际值之间差别的一个综合性指标。

DAC 的转换误差有绝对误差和相对误差两种表示方式。绝对误差是指实际值与理论值之间的最大差值，通常用最低有效位的倍数来表示；相对误差是指绝对误差与 DAC 输出量程 U_{FSR} 的比值，并以 FSR（Full Scale Range）的百分数来表示。

DAC0832 的转换误差 $\leq 0.2\%$FSR，表示输出信号的实际值与理论值之间的最大差值不超过输出量程 U_{FSR} 的 0.2%。

（2）转换速度

集成 DAC 的转换速度通常用建立时间（Setting Time）或转换速率（转换频率）来描述。当 DAC 输入的数字量发生变化以后，输出的模拟量需要经过一段时间才能达到其所对应的数值，一般将这段时间称为建立时间。由于数字量的变化越大，DAC 所需要的建立时间就越长，所以在集成 DAC 产品的性能表中，建立时间通常是指从输入数字量由全 0 突变到全 1 或由全 1 突变到全 0 开始，到输出模拟量进入到规定的误差范围内所用的时间，误差范围一般取±LSB/2。建立时间的倒数即为转换速率（转换频率），也就是每秒钟 DAC 至少可以完成的转换次数。

7.3 模/数转换器

7.3.1 模/数转换的基本原理

模/数转换器（ADC）用于将时间和幅度都连续的模拟信号转换成时间和幅度都离散的数字信号，其原理框图如图 7-7 所示。

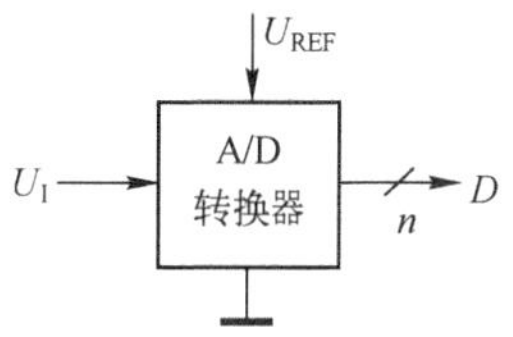

ADC 的传输特性可以描述如下：

$$D = k \frac{U_I}{U_{REF}} \quad (7-15)$$

式中，U_I 为输入模拟电压信号；D 为 n 位二进制输出数字信号（$D_{n-1}D_{n-2}\cdots D_1D_0$）；$U_{REF}$ 为实现模/数转换所必需的参考电压，k 为比例系数。不难看出，与 DAC 一样，ADC 中的数字信号与模拟信号在大小上成正比，两者极性之间的关系则取决于比例系数的正负和参考电压的极性。

图 7-7 ADC 原理框图

要把模拟量转换成数字量，ADC 一般需要经过采样、保持、量化和编码 4 个过程。本节简单介绍模/数转换的一般过程和典型 ADC 芯片——ADC0809 的工作原理及使用方法。

1. 模/数转换的一般过程

（1）采样与保持

采样就是周期性地每隔一段固定的时间读取一次模拟信号的值，从而可以将在时间和取值上都连续的模拟信号在时间上离散化。所谓保持，就是在连续两次采样之间，将上一次采样结束时所得到的采样值用保持电路保持住，以便在这段时间内完成对采样值的量化和编码。采样与保持过程通常是用采样/保持电路一起实现的，可以用图 7-8 来说明。

图 7-8a 是一种最简单的采样/保持电路，它由一个 N 沟道增强型 MOSFET、一个用于保持采样值的电容 C 和一个运算放大器 A 组成。

图 7-8 中的 u_A 为输入的模拟电压；u_C 是电容 C 上的电压；u_S 为采样/保持电路的输出信号；S 为采样脉冲信号，它的周期为 T_S，脉冲宽度为 τ。MOSFET 被用作一个受采样脉冲信号 S 控制的双向模拟开关。在脉冲存在的 τ 时间内，MOSFET 导通（开关闭合），电容 C 通过模拟开关放电或被 u_A 充电，假定充/放电的时间常数远小于 τ，则可以认为电容 C 上的电压 u_C 在时间 τ 内完全能够跟得上输入模拟电压 u_A 的变化，即 $u_C = u_A$；在采样脉冲的休止期（$T_S - \tau$）内，MOSFET 截止（开关断开），如果电容 C 的漏电电阻、MOSFET 的截止阻抗和运算放大器的输入阻抗都很大，则电容的漏电可以忽略不计，这样电容 C 上的电压将保持

采样脉冲结束前一瞬间 u_A 的电压值并一直到下一个采样脉冲到来时为止。因此，通常把采样脉冲的周期 T_S 称为采样周期，把采样脉冲的宽度 τ 称为采样时间。运算放大器 A 接成电压跟随器，即 $u_S = u_C$，在采样/保持电路和后续电路之间起缓冲作用。

由图 7-8 可以看出，经过采样后的信号与输入的模拟信号相比，波形发生了很大的变化。根据采样定理，为了保证能够从采样后的信号不失真地恢复出原来的模拟信号，采样频率 f_s 至少为输入模拟信号中最高有效频率 f_{max} 的两倍，即

$$f_s = 1/T_S \geq 2f_{max} \tag{7-16}$$

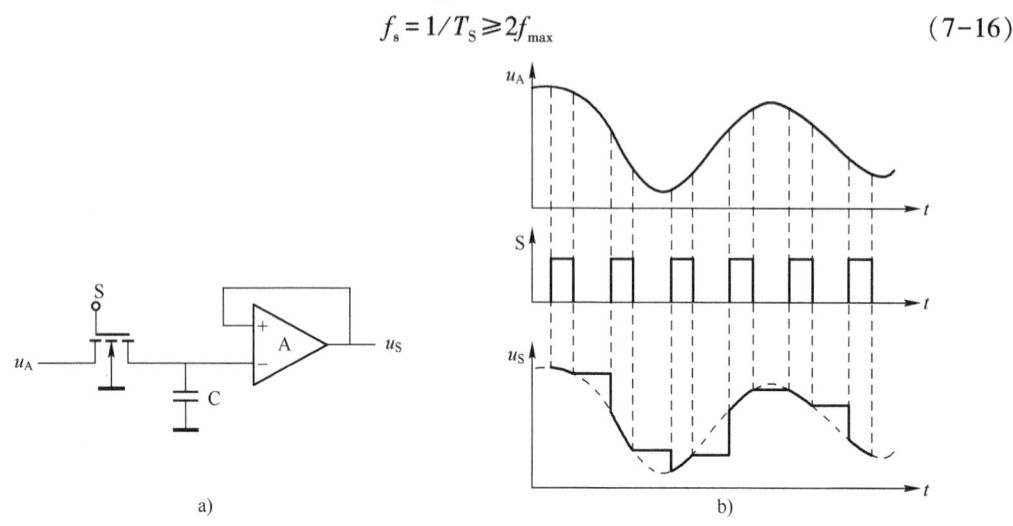

图 7-8 采样—保持过程
a) 电路图 b) 波形图

（2）量化和编码

数字信号不仅在时间上是离散的，而且在取值上也不连续，即数字信号的取值必须为某一规定最小数量单位的整数倍。因此为了将模拟信号的采样值最终转换成数字信号，还必须对其进行量化和编码。

所谓**量化**，就是先确定一组离散的电平值，然后按照某种近似方式将采样/保持电路输出的模拟电压采样值归并到其中的一个离散电平，也就是将模拟信号在取值上离散化。在量化过程中所确定一组离散的电平称为量化电平，幅度最小的那个非零量化电平的绝对值称为量化单位，记作 Δ；而其他的量化电平都是量化单位的整数倍，可以表示为 $N\Delta$（N 为整数）。

所谓**编码**，就是将量化电平 $N\Delta$ 中的 N 用二进制代码来表示，n 位编码可以表示 2^n 个量化电平。对于单极性的模拟信号，一般采用无符号的自然二进制码；对于双极性模拟信号，则通常采用二进制补码。经过编码后得到的二进制代码就是 A/D 转换器输出的数字量。

由于采样/保持电路输出采样值有可能是模拟电压变化范围内的任何一个值，所以不可能所有的采样值都恰好是量化单位的整数倍，也就是说，在对采样值量化时将不可避免地引入误差，这种误差称为量化误差，用 ε 表示。

量化可以按两种近似方式进行：只舍不入量化方式和有舍有入（四舍五入）量化方式。下面以采用自然二进制码的 3 位 A/D 转换器为例来说明这两种量化方式，假设采样值的最大变化范围是 0~8V，8 个量化电平为：0V、1V、2V、3V、4V、5V、6V、7V，量化单位 $\Delta = 1V$。

只舍不入量化方式如图 7-9 所示。当模拟电压的采样值 u_S 介于两个量化电平之间时，采用取整的方法将其归并为较低的量化电平。例如，无论 $u_S = 5.9\text{ V} = 5.9\Delta$ 还是 $u_S = 5.1\text{ V} = 5.1\Delta$，都将其归并为 5Δ，输出的编码都为 101。可见，采用只舍不入量化方式，最大量化误差 ε_{max} 近似为一个量化单位 Δ。

四舍五入量化方式如图 7-10 所示。当模拟电压的采样值 u_S 介于两个量化电平之间时，采用四舍五入的方式将其归并为最相近那个量化电平。例如，若 $u_S = 5.49\text{ V} = 5.49\Delta$，就将其归并为 5Δ，输出的编码为 101；若 $u_S = 5.50\text{ V} = 5.50\Delta$，就将其归并为 6Δ，输出的编码为 110。可见，采用四舍五入量化方式，最大量化误差 ε_{max} 不会大于 $\Delta/2$，比只舍不入量化方式的最大量化误差小。所以，目前大多数的 A/D 转换器都采用这种量化方式。

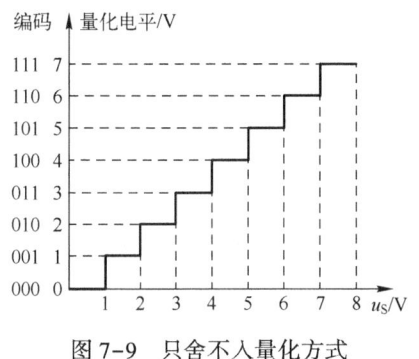
图 7-9 只舍不入量化方式

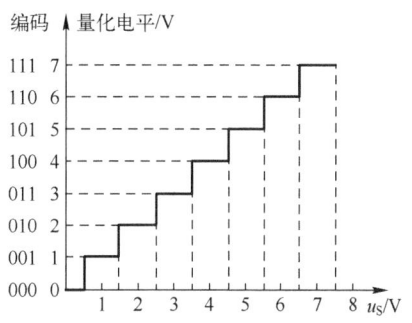
图 7-10 四舍五入量化方式

量化误差是 A/D 转换的固有误差，只能减小，不可能完全消除。减小量化误差的主要措施就是减小量化单位。但是当输入模拟电压的变化范围一定时，量化单位越小就意味着量化电平的个数越多，编码的位数越大，电路也就越复杂。

对不同类型的 ADC 而言，采样与保持电路的基本原理都是一样的，它们之间的差别主要表现在 ADC 的核心部分——量化和编码电路上。所以下面在介绍各种 A/D 转换技术时，将主要介绍这部分电路。

实现 A/D 转换的方法很多，按照工作原理可以分成直接 A/D 转换和间接 A/D 转换两类。直接 A/D 转换是将模拟信号直接转换成数字信号，比较典型的有并行比较型 A/D 转换和逐次逼近型 A/D 转换。间接 A/D 转换是先将模拟信号转换成某一中间量（如时间、频率），然后再将这一中间量转换成数字量。比较典型的间接 A/D 转换有双积分型 A/D 转换和电压—频率转换型 A/D 转换。下面就介绍集成 ADC 中常见的三种 A/D 转换电路。

7.3.2 并行比较型 A/D 转换器

并行比较型 A/D 转换器是目前转换速度最快的 A/D 转换电路，转换时间一般为纳秒级，但并行比较型 ADC 的位数每增加一位，元件数目就增加一倍，难以达到很高的转换精度。

图 7-11 是一个采用自然二进制码的 3 位并行比较型 ADC 的原理图。它由电阻分压器、电压比较器 $A_1 \sim A_7$、寄存器和编码电路 4 部分构成。假定基准电压 $U_{REF} > 0$。

输入模拟电压最大变化范围是 $0 \sim U_{REF}$，则 8 个量化电平为：0、$U_{REF}/8$、$2U_{REF}/8$、$3U_{REF}/8$、$4U_{REF}/8$、$5U_{REF}/8$、$7U_{REF}/8$，量化单位 $\Delta = U_{REF}/8$。

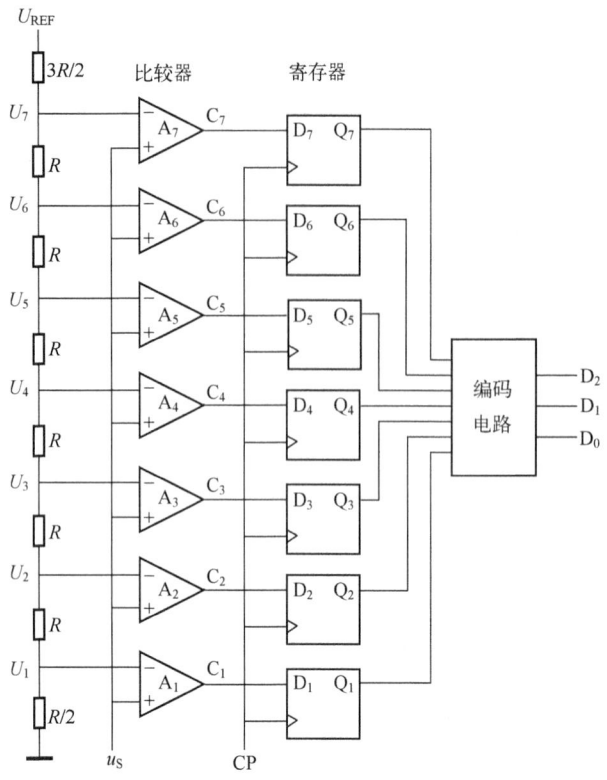

图 7-11 并行比较型 ADC 电路

基准电压 U_{REF} 经电阻分压器分压,产生 8 个离散的电压值,分别作为 8 个电压比较器的参考电压:$U_1 = U_{REF}/16$,$U_2 = 3U_{REF}/16$,$U_3 = 5U_{REF}/16$,$U_4 = 7U_{REF}/16$,$U_5 = 9U_{REF}/16$,$U_6 = 11U_{REF}/16$,$U_7 = 13U_{REF}/16$。由此可以看出,该 A/D 转换电路采用的是有舍有入的量化方式,在 $0 \sim 15U_{REF}/16$ 范围内的模拟电压的最大量化误差 $\varepsilon_{max} = \Delta/2 = U_{REF}/16$。

各电压比较器的参考电压由反相输入端输入,正相输入端为 ADC 输入模拟电压 u_S。当 u_S 大于某电压比较器的参考电压时,该电压比较器输出高电平,反之则输出低电平。输入模拟电压值与电压比较器输出结果之间的关系列在表 7-1 中。例如,若 u_S 在 $7U_{REF}/16 \sim 9U_{REF}/16$ 之间,且 $u_S < 9U_{REF}/16$,则 7 个比较器的输出分别为:$C_1 = C_2 = C_3 = C_4 = 1$、$C_5 = C_6 = C_7 = 0$,所对应的量化电平为 $4U_{REF}/8$。

在时钟脉冲 CP 的上升沿,将电压比较器的比较结果存入相应的 D 触发器中,供编码电路进行编码。编码电路是一个组合逻辑电路,根据比较器输出与编码输出之间的对应关系,我们可以求出编码电路的逻辑表达式

$$D_2 = Q_4$$
$$D_1 = Q_6 + \overline{Q_4}Q_2$$
$$D_0 = Q_7 + \overline{Q_6}Q_5 + \overline{Q_4}Q_3 + \overline{Q_2}Q_1$$

在并行比较型 A/D 转换电路中,由于模拟电压 u_S 是同时送到各电压比较器与相应的参考电压进行比较,所以其转换速度仅受限于比较器、D 触发器和编码电路延迟时间,转换时间一般为 ns 级,是目前最快的一种 A/D 转换电路,被高速集成 ADC 所广泛采用。

表 7-1 3 位并行 ADC 模拟电压和输出编码转换关系表

模拟输入电压 u_S	比较器输出							量化电平	编码输出		
	C_7	C_6	C_5	C_4	C_3	C_2	C_1		D_2	D_1	D_0
$0 \leq u_S < U_{REF}/16$	0	0	0	0	0	0	0	0	0	0	0
$U_{REF}/16 \leq u_S < 3U_{REF}/16$	0	0	0	0	0	0	1	$U_{REF}/8$	0	0	1
$3U_{REF}/16 \leq u_S < 5U_{REF}/16$	0	0	0	0	0	1	1	$2U_{REF}/8$	0	1	0
$5U_{REF}/16 \leq u_S < 7U_{REF}/16$	0	0	0	0	1	1	1	$3U_{REF}/8$	0	1	1
$7U_{REF}/16 \leq u_S < 9U_{REF}/16$	0	0	0	1	1	1	1	$4U_{REF}/8$	1	0	0
$9U_{REF}/16 \leq u_S < 11U_{REF}/16$	0	0	1	1	1	1	1	$5U_{REF}/8$	1	0	1
$11U_{REF}/16 \leq u_S < 13U_{REF}/16$	0	1	1	1	1	1	1	$6U_{REF}/8$	1	1	0
$13U_{REF}/16 \leq u_S < 15U_{REF}/16$	1	1	1	1	1	1	1	$7U_{REF}/8$	1	1	1

另外，由于比较器和 D 触发器同时兼有采样和保持的功能，所以采用这种 A/D 转换技术的集成 ADC 可以省掉采样/保持电路，这是并行比较型 A/D 转换的另一个优点。并行比较型 ADC 的缺点是 ADC 的位数每增加一位，分压电阻、比较器和触发器的数量都要成倍地增长，编码电路也变得更加复杂，例如：对于 n 位并行比较型 ADC，它需要 2^n 个分压电阻、(2^n-1) 个比较器和 (2^n-1) 个 D 触发器。这种呈几何级数增加的器件量不仅增加了集成 ADC 实现的难度，而且使各种误差因素也急剧增加，以至并行比较型的 ADC 难以达到很高的转换精度。

7.3.3 逐次逼近型 A/D 转换器

逐次逼近型 ADC 又称为逐位比较型 ADC，电路的原理框图如图 7-12 所示。它主要由采样/保持电路、电压比较器、逻辑控制电路、逐次逼近寄存器（Successive Approximation Register，SAR）、D/A 转换器和数字输出电路 6 部分构成。

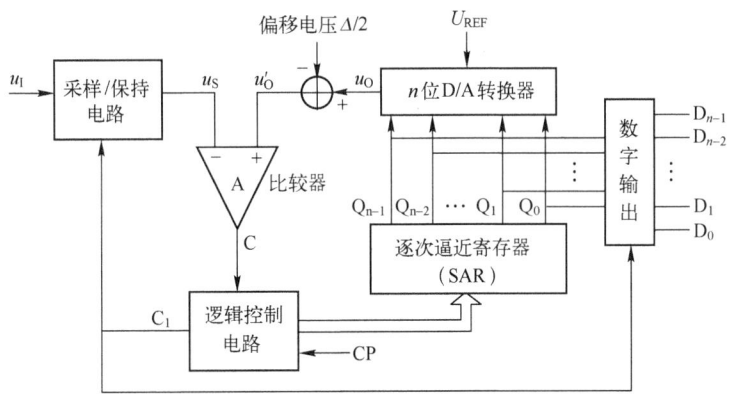

图 7-12 逐次逼近型 ADC 电路

在时钟脉冲（CP）的作用下，逻辑控制电路产生转换控制信号 C_1，其作用是：当 $C_1=1$ 时，采样/保持电路采样，采样值 u_S 跟随输入模拟电压 u_I 变化；A/D 转换电路停止转换，将上一次的转换结果经输出电路输出；当 $C_1=0$ 时，采样/保持电路停止采样，输出电路禁止输出，A/D 转换电路开始工作，将由比较器 A 的反相端输入的模拟电压采样值转换成数字信号。

逐次逼近型 ADC 电路实现 A/D 转换的基本思想是"逐次逼近"（或称"逐位比较"），也就是由转换结果的最高位开始，从高位到低位依次确定每一位的数码是 0 还是 1。

逐次逼近型 ADC 电路的转换过程如下。

1) 在转换开始之前，先将 n 位逐次逼近寄存器 SAR 清零。

2) 在第一个 CP 作用下，将 SAR 的最高位置 1，寄存器输出为 100…00。这个数字量被 D/A 转换器转换成相应的模拟电压 u_O，再经偏移 $\Delta/2$ 后得到 $u'_O = u_O - \Delta/2$，然后将送至比较器的正相输入端与 ADC 输入模拟电压的采样值 u_S 进行比较。如果 $u'_O > u_S$，则比较器的输出 C=1，说明这个数字量过大了，逻辑控制电路将 SAR 的最高位复 0；如果 $u'_O < u_S$，则比较器的输出 C=0，说明这个数字量小了，SAR 的最高位将保持 1 不变。这样就确定了转换结果的最高位是 0 还是 1。

3) 在第二个 CP 作用下，逻辑控制电路在前一次比较结果的基础上先将 SAR 的次高位置 1，然后根据 u'_O 和 u_S 的比较结果来确定 SAR 次高位的 1 是保留还是清除。

4) 在 CP 的作用下，按照同样的方法一直比较下去，直到确定了最低位是 0 还是 1 为止。这时 SAR 中的内容就是这次 A/D 转换的最终结果。

例 7-2　在图 7-12 所示电路中，若基准电压 $U_{REF} = -8\text{ V}$，$n=3$，当采样/保持电路的输出电压 $u_S = 4.9\text{ V}$ 时，试列表说明逐次逼近型 ADC 电路的 A/D 转换过程。

解　由 $U_{REF} = -8\text{V}$、$n=3$ 可求得量化单位为

$$\Delta = \frac{|U_{REF}|}{2^n} = 1\text{ V}$$

偏移电压为 $\Delta/2 = 0.5\text{ V}$。

当 $u_S = 4.9\text{ V}$ 时，逐次逼近型 ADC 电路的 A/D 转换过程如表 7-2 所示。

表 7-2　例 7-2 逐次逼近型 ADC 电路的 A/D 转换过程表

CP 节拍	SAR 的内容			DAC 输出	比较器输入		比较结果	比较器输出	逻辑操作
	Q_2	Q_1	Q_0	u_O	u_S	$u'_O = u_O - \Delta/2$		C	
1	1	0	0	4 V	4.9 V	3.5 V	$u'_O < u_S$	0	保留
2	1	1	0	6 V	4.9 V	5.5 V	$u'_O > u_S$	1	清除
3	1	0	1	5 V	4.9 V	4.5 V	$u'_O < u_S$	0	保留
4	1	0	1	5 V	采样				输出

转化的结果 $D_2D_1D_0 = 101$，其对应的量化电平为 5 V，量化误差 $\varepsilon = 0.1\text{ V}$。如果不引入偏移电压，按照上述过程得到的 A/D 转换结果 $D_2D_1D_0 = 100$，对应的量化电平为 4 V，量化误差 $\varepsilon = 0.9\text{ V}$。可见，偏移电压的引入是将只舍不入的量化方式变成了有舍有入的量化方式。

与并行比较型 ADC 电路相比，逐次逼近型 ADC 电路的转换速度要慢很多，n 位逐次逼近型 ADC 完成一次转换必须经过 (n+1) 个时钟周期。当时钟脉冲的频率一定时，ADC 的位数越多，完成一次转换所需的时间越长，而时钟最高频率则主要受比较器、逐次逼近型寄存器和 D/A 转换器延迟时间的限制。但是，逐次逼近型 ADC 电路相对比较简单，无论位数如何增加，都只用一个比较器，仅需要增加逼近型寄存器和 D/A 转换器的位数，所以比较容易达到较高的精度。因此，逐次逼近型 A/D 转换技术广泛应用于高精度、中速以下的集

成 ADC 中。

7.3.4 双积分型 A/D 转换器

双积分型 ADC 电路是一种间接 A/D 转换电路。它的转换原理是先把模拟电压转换成与之成正比的时间变量 T，然后在时间 T 内对固定频率的时钟脉冲计数，计数的结果就是正比于模拟电压的数字量。

图 7-13 是一个双积分型 ADC 电路的原理框图，它主要由积分器、过零比较器、计数器/定时器、逻辑控制电路、模拟开关和输出寄存器构成。

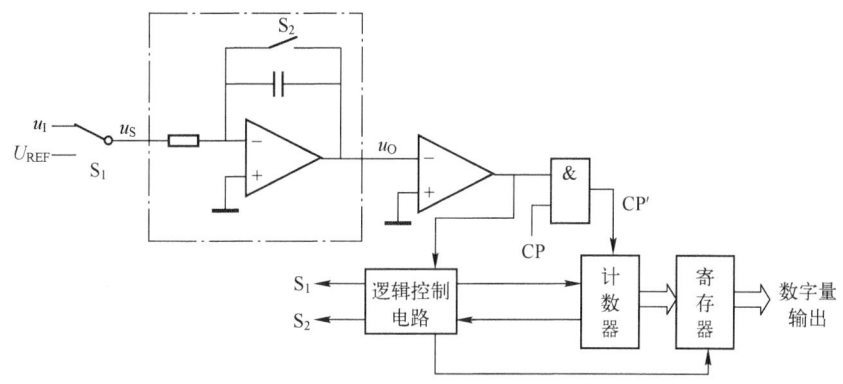

图 7-13 双积分型 ADC 电路

积分器是 A/D 转换电路的核心部分，它由运算放大器和 RC 网络构成，积分常数 $\tau = RC$。积分器的输入端接单刀双掷模拟开关 S_1，在逻辑控制电路的作用下，S_1 在每次转换的不同阶段分别将极性相反的模拟电压 u_1 和基准电压 U_{REF} 接入积分器进行积分。

过零比较器的反相输入端接积分器的输出 u_O，正相输入端接地。即当 $u_O<0$ 时，过零比较器的输出 C=1，使时钟脉冲通过与门加到计数器的时钟输入端；当 $u_O>0$ 时，过零比较器的输出 C=0，计数器的时钟输入端无时钟信号。

下面就以正极性的直流电压信号为例，说明双积分型 ADC 电路的转换过程。

在转换开始之前，逻辑控制电路发出控制信号，使计数器清零，同时使开关 S_2 闭合，电容 C 完全放电。当开关 S_2 再断开时，就开始了 A/D 转换，整个转换过程包含两次积分，故称为双积分型 ADC 电路。

第一次积分——在固定时间 T_1 内对模拟电压 u_1 的积分。

设时间 $t=0$ 时，开关 S_1 将模拟电压 u_1 接入积分器开始积分，积分器输出 u_O 的变化如图 7-14 中 T_1 段所示。由于 $u_O<0$，所以过零比较器输出 C=1，时钟脉冲（CP）通过与门加到计数器的时钟输入端，计数器从 0 开始计数。在 2^n 个时钟脉冲过后（n 为计数器的位数），计数器又回到 0，这时逻辑控制电路使开关 S_1 切换到基准电压 U_{REF} 上，第一次积分结束。

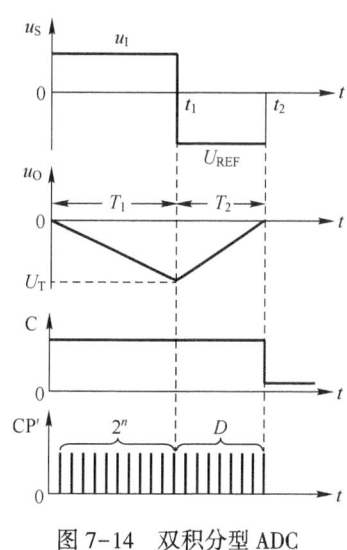

图 7-14 双积分型 ADC 电路各点的波形

第一次积分所用的时间为

$$T_1 = 2^n T_{CP} \tag{7-17}$$

其中 T_{CP} 是时钟脉冲的周期。当第一次积分结束时，积分器输出的电压为

$$\begin{aligned} U_{T1} &= -\frac{1}{RC}\int_0^{T_1} u_1 dt \\ &= -\frac{1}{RC} u_1 T_1 = -\frac{1}{RC} u_1 2^n T_{CP} \end{aligned} \tag{7-18}$$

第二次积分——对基准电压 U_{REF} 的反向积分。

当时间 $t=t_1$ 时，开关 S_1 将极性为负的基准电压 U_{REF} 接入积分器开始反向积分，积分器输出 u_O 的变化如图 7-17 中 T_2 段所示。计数器从 0 开始重新计数。当时间 $t=t_2$ 时，u_O 的电压线性上升到 0，比较器输出 C=0，与门关闭，计数器停止计数，第二次积分过程也告结束，此时计数器的计数数值 D 就是 A/D 转换输出的数字量。t_2 时刻的电压可写为

$$u_O(t_2) = U_{T1} - \frac{1}{RC}\int_{t_1}^{t_2} U_{REF} dt = 0 \tag{7-19}$$

于是有

$$T_2 = t_2 - t_1 = -\frac{u_1}{U_{REF}} 2^n T_{CP} \tag{7-20}$$

可以看出，数字量 D 与 u_1 的大小成正比，符合 ADC 的传输特性。

7.3.5 A/D 转换器的主要性能参数

集成 ADC 的主要性能指标包括输入电压范围、转换精度、转换速度等。

1. 输入电压范围

输入电压范围是指集成 ADC 允许的输入模拟电压的变化范围。例如：单极性工作的芯片有 +5 V、+10 V 或 -5 V、-10 V 等，双极性工作的有以 0 V 为中心的 ±2.5 V、±5 V、±10 V 等。输入电压范围与基准电压有关，一般要求最大输入电压的幅度 U_{max} 不超过 $(2^n-1)|U_{REF}|/2^n$，有时也用 $U_{max} \approx |U_{REF}|$ 近似代替。

2. 转换精度

集成 ADC 的转换精度也采用分辨率和转换误差两个指标来描述。

（1）分辨率

ADC 的分辨率又称为分解度，它指的是 A/D 转换器对输入模拟信号的分辨能力，一般用输出数字量的位数 n 来表示。例如，n 位二进制 ADC 可以分辨 2^n 个不同等级的模拟电压值，这些模拟电压值之间的最小差别为一个量化单位 Δ；在不同的量化方式之下，最大量化误差 $\varepsilon_{max} \approx \Delta$ 或 $\Delta/2$；当输入模拟电压的变化范围一定时，数字量的位数 n 越大，最大量化误差就越小，分辨率越高。由此可见，分辨率所描述的也就是 ADC 在理论上所能达到的最大精度。

（2）转换误差

转换误差是指 ADC 实际输出的数字量与理论上应该输出的数字量之间的最大差值，一般用最低有效位 LSB 的倍数表示。例如，转换误差 ≤ ±LSB/2，表示 ADC 实际值与理论值之间的差别最大不超过半个最低有效位。ADC 的转换误差是由 A/D 转换电路中各种元器件的

非理想特性造成的,它是一个综合性指标。

必须指出,由于转换误差的存在,一味地增加输出数字量的位数并不一定能提高 ADC 的精度,必须根据转换误差≤量化误差这一关系,合理地选择输出数字量的位数。

(3) 转换速度

ADC 的转换速度用完成一次转换所用的时间来表示,是指从接收到转换控制信号起,到输出端得到稳定有效的数字信号为止所经历的时间。转换时间越短,说明 ADC 的转换速度越快。有时也用每秒钟能完成转换的最大次数——转换速率来描述 ADC 的转换速度。A/D 转换器的转换速度主要取决于转换电路的类型,不同类型的转换电路,其转换速度相差甚远。

除了以上三个性能指标外,在选择集成 ADC 时还应考虑以下因素:模拟信号的输入方式(单端输入或差分输入);模拟输入通道的个数;输出数字量的特征,包括数字量的编码方式(自然二进制码、补码、偏移二进制码、BCD 码等)、数字量的输出方式(串行输出或并行输出、三态输出、缓冲输出或锁存输出)以及逻辑电平的类型(TTL 电平、CMOS 电平或 ECL 电平等);工作环境要求,主要是指 ADC 的工作电压、参考电压、工作温度、功耗、封装以及可靠性等。

———— 本 章 小 结 ————

A/D 转换器的功能是将模拟量转换为与之成正比的数字量;D/A 转换器的功能是将数字量转换为与之成正比的模拟量。两者是数字电路与模拟电路的接口电路,是现代数字系统的重要部件,应用日益广泛。

最常用的 D/A 转换器有电阻网络型和权电流型等。两者的工作原理相似,即当其任何一个输入二进制位有效时,都会产生与每个输入二进制权值成比例的权电流,这些权值相加形成模拟输出。

常用的 A/D 转换器有并行比较型、逐次逼近型、双积分型等,它们各具特点。并行比较型 A/D 转换器的转换速度最快,但其结构复杂且造价高,故只用于那些转换速度要求极高的场合;双积分型 A/D 转换器的抗干扰能力强,转换精度高,但转换速度不够理想,常用于数字式测量仪表中;逐次逼近型 A/D 转换器在一定程度上兼有以上两种转换器的优点,因此得到了广泛应用。

A/D 转换器和 D/A 转换器的主要技术指标是分辨率和转换速度,在与系统连接后,转换器的这两项指标决定了系统的转换精度和转换速度。目前,A/D 转换器和 D/A 转换器的发展趋势是高速度、高分辨率及易于微型计算机接口,用以满足各个应用领域对信号处理的要求。

———— 本 章 习 题 ————

7.1 填空:

(1) A/D 转换的4个过程是(   )、(   )、(   )和(   ),采样脉冲的频率至少是模拟信号最高有效频率的(   )倍。

(2) 量化有(   )和(   )两种量化方式。若量化单位为 Δ,前者的最大量化误差 ε_{max1} = (   );后者的最大量化误差 ε_{max2} = (   )。

(3) 集成 DAC 和 ADC 的转换精度通常用（　　　）和（　　　）来描述。

(4) DAC0832 有（　　　）、（　　　）和（　　　）三种工作方式。

(5) A/D 转换电路可以分成（　　　）和（　　　）两大类。

7.2 在 4 位权电阻网络 DAC 电路中，若 $U_{REF}=-5\,V$，则当输入数字量各位分别为 1 以及全为 1 时，输出的模拟电压分别为多少？

7.3 将倒 T 形电阻网络 DAC 电路扩展为 10 位，$U_{REF}=-10\,V$。为了保证由 U_{REF} 偏离标准值所引起的输出模拟电压误差小于 $0.5U_{LSB}$，试计算 U_{REF} 允许的最大变化量。

7.4 在逐次逼近型 ADC 中，若 $n=4$，参考电压 $U_{REF}=-16\,V$，输入的模拟电压采样值为 $+9.8\,V$。试求：

(1) 量化单位 Δ 是多少？

(2) 列表说明逐次逼近的转换过程。

(3) 若时钟频率为 10 kHz，这次 A/D 转换用了多长时间？

(4) 如果电路中不引入偏移电压，最后的结果是多少？

7.5 假设在双积分型 ADC 中，时钟频率为 500 kHz，分辨率为 10 位。试问：

(1) 采样电路的最高采样频率允许是多少？

(2) 若参考电压 $U_{REF}=-15\,V$，当采样电压值为 12 V 时，输出的数字量 D 为多少？本次转换用了多长时间？

---- 本章自测 ----

一、填空题

1. 数字信号在幅值上（　　　）、时间上（　　　），模拟信号在幅值上（　　　）、时间上（　　　）。

2. 8 位 DAC 满量程电压是 5 V，则该 DAC 的最小输出电压为（　　　）。

3. 已知某 DAC 满刻度输出电压为 10 V，若要求最小分辨电压为 5 mV，其输入数字量的位数至少需要（　　　）位。

4. ADC 和 DAC 最重要的两个性能指标是（　　　）和（　　　）。

5. A/D 转换器将模拟信号转换为数字信号的过程是（　　　）。

6. ADC 中通常可以采用的两种量化方式是（　　　）和（　　　）。

7. A/D 转换器将 0～50℃ 范围的温度转换为数字量，要求精确到 0.1℃，则至少需要（　　　）位 A/D 转换器。

8. 用一个 ADC 对一段声音信号采样，如果采样速率为 8 kHz，已知 1 min 采样数据总量为 360 KB，则该 ADC 的分辨率为（　　　）bit。

二、选择题

1. 8 位二进制 ADC，$U_{REF}=-10\,V$，最小可分辨电压为（　　　）mV；采用"有舍有入"量化方式的最大量化误差约为（　　　）mV。

　　A. -39　　　　B. 39　　　　C. -19.5　　　　D. 19.5

2. 下列 ADC 中速度最快的是（　　　）。

　　A. 积分型　　　B. 计数型　　　C. 并联比较型　　　D. 逐次渐进型

3. 电子测量仪器仪表中，通常使用（　　　）型 A/D 转换器。

A. U/F　　　　　　B. 并行比较　　　C. 逐次逼近　　　D. 双积分

4. 对于一个 10 位逐次逼近型 ADC 当时钟频率为 1 MHz 时,完成一次 A/D 转换所需时间为(　　)。

A. 9 μs　　　　　　B. 11 μs　　　　C. 12 μs　　　　D. 20 μs

三、判断题

1. 集成 D/A 转换器中,集成度是描述其性能参数的重要指标之一。　　　　(　)
2. D/A 转换器的位数越多,转换精度越高。　　　　　　　　　　　　　(　)
3. DAC 的转换精度包括分辨率和转换误差。　　　　　　　　　　　　　(　)
4. 在 A/D 转换中,用二进制表示制定离散电平的过程称为量化。　　　　(　)

四、计算题

8 位 D/A 转换电路如题图 7-1 所示,$R_F = 2R$,$U_{REF} = 5$ V,若电路的输入数字量 $D_7 D_6 D_5 D_4 D_3 D_2 D_1 D_0 = 00011 0001$,试求输出电压 U_O 为多少。

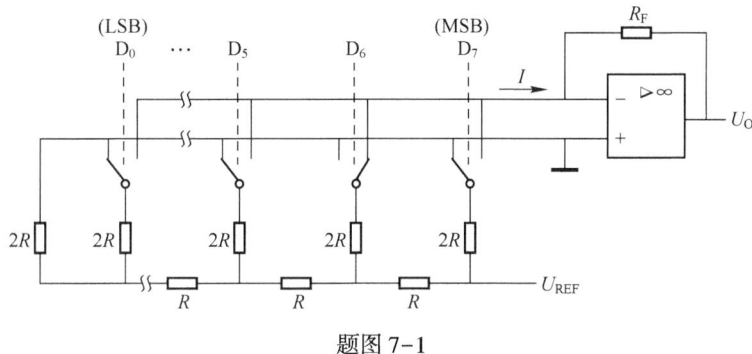

题图 7-1

附 录

附录 A 数字电路的 Verilog 设计

A.1 设计层次（Design Hierarchy）

Verilog HDL 的国际标准为 IEEE Std 1364—1995。Verilog HDL 从 C 语言中继承多种操作符和结构,并提供扩展的建模能力,广泛适用于系统级、寄存器级、逻辑门级和晶体管级 4 个层次的电路建模,如图 A-1 所示,Verilog HDL 同时适用于时序建模。

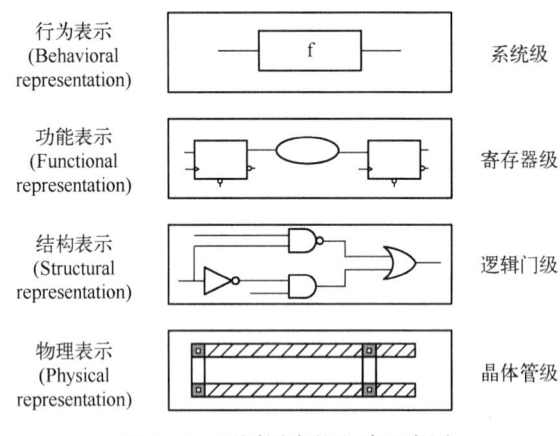

图 A-1 不同层次的电路示意图

A.2 模块

Verilog HDL 设计皆包含在模块内,大到一个复杂的微处理器系统,小到一个基本的晶体管。模块是最基本的单位,用于描述某个设计的功能或结构,同时也可描述与其他模块通信的外部端口。每个模块可以包含几个子模块,一个模块可以调用另一个模块。

例 A-1 一个触发器电路的模块化设计典型实例。

```
module dff (D, CLK, NRST, Q);              //模块 dff,输入输出端口列表
    input D, CLK, NRST;                    //输入定义
    output      Q;                         //输出定义
    reg         Q;                         //输出为寄存器类型
    always @ ( posedge CLK or negedge NRST)    //always 行为描述
        if (~NRST) Q <= 0;                 //条件结构,赋值语句
```

```
            else        Q <= D;
    end module                              //模块描述结束
```

模块均以关键词 module 开头，以 endmodule 结尾，模块名为 dff。模块有端口列表和端口声明，用于描述输入/输出信号及总线宽度。本例中有 4 个端口（Port）：输入数据端 D、时钟 CLK、异步复位端 NRST 和输出 Q。

A.3 声明与规则

模块中的声明除了端口声明，还有参数、头文件、变量等，而规则主要是引脚对应规则和输出输入引脚规则。

参数声明用于定义模块所使用的一些参数，使用参数的方式增强程序的可读性，而且容易修改，如定义总线宽度、状态机（State Machine）的状态名称等。

头文件告诉编译程序将某个目录下的某个文件加入程序，文件中可能是某些公共参数的设定，或是某段程序代码等。

变量声明用于定义模块中使用的变量，声明位置相比 C 语言和 VHDL 有较大的自由，只要在使用之前声明即可。

引脚对应规则在 Verilog HDL 中有两种：一种为隐式按顺序对应；另一种为显示按引脚对应。隐式按顺序对应简捷但是可读性差，在正式情况下多采用显示按引脚对应。

输入输出引脚规则用于描述模块与外界沟通的信号，如图 A-2 所示。

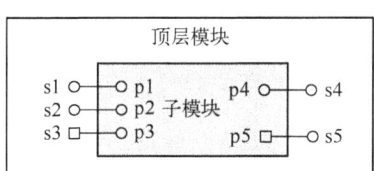

图 A-2 输入输出引脚示意图

圆形代表 wire 类型信号，方形代表 register 类型信号，顶层模块定义 register 输出引脚，和子模块相连时，相应的输入引脚不能声明为 register 类型。

例 A-2 一个触发器电路的模块化设计的错误声明。

```
module dff (D, CLK, NRST, Q);
    input D, CLK, NRST;
    output        Q;
    reg        D, Q;                       // D 是不合法的 port 声明
    always @ (posedge CLK or negedge NRST)
        if (~NRST) Q <= 0;
        else       Q <= D;
endmodule
```

A.4 描述方式

在模块中，描述设计的方式主要有：数据流描述、行为描述、结构描述和混合描述等。

1. 数据流描述方式

在 Verilog HDL 中,数据流方式描述的最基本机制是采用连续赋值语句(assign),用于描述硬件电路输出和输入之间的信息传递。

例 A-3 一个半加器电路的模块化设计。

```
module HalfAdder (A, B, Sum, Carry);       //模块 HalfAdder,2 输入、2 输出端口
    input A, B;                             //2 输入信号定义
    output Sum, Carry;                      //2 输出信号定义
    assign #2 Sum = A + B;                  //以 assign 为前缀的连续赋值语句
    assign #5 Carry = A & B;                //赋值语句并发执行,执行与出现顺序无关
endmodule
```

2. 行为描述方式

电路的行为可以采用 initial 语句和 always 语句两类过程语句进行描述。其中,initial 语句只执行一次,而 always 语句则循环执行。相同的是两种语句中被赋值的对象都只能是寄存器类型。在例 A-1 中行为描述采用了 always 语句,而 initial 语句如下例所示。

例 A-4 用 initial 语句对存储器变量赋初值。

```
initial
    begin
    areg = 0;                               //初始化寄存器 areg
    for( index = 0; index < size; index = index + 1 )
        memory[ index ] = 0;                //初始化一个 memory
    end
```

3. 结构描述方式

在 Verilog HDL 中,从电路结构的角度来描述该电路模块称为结构描述,包括开关级和门级两种级别。门级结构描述如下例所示。

例 A-5 用门级结构建模实现全加器电路。

```
module FullAdder (A, B, Cin, Sum, Cout);                //模块 FullAdder
    input A, B, Cin;                                     //输入信号定义
    output Sum, Cout;                                    //输出信号定义
    wire S1, T1, T2, T3;                                 //连线定义
    xor X1(S1, A, B), X2(Sum, S1, Cin);                  //在模块中引用名为 X1、X2 的或非门
    and A1(T3, A, B), A2(T2, B, Cin), A3(T1, A, Cin);    //A1、A2、A3 门
    or O1(Cout, T1, T2, T3);                             //O1 或门
endmodule
```

4. 混合描述方式

混合描述中可以包含实例化的门、模块实例化语句、连续赋值语句,以及 always 语句和 initial 语句的混合。

A.5 基本词法

Verilog HDL 中的词法包括空白符、注释、标识符、数据类型、关键词、操作符等,准

确理解和掌握词法规则和用法是运用 Verilog HDL 进行设计的基础。

注释方法：/* 注释内容 */，//注释内容。内容可以在一行内编写，或是跨行编写。

空白符：程序中添加空格、回车等空白符，用来分割词法符号，编译时被忽略。

标识符：完整的数字格式为<位宽><进制符号><数字>

操作符：Verilog 中的操作符包括算数、关系、相等、逻辑、按位、归约、移位、条件、连接和复制等。Verilog 的操作符与 C 语言有许多相似之处，这里不再介绍。

数据类型：Verilog 有 4 种基本的逻辑状态，即 0（表示逻辑 0 或"假"）、1（表示逻辑 1 或"真"）、x（表示未知）和 z（表示高阻），数据类型主要包括常量和变量。

1. 常量

在程序运行过程中，其值不能被改变的量称为常量。Verilog 有整型、实数型、字符串型 3 种常量。在整型或实数型常量的任意位置可以随意插入下划线（但是不能当作首符号），这些下划线对数本身没有意义，但是当数字很长时使用下划线可以提高可读性。需要特别说明的是，负数在 Verilog HDL 中采用补码表示。例如：wire [7:0] cof = -8'b0100_0010 = 8'b1011_1110。

2. 变量

Verilog 语言中有线网型和寄存器型两种变量类型。

（1）线网型

线网表示电路间的物理连线。线网不能存储数据，是被驱动的，可以用连续赋值或把元件的输出连接到线网等方式给线网提供驱动，给线网提供驱动的赋值元件就是驱动源，线网的值由驱动源决定，如果没有驱动源连接到线网，线网的默认值为 Z。Verilog 共有 11 种线网类型：wire、tri、trior、trireg、tri0、tri1、triand、supply0、supply1、wor、wand，默认的线网类型是 wire。

（2）寄存器型

寄存器型表示 Verilog 中一个抽象的存储器数据单元，可以通过赋值语句改变寄存器内存储的值。寄存器只能在 always 语句和 initial 语句中赋值，在未被赋值时，寄存器的默认值为 x。Verilog 共有 5 种寄存器类型：reg、integer、time、real、real realtime。

凡是在 always 或 initial 语句中赋值的变量，一定是寄存器型变量；凡是在 assign 语句中赋值的变量一定是线网型变量。

例 A-6

```
wire sig = 0; //声明 sig 这个连线,并指定其值为 0;wire [7:0] sig; //总线声明
```

寄存器变量用 reg 来声明，并且 Verilog 规定 always 语句后的信号类型必须声明成 reg。

例 A-7

```
wire a, b, sel;                    // 声明连接线类型变量
reg d;                             //声明寄存器类型变量
always @ (a or b or sel)
begin
    if (sel == 0)
        d = a;                     // d 虽为寄存器数据类型,但却是 MUX 的输出
```

```
    else
        d = b;
end
```

需要注意的是：Verilog HDL 是一种对大小写非常敏感的语言，这一点与 VHDL 不同。

A.6 语句

Verilog HDL 中，变量声明只要出现在被使用的语句之前即可，但是为了程序具有更好的可读性，一般建议将声明放在语句之前。语句包括以下 6 种类型：

- Initial 语句。
- always 语句。
- 其他 module 实例化。
- 门实例化。
- 用户定义原语（UDP）实例化。
- 连续赋值（Continuous Assignment）。

在 Verilog 中，所有的功能描述都是通过以上描述方式进行的。在同一个 module 中出现时，语句之间没有任何顺序关系，而且它们在 module 中出现顺序的改变不会改变 module 的功能，这正是硬件设计的一大特点，就像画原理图的过程一样，先画哪个器件，后画哪个器件没有任何关系。

A.7 数字电路 Verilog 设计实例

数字电路分两种类型：组合逻辑电路和时序逻辑电路。组合逻辑电路是由与、或、非门组成的网络，常用的组合逻辑电路有加法器、数据选择器、译码器等。时序逻辑电路常用触发器、计数器、状态机等。

组合逻辑电路可以采用 assign 语句、always 语句实现。时序逻辑电路采用 always 语句块来实现。assign 语句可以实现简单或者复杂的组合逻辑电路，但是后者最好用 always 语句实现，因为在 always 块中可以使用 if、case 等语句，对复杂的组合逻辑，描述的层次更清楚，可读性更强。Always 语句实现组合逻辑电路时，应该使用阻塞赋值方式，即"=", 而不是"<="。在时序逻辑电路中，通常使用非阻塞赋值，即使用"<="。

本节列举几种常用数字电路的 Verilog 设计实例。

1. 2 输入门电路

```
module Gate (A, B, YAND, YOR, YNOT, YNAND, YNOR, YXOR, YXNOR);
    input A, B;
    output YAND, YOR, YNOT, YNAND, YNOR, YXNOR;
        assign YAND = A & B;
        assign YOR = A | B;
        assign YNOT = ~A;
        assign YNAND = ~ (A & B);
        assign YNOR = ~ ( A | B);
        assign YXOR = A ^ B;
```

```verilog
        assign YXNOR = ~ (A ^ B);
endmodule
```

2. 3线—8线译码器

```verilog
module Decoder3_8 (input wire[2:0] A, output reg[7:0] B);
    integer i;
    always @ ( * )
    begin
    for (i = 0; i< 8; i = i + 1)
        if (A == i)
        B [i] <= 1;
        else B [i] <= 0;
        end
    end
endmodule
```

3. 8选1数据选择器

```verilog
module Mux8_to_1 (I0, I1, I2, I3, I4, I5, I6, I7, Out, S2, S1, S0);
    input I0, I1, I2, I3, I4, I5, I6, I7;
    input S2, S1, S0;
    output Out;
    reg Out;
    always @ (S2 or S1 or S0 or I0 or I1 or I2 or I3 or I4 or I5 or I6 or I7)
    begin
      case({S2, S1, S0})
      2'b000: Out = I0;
      2'b001: Out = I1;
      2'b010: Out = I2;
      2'b011: Out = I3;
      2'b100: Out = I4;
      2'b101: Out = I5;
      2'b110: Out = I6;
      2'b111: Out = I7;
      default : Out = 1'bx;
      endcase
    end
endmodule
```

4. 十进制同步加法计数器

```verilog
module Counter_10 (input CLK, RST_N, output [3:0] Q);
    input CLK, RST_N;
    output [3:0] Q;
    always @ (posedge CLK or negedge RST_N)
```

```
        begin
            if (! RST_N)
                Q <= 0;
            else begin
                if (Q <= 10)
                    Q <= Q + 1;
                else
                    Q <= 0;
            end
        end
endmodule
```

5. 4位双向移位寄存器

```
module Register_two_way (
    input CLK,
    input RST_N,
    input S0, S1,                          //模式选择输入端口
    input Din1, Din2,                      //串行数据输入端口
    input [3:0] D,                         //并行数据输入端口
    output reg[3:0] Q);                    //输出端口
    );
    always @ (posedge CLK or negedge RST_N)
    begin
        if (! RST_N)
            Q <= 4'd0;
        else begin
            case({S1, S0})
            2'b00: Q <= Q;                 //输出保持
            2'b01: Q <= {Q[2:0], Din1};    //同步右移
            2'b10: Q <= {Din2, Q[3:1]};    //同步左移
            2'b11: Q <= D;                 //并行置数
            endcase
        end
endmodule
```

6. 有限状态机实现1101重叠型序列检测器

在 Verilog 中用一个有限状态机实现1101重叠型序列检测器，重点在于有限状态机三段式编码风格的实践。

```
module Squence_Detector (CLK, RST, D, Y);
    //定义输入输出端口
    input CLK, RST, D;
    output Y;
```

```verilog
//内部寄存器及连线定义
reg [4:0] Current_State, Next_State;
wire Y;

//状态定义
Parameter S0 = 5'b00000, S1 = 5'b00010, S2 = 5'b00100, S3 = 5'b01000,
          S4 = 5'b10000;

//时序逻辑实现状态转移
always@(posedge CLK or negedge RST)
begin
    if(!RST) Current_State<= S0;
    else Current_State<= Next_State;
end

//组合逻辑实现状态转移条件判断
always@(Current_State or D)
begin
    case(Current_State)
        S0: Next_State = D ? S1 : S0;
        S1: Next_State = D ? S2 : S0;
        S2: Next_State = D ? S2 : S3;
        S3: Next_State = D ? S4 : S0;
        S4: Next_State = D ? S1 : S0;
    endcase
end

//组合逻辑实现输出
//always@(Current_State)
//begin
    //case(Current_State)
        //S0: Y = 1'b0;
        //S1: Y = 1'b0;
        //S2: Y = 1'b0;
        //S3: Y = 1'b0;
        //S4: Y = 1'b1;
    //endcase
//end

//本例中由于只有一个输出,可采用assign语句实现
Assign Y = (Current_State == S4) ? 1 : 0;
endmodule
```

附录 B 数字电路的计算机仿真设计

1. Multisim 电路仿真设计

Multisim 是业界一流的 SPICE 仿真软件之一,适用于板级模拟、数字电路的仿真设计。软件结合了直观的捕捉和功能强大的仿真,能够快速、轻松、高效地对电路进行设计和验证。下面结合 Multisim 14.0 版本,简要介绍数字电路仿真设计的 Multisim 基础知识。

(1) 软件资源

Multisim 14.0 软件资源丰富,类型众多。数字电路仿真设计的常用资源如表 B-1 所示。

表 B-1 数字电子技术的 Multisim 资源列表

类　　型	资　　　　源
元器件 Components	74 系列(含 TTL 和 CMOS 两种)、智能器件 MCU 系列(如 805X、PIC 等)、半导体存储器系列(如 RAM、ROM、EPROM 等)、数字开关、键盘、数字显示器(如 7 段显示器、米字形显示器、十六进制显示器、LCD、交通灯),以及 ADC、DAC 等
仪表仪器 Instruments	函数发生器、示波器、字生成器、逻辑转换器、逻辑分析仪、频率计,以及安捷伦、泰克和 LabVIEW 相关数字仪器仪表
功率源 Power Source Components	DC 电压源等
信号源 Signal Source Components	函数发生器、时钟电压源、数字信号时钟源等
LabVIEW 和 ELVISmx 虚拟仪器	信号分析仪、任意波形发生器、数字读写器

(2) 软件界面

Multisim 14.0 软件工作界面如图 B-1 所示。

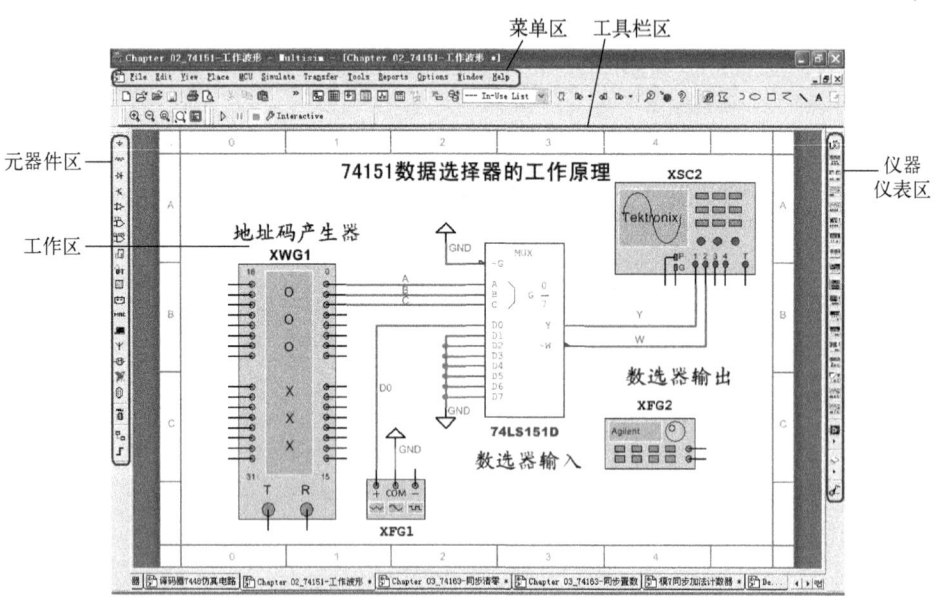

图 B-1 Multisim 软件工作界面

屏幕顶端为标准的菜单区，上方是工具栏区（在菜单区下方），中央区域是电路设计与仿真的工作区，左侧是元器件区，右侧是仪表仪器区。该工作界面可根据用户的习惯自行设计。关于 Multisim 软件的介绍资料很多，本书不再赘述。

（3）软件操作

Multisim 软件功能繁多，熟悉软件的一些常见功能，并掌握其快捷方式将极大提高电路设计与仿真的效率，表 B-2 中列举了 Multisim 软件中一些实用快捷操作。

表 B-2　Multisim 实用操作

操 作 目 的	操　　作
工作界面的优化	功能键区单击右键，取消 Lock toolbars 后可进行工作界面设计
工作区的移动、缩放与局部观察	1. 菜单区：菜单 View 中选择 Zoom 操作 2. 快捷键：〈Ctrl+Num +/-〉缩放工作区、〈F10〉选择局部观察、〈F7〉最佳大小、〈Ctrl+F11〉设置工作区比例 3. 功能区：单击 View 功能键 4. 工作区：滚动滚轮缩放、单击滚轮移动、双击滚轮局部观察
元器件库的 4 种打开方式	1. 菜单区：菜单 Place 中选择 Component 2. 快捷键：〈Ctrl+W〉 3. 元器件区：选择元件库，单击左键打开 4. 工作区内：单击右键（Place component）
元件的选中、调整、复制与删除	1. 单击选中元件，单击空白取消选中（或 Esc）
仪器仪表的选用	右侧仪器仪表区选择示波器，或逻辑分析仪、LabVIEW 示波器
电路的仿真	1. 菜单区：菜单 Simulate 中选择 Run 2. 快捷键：〈F5〉 3. 功能区：单击 Run 功能键
电气规则检查	菜单区：菜单 Tools 中选择 Electrical rules check

（4）电路仿真设计的快速启动

下面以模 7 同步加法计数器为例，简要介绍数字电路的 Multisim 仿真设计一般流程。

1）新建文件，命名为"模 7 同步加法计数器"并保存，如图 B-2 所示。

新建文件的方式可以通过 File 菜单中的 NEW、工具栏区 🗋，快捷键〈Ctrl+N〉等。

2）元件放置，电路布局。根据表 B-2 所示操作，选择合适元件放置到工作区。设计模 7 同步加法计数器，可采用 4 位二进制加法计数器 74163 和与非门 7400，结合同步清零法实现。电路中需要直流电源、时钟信号源、74LS163D、7400N 等。根据电路组成结构进行布局，元件放置如图 B-3 所示。

3）元件连接，电路搭建。鼠标放置于元件引脚端即可进行线路连接。

鼠标箭头移动到某元件引脚上，出现黑点时单击开始连线，移动黑点至另一个元件的引脚上，单击完成两个元件引脚的互连，如图 B-4 所示。

4）接入仪器仪表。在电路中接入仪器仪表以观察计数器输出状态的变化，如图 B-5 所示。左侧元件区选择十六进制显示器 DCD_HEX，右侧仪器仪表区可以选择逻辑分析仪 XLA1、示波器 XSC1；通过显示器观察计数值的变化规律；通过逻辑分析仪或示波器观察计数器的输出波形。电路中的元器件连接和仪器仪表连接，可设置连线不同颜色，以区分仿真电路、显示器以及逻辑分析仪和示波器。

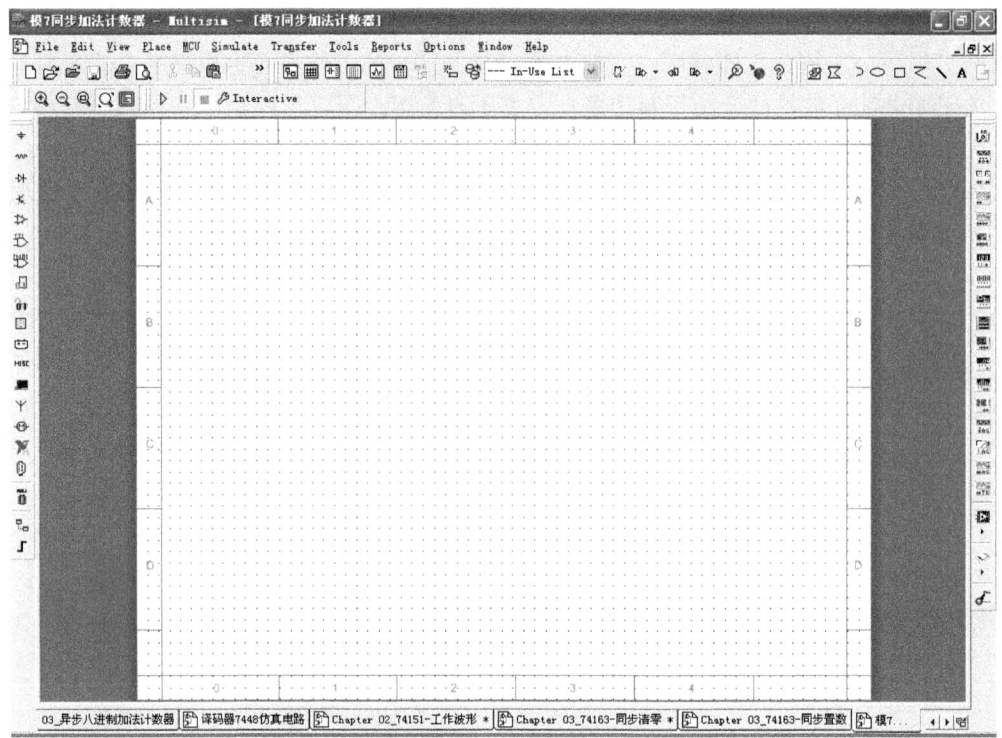

图 B-2　新建 New Design 文件

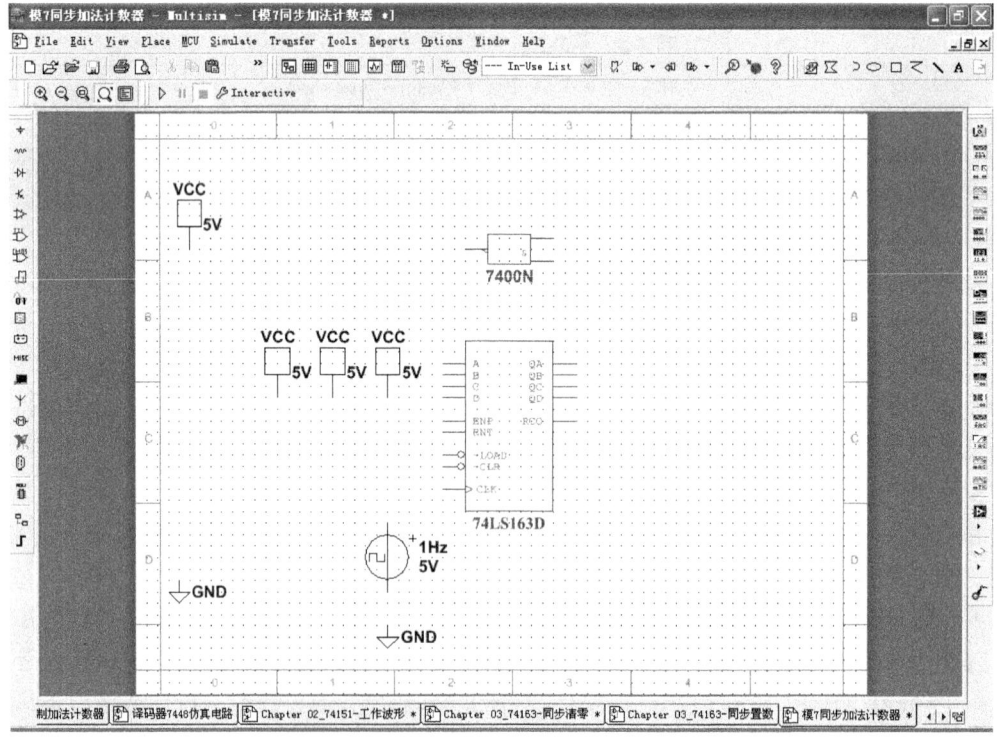

图 B-3　放置元件

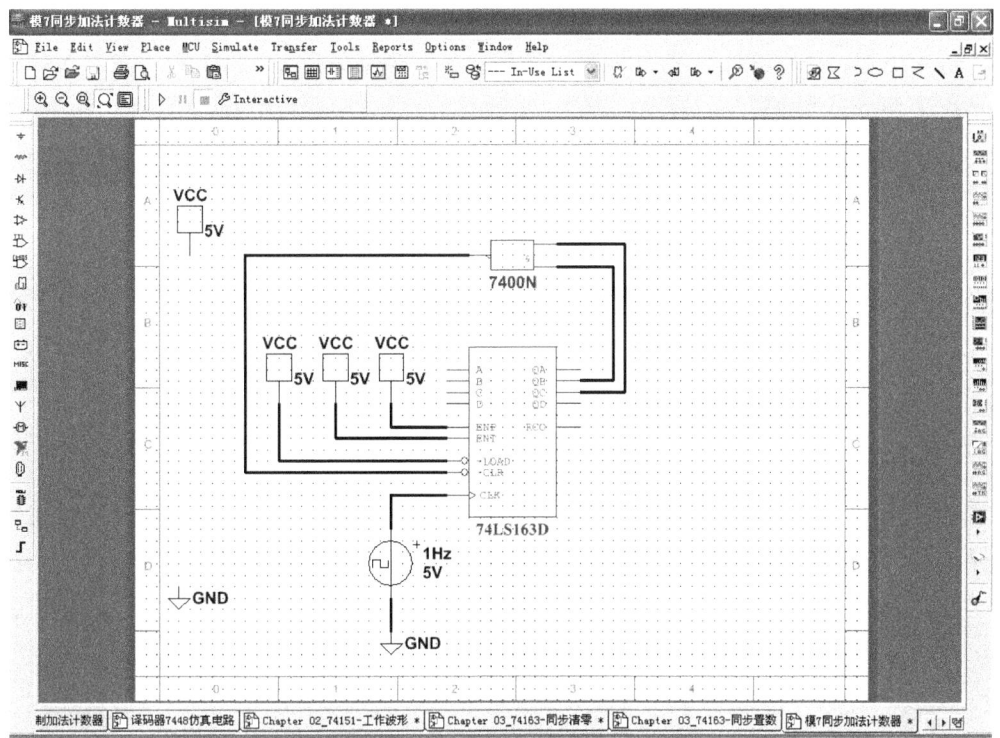

图 B-4 元件互连

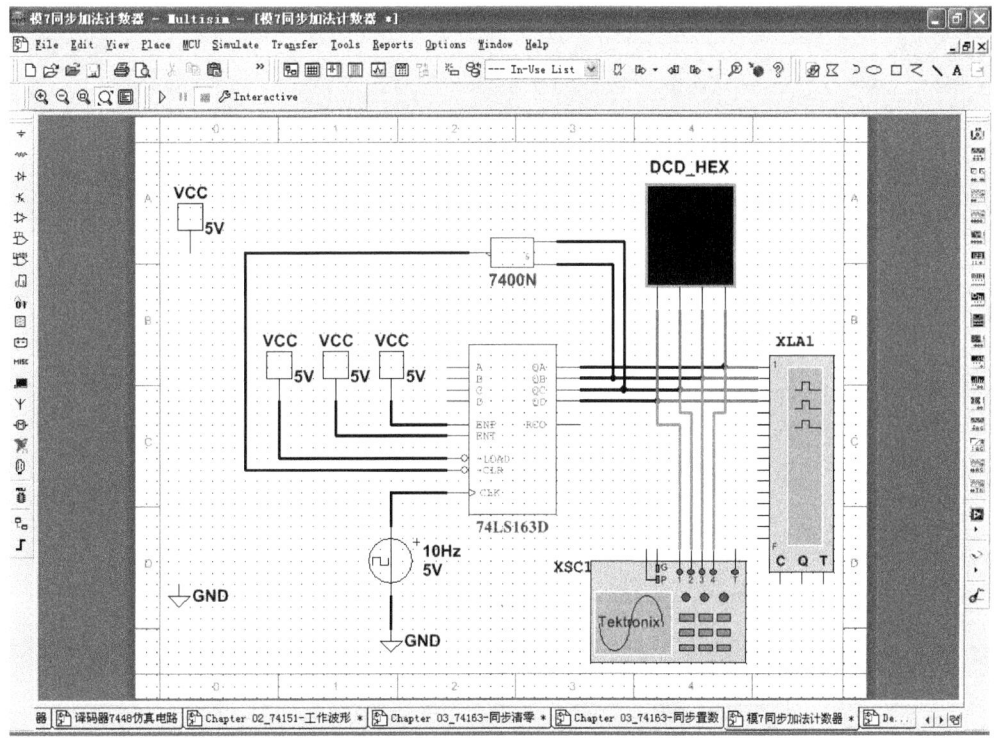

图 B-5 工作区中接入仪器仪表

5）电路仿真。见表 B-2 所列操作，单击 Run（或按〈F5〉，或在菜单 Simulate 中选择 Run），进入仿真。显示器计数值如图 B-6 所示；打开逻辑分析仪 XLA1 和示波器 XSC1，结果如图 B-7 和 B-8 所示。

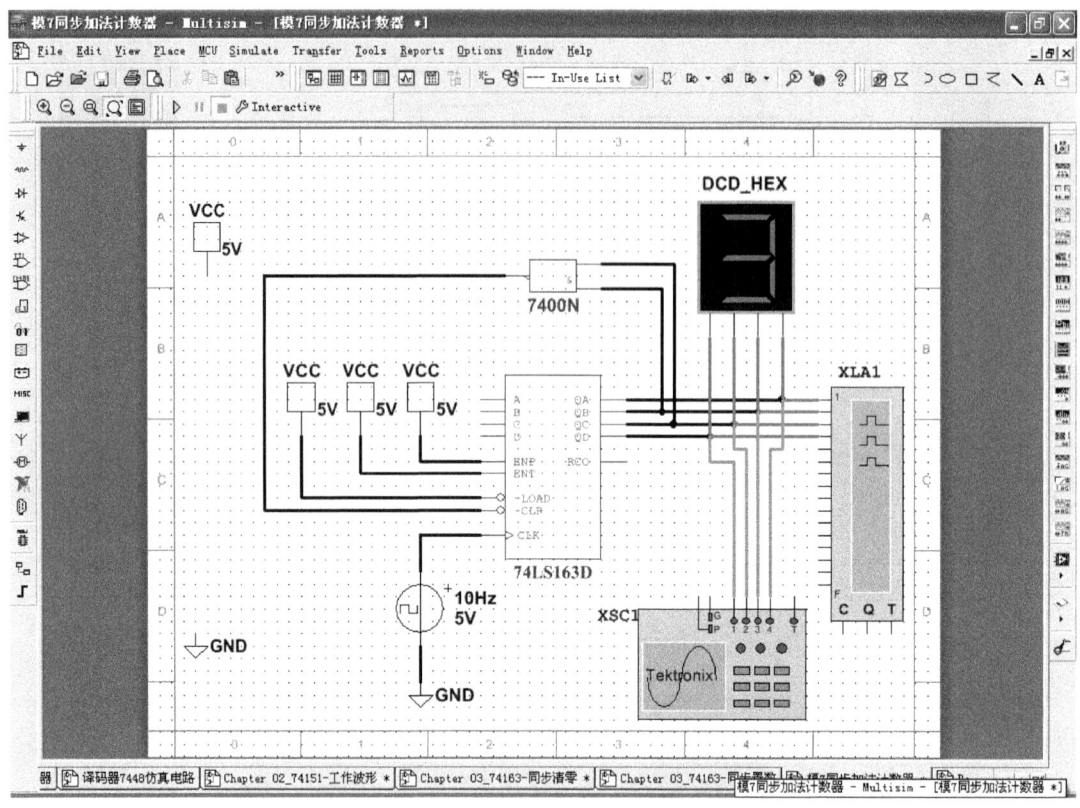

图 B-6 显示器显示计数值

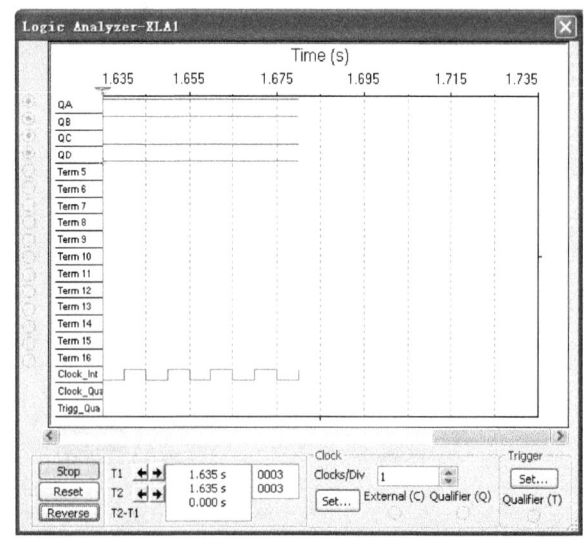

图 B-7 逻辑分析仪 XLA1 显示计数器的工作波形

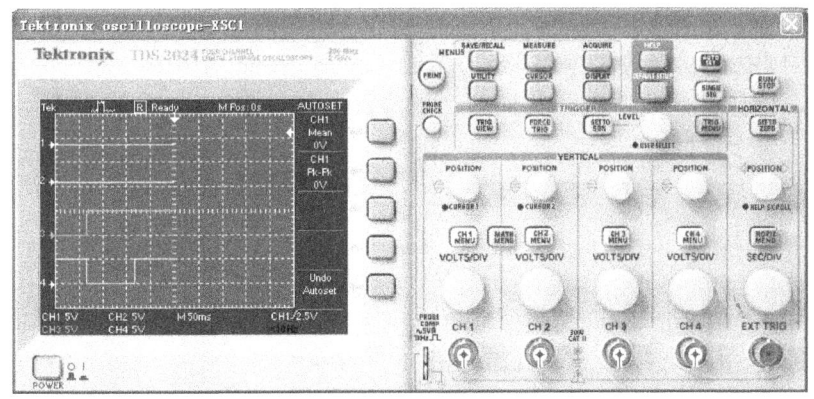

图 B-8　示波器 XSC1 显示计数器的工作波形

2. ModelSim 电路仿真设计

ModelSim 是业界最优秀的 HDL 语言仿真软件之一，能够提供强大的仿真环境，全面支持 VHDL 和 Verilog 语言的 IEEE 标准，以及 VHDL 和 Verilog 混合仿真，是 FPGA/ASIC 设计的首选仿真软件。下面结合 ModelSim2019.2 版本，简要介绍数字电路仿真设计的 ModelSim 基础知识。

（1）软件界面

ModelSim 2019.2 软件工作界面如图 B-9 所示，和一般的 Windows 窗口相似。

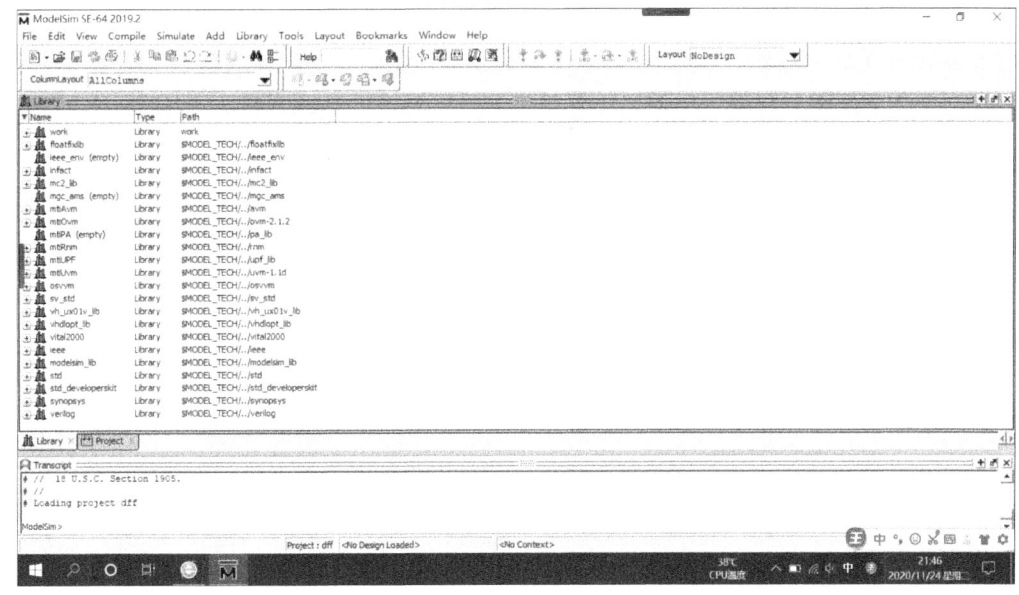

图 B-9　ModelSim 软件工作界面

屏幕顶端为标题栏、菜单栏、工具栏区、工作区和状态栏。关于 Modelsim 软件的介绍很多，本书不再赘述。

（2）电路仿真设计的快速启动

下面以 D 触发器为例，简要介绍数字电路的 ModelSim 仿真设计一般流程。

1)新建工程。选择 Filec→New→Project 创建一个新的工程,如图 B-10 所示。确定工程名称,如本例中 dff,设置工程路径,Default Library Name 为 work,单击 OK 按钮,弹出图 B-11 所示界面,选择向工程添加的项目类型(也可以都不选),单击 Close 按钮完成工程的建立。

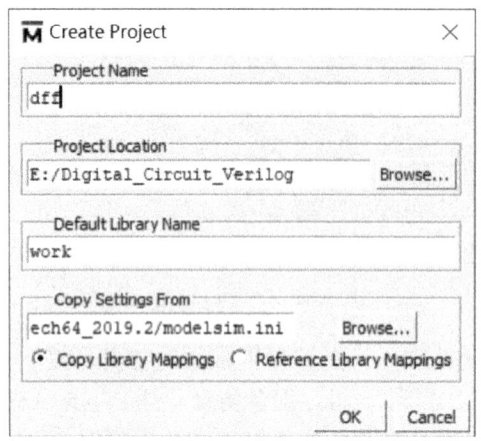
图 B-10 新建工程对话框

图 B-11 添加工程项目提示对话框

图 B-11 中,CreateNew File 使用源文件编辑器创建一个新的 Verilog、VHDL、TCL 或文本文件;Add Existing File 可以添加一个已存在的文件;Create Simulation 创建指定源文件和仿真选项的仿真配置;Create New Folder 创建一个新的组织文件夹。

2)在工程中新建或添加源文件。可以在图 B-11 所示窗口选择新建或添加源文件,或者在 Project 栏里面单击右键,在弹出的菜单中选择新建或添加源文件,如图 B-12 所示。

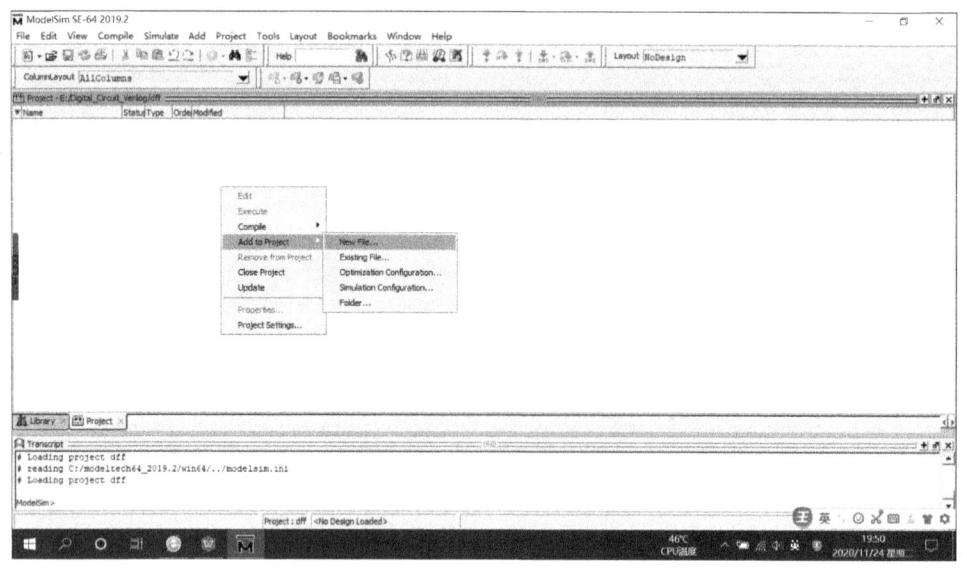
图 B-12 添加工程项目

对于 D 触发器,新建的 Verilog 源文件可以命名为"dff",如图 B-13 所示。注意:类型选择 Verilog。

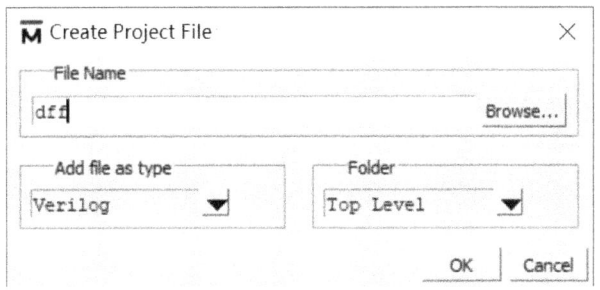

图 B-13　新建源文件命名

3）编写 D 触发器的 Verilog 代码。双击打开 dff.v 文件进行编辑，如图 B-14 所示，写完之后保存。

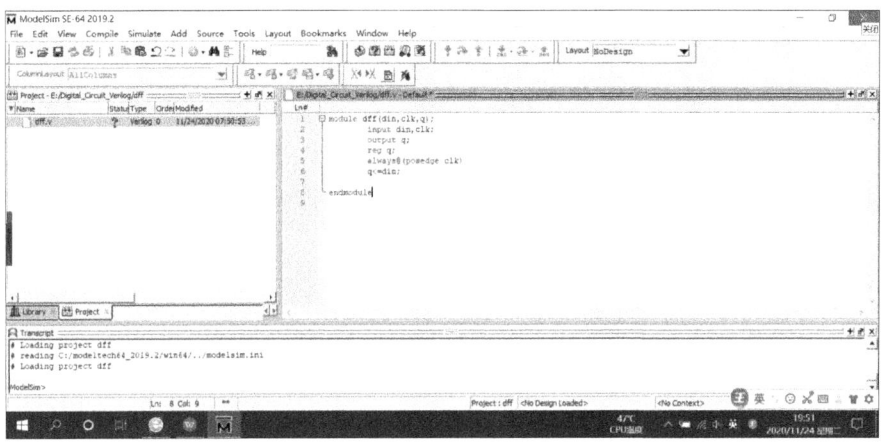

图 B-14　D 触发器的 Verilog 代码

4）编写测试代码（testbench）文件。右键单击 Project 选择 Add to Project→New File，创建 testbench 文件，如图 B-15 所示。

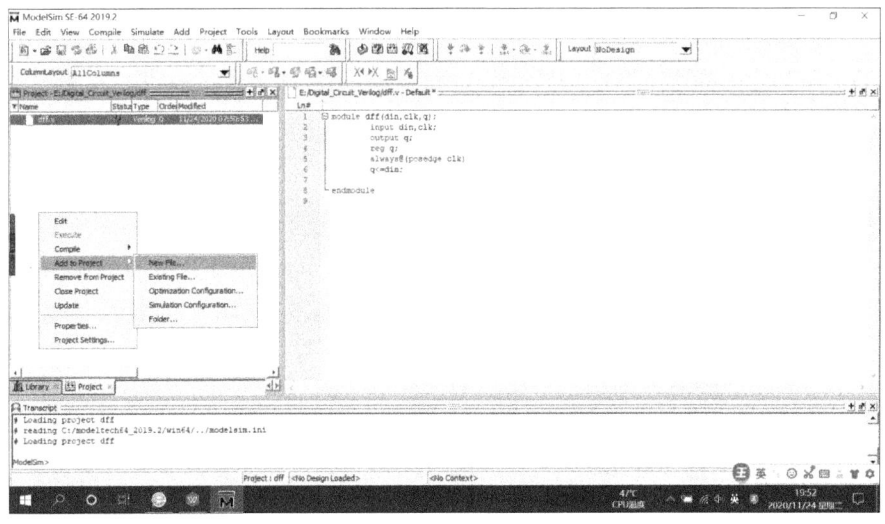

图 B-15　创建测试代码文件

测试代码文件命名为 dff_tb，如图 B-16 所示，类型同样选择 Verilog。

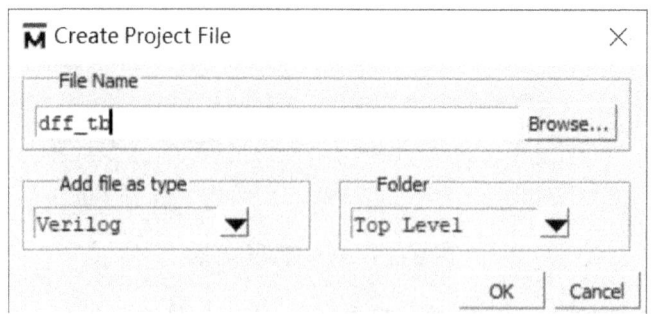

图 B-16　测试代码文件命名

打开 dff_tb.v 文件编写测试代码，如图 B-17 所示。

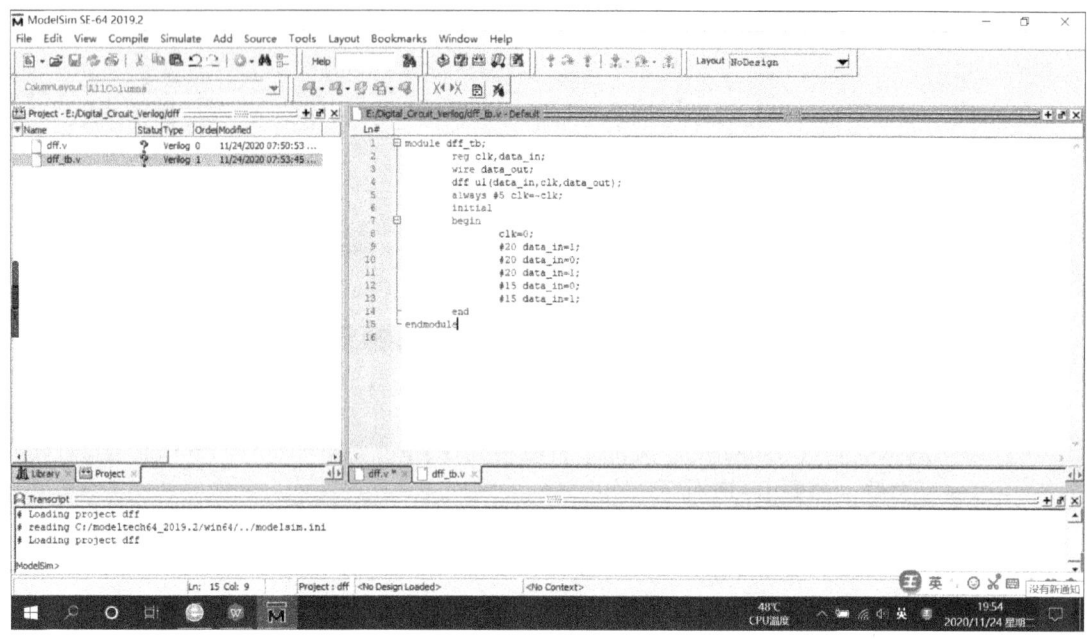

图 B-17　编写测试代码

5）编译 verilog 文件。编译之前，文件后面的问号代表没有编译，如图 B-14、B-15 和 B-17 所示。进行编译，选择欲编译文件，右键选择 Compile 选项下面的 Compile Selected（只编译当前文件）或 Compile All（编译工程中所有文件），或者右击 Project 标签，选择 Compile→Compile All，如图 B-18 所示。当 Status 栏的问号图标变为对号图标时，编译成功，如图 B-19 所示，否则修改程序中存在的错误。

6）运行 Modelsim 仿真，观察和分析仿真结果。单击菜单栏的 Simulate 中的 Start Simulation，如图 B-20 所示，或者在 Workspace 浏览器中选择 Library 复选项，双击或者右击 dff_tb 文件，选择 Simulate 选项。

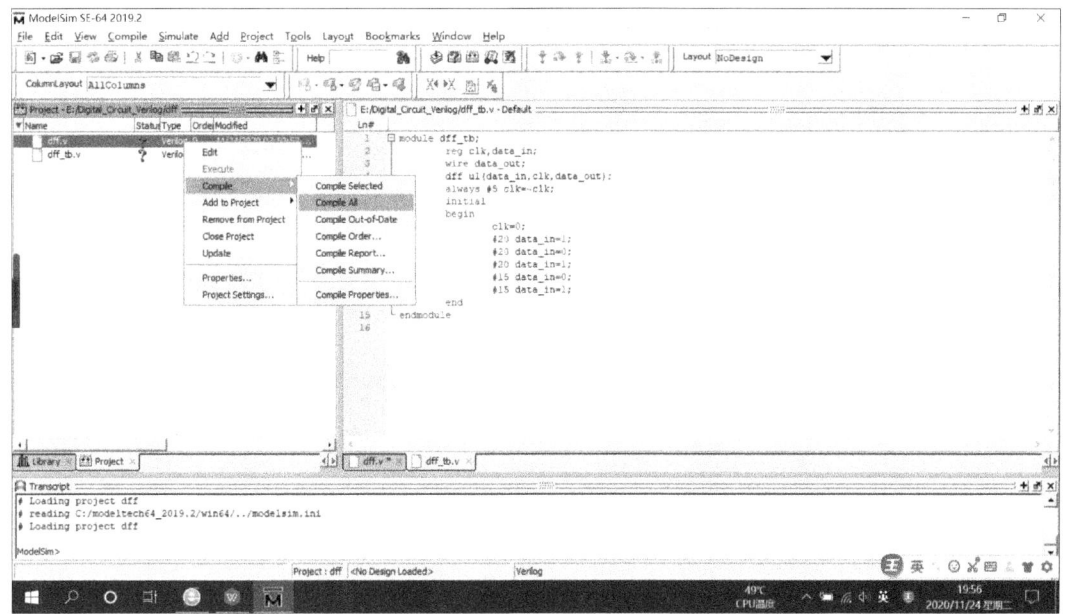

图 B-18　选择编译选项

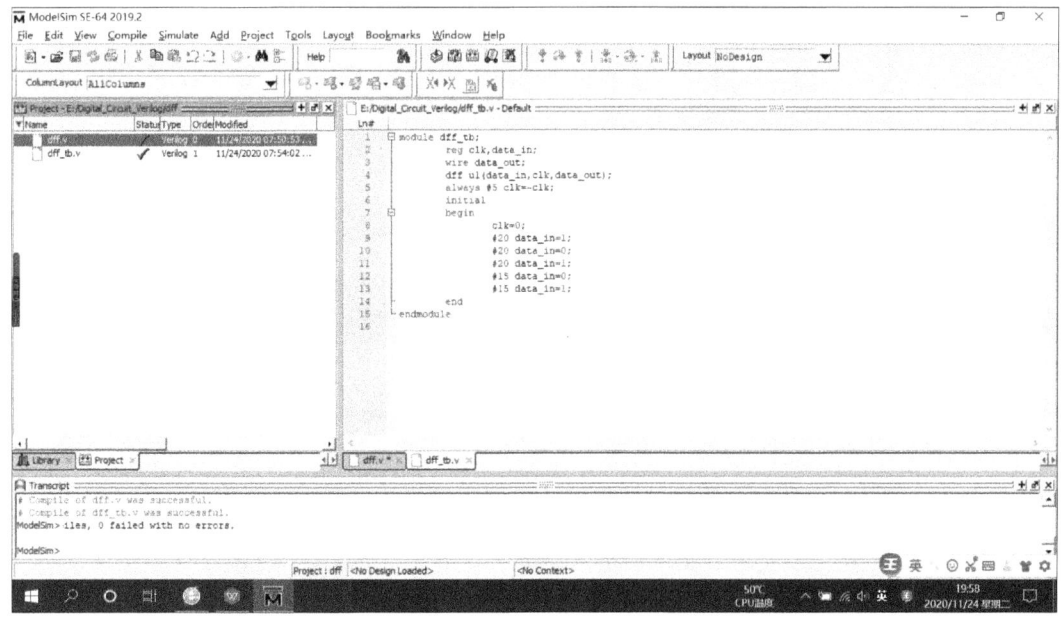

图 B-19　编译正确通过

选择仿真后，弹出的窗口选择 work，单击"+"，展开选项，然后选择 testbench 文件 dff_tb，如图 B-21 所示，Modelsim 运行仿真，弹出界面 B-22。

在图 B-22 所示界面中，没有可观察波形供添加，可以在 Library 中展开 work，选择 dff_tb，右击选择 simulate，如图 B-22 所示。

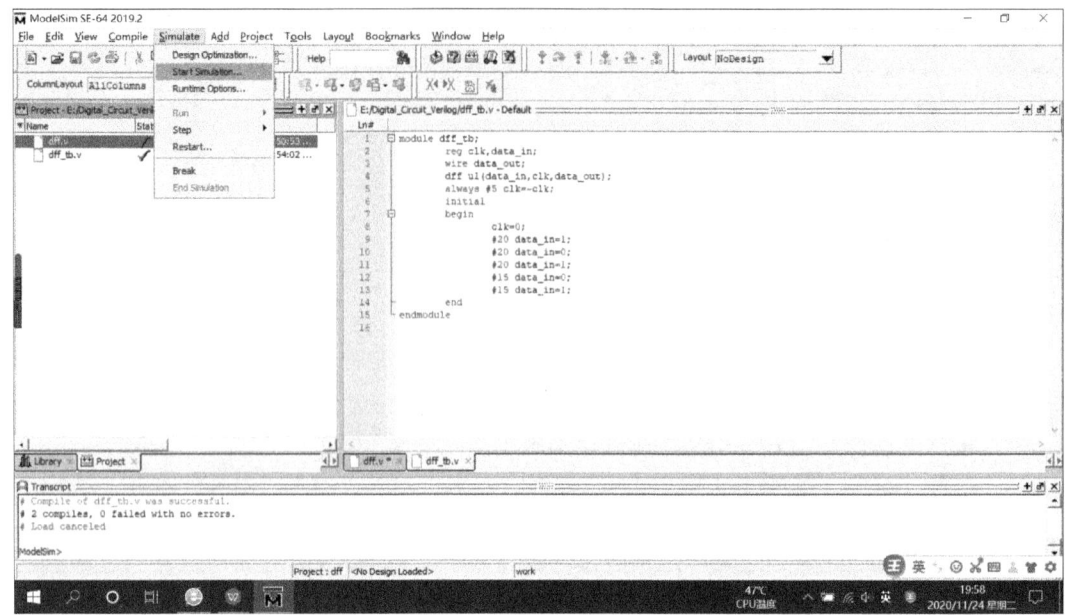

图 B-20　选择仿真

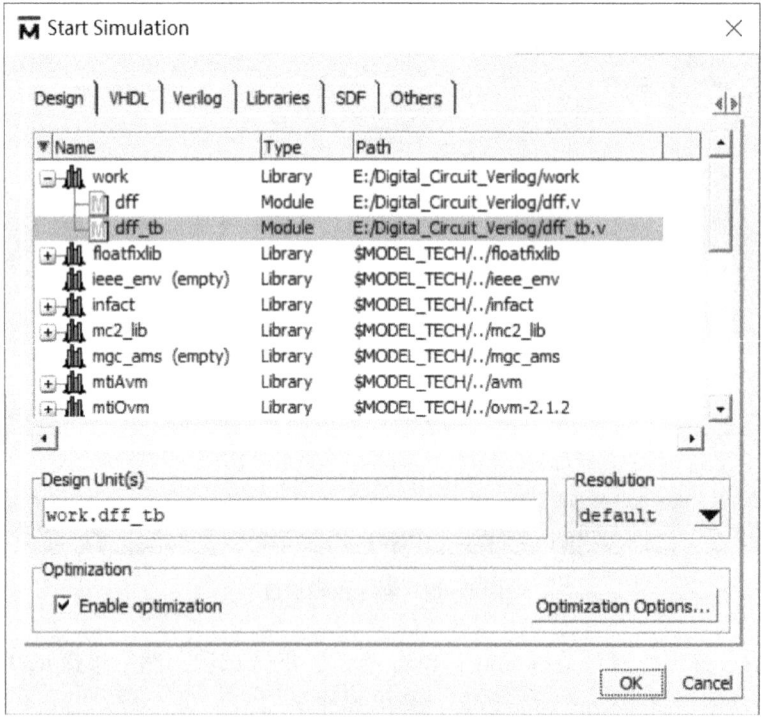

图 B-21　选择 dff_tb

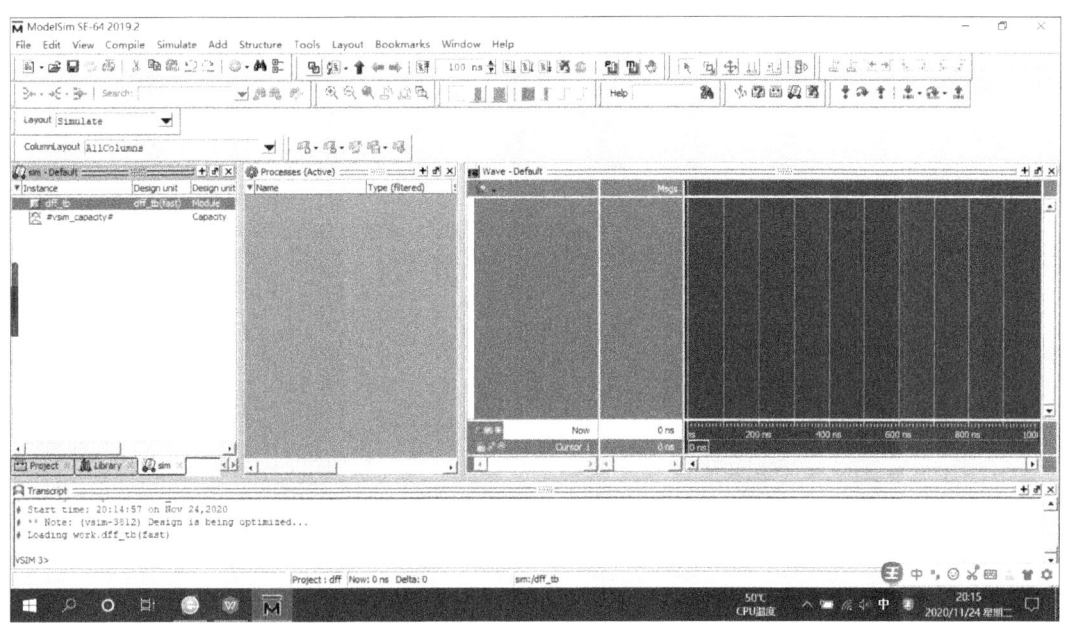

图 B-22 无波形供观察选择

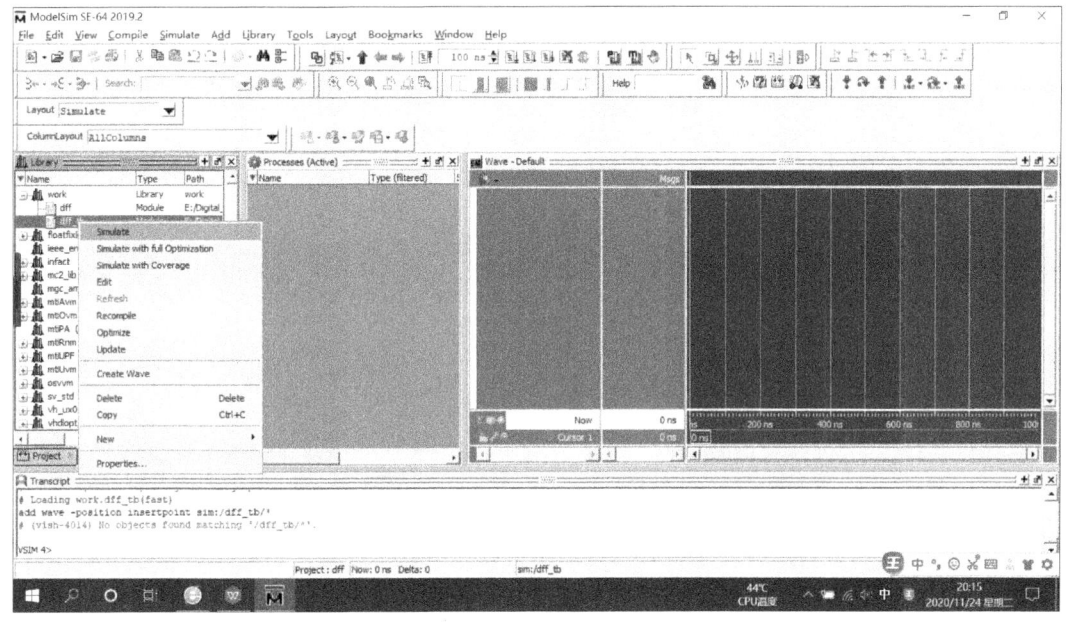

图 B-23 work 中右击 dff_tb 运行仿真

出现波形数据后,右击 dff_tb,选择 Add Wave,如图 B-24 所示。添加波形数据到波形观察窗口,添加后如图 B-25 所示。

207

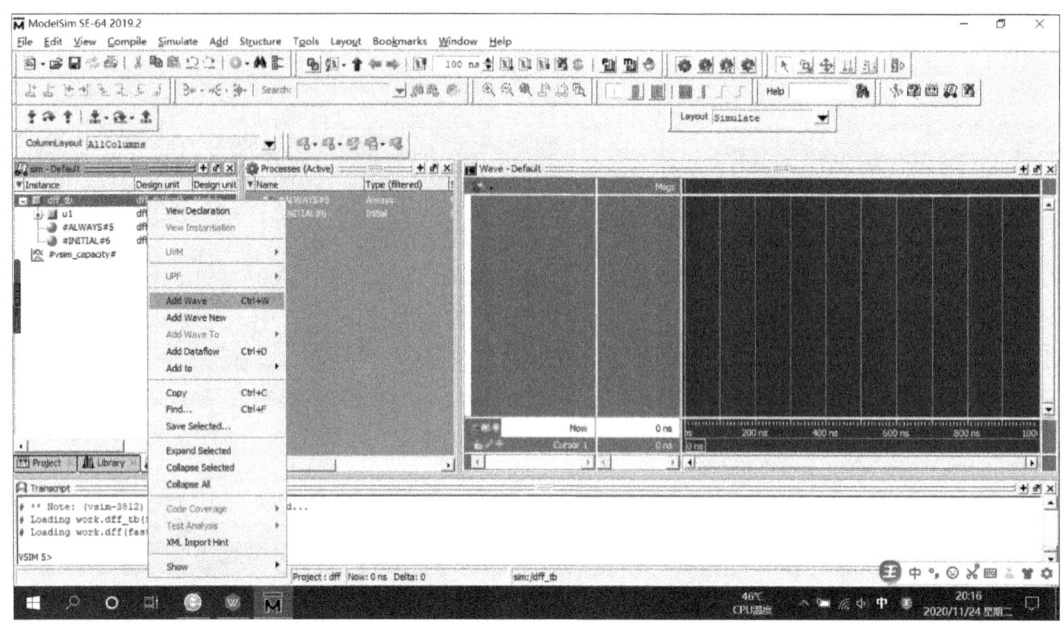

图 B-24　向波形观察窗口添加波形

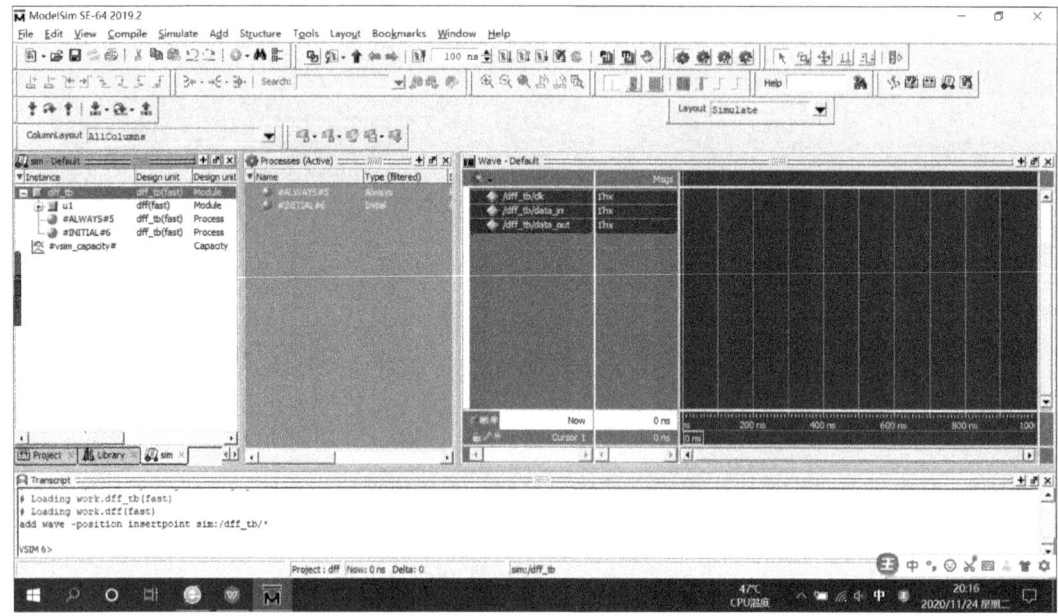

图 B-25　观察窗口中已添加波形

单击 run，或是在 Transcript 窗口中，输入仿真运行指令，如 run 10 μs，观察到的波形数据如图 B-26 所示。

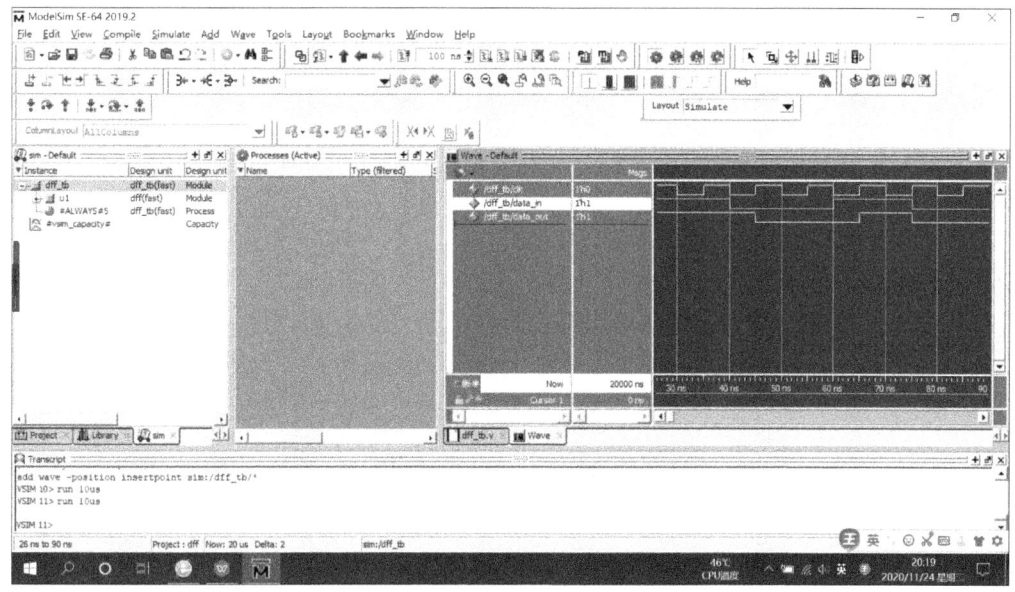

图 B-26　仿真结果

参 考 文 献

[1] 韦克利. 数字设计原理与实践 [M]. 5版. 北京：机械工业出版社，2019.
[2] 阎石，王红. 数字电子技术基础 [M]. 6版. 北京：清华大学出版社，2019.
[3] RABAEY J M, et al. 数字集成电路：电路、系统与设计 [M]. 2版. 周润德，等译. 北京：电子工业出版社，2010.
[4] 王毓银，陈鸽，杨静，等. 数字电路逻辑设计 [M]. 2版. 北京：高等教育出版社，2015.
[5] 姚远，李辰. FPGA应用开发入门与典型实例（修订版）[M]. 北京：人民邮电出版社，2010.
[6] 简弘伦. 精通Verilog HDL：IC设计核心技术实例详解 [M]. 北京：电子工业出版社，2005.